Malerfachrechnen

Von Studiendirektor Emil Jakubowski
Bearbeitet von Oberstudiendirektor Wolfgang Imhof,
Studiendirektor Helmuth Heid und
Fachlehrer Jürgen Reith, Fulda

3., neubearbeitete und erweiterte Auflage
mit 262 Bildern, 29 Tabellen, 183 Beispielen
und 1189 Aufgaben

B. G. Teubner Stuttgart 1991

CIP-Titelaufnahme der Deutschen Bibliothek

Jakubowski, Emil:
Malerfachrechnen: [das Fachrechenbuch für Schule und Beruf]
/ von Emil Jakubowski. Bearb. von Wolfgang Imhof ... –
Stuttgart: Teubner
[Hauptbd.]. – 3., neubearb. und erw. Auflage – 1991
ISBN 3-519-25908-7

Printed in Germany
Satz: SATZPUNKT Ursula Ewert, Braunschweig
Druck und buchbinderische Verarbeitung: Passavia Druckerei GmbH, Passau
Umschlaggestaltung: Peter Pfitz, Stuttgart

Vorwort

Nach dem Tod von Herrn Jakubowski haben wir das Lehrbuch überarbeitet und auf den aktuellen Stand gebracht. Dabei wurden auch alle lohnpolitischen, steuerrechtlichen und Werkstoffpreis-Änderungen berücksichtigt. Zugleich wurde ein neuer Abschnitt aufgenommen, der in das Aufmaß mit EDV-Einsatz einführt.

Wir danken den Herstellerfirmen, Großhändlern und Kollegen für Beratung, Preisangaben und Abbildungen. Dank sagen wir dem Verlag und besonders Herrn Dr. Kalckhoff für Mithilfe und Durchsicht.

Fulda, November 1990 H. Heid, W. Imhof, J. Reith

Inhalt

Hinweise auf DIN-Normen in diesem Werk entsprechen dem Stand der Normung bei Abschluß des Manuskriptes. Maßgebend sind die jeweils neuesten Ausgaben der Normblätter des DIN Deutsches Institut für Normung e. V. im Format A 4, die durch die Beuth-Verlag GmbH, Berlin und Köln, zu beziehen sind. – Sinngemäß gilt das gleiche für alle in diesem Bereich angezogenen amtlichen Richtlinien, Bestimmungen, Verordnungen usw.

1 Grundrechnen

1.1 Grundlagen und Wiederholungen

Wozu muß der Maler und Lackierer rechnen bzw. etwas berechnen? Denken Sie an die unterschiedlich geformten Flächen, die Sie bearbeiten müssen, an den Werkstoffbedarf, die nötigen Tapeten und Beläge. Und sicher wollen Sie selbst ausrechnen können, wie aus Ihrem Bruttolohn der erheblich niedrigere Nettolohn geworden ist.

Grundlagen für das Fachrechnen des Malers und Lackierers sind wie in allen Berufen die Grundrechenarten: Addieren und Subtrahieren (Zusammenzählen und Abziehen), Multiplizieren und Dividieren (Malnehmen und Teilen). Wenn Sie diese vier Rechenarten beherrschen, fällt Ihnen das Berechnen von Flächen, Körpern und Räumen nicht schwer.

1.1.1 Zahlen und Ziffern

Zahlen. Unter der Zahl versteht man einen Wert (3 Tore sind mehr als 2). Wir zählen unsere Werkzeuge, Werkstoffbehälter (Gebinde), die zu beschichtenden Türen und Fenster, die Arbeitsstunden, unseren Lohn und vieles andere. Dabei gibt es ganze Zahlen und Dezimalzahlen (z. B. 4, 107 – 0,2; 4,375).

Ziffern sind Zeichen für Zahlen. Man unterscheidet römische und arabische Ziffern.

Die römischen Ziffern benutzen wir nur noch in bestimmten Fällen: als Jahreszahlen an Gebäuden und Denkmälern, als Stockwerkbezeichnungen, bei Herrscher- und Papstnamen (z. B. Kaiser Friedrich II., Papst Paul VI.). Diese Ziffern werden von links nach rechts angeordnet und zusammengezählt. Abgezogen wird ein Wert, wenn er links von einem größeren steht (z. B. IL = 49, nämlich 50 weniger 1). Das gilt für I, X und C. Die Zeichen V, L und D können dagegen nicht links von einem größeren Wert stehen. Dasselbe Zeichen darf nur dreimal rechts aneinandergereiht werden (z. B. VI, VII und VIII, dann IX). Tabelle **1**.1 zeigt uns die römischen Ziffern.

Tabelle **1**.1 **Römische Ziffern**

1	2	3	4	5	6	7	8	9	10	89	LXXXIX
I	II	III	IV	V	VI	VII	VIII	IX	X		
10	20	30	40	50	60	70	80	90	100	344	CCCXLIV
X	XX	XXX	XL	L	LX	LXX	LXXX	XC	C	1987	MCMLXXXVII
100	200	300	400	500	600	700	800	900	1000		
C	CC	CCC	CD	D	DC	DCC	DCCC	CM	M	1991	MCMXCI

Die arabischen Ziffern haben etwa im 16. Jahrhundert die römischen bei uns abgelöst. Sie bauen auf dem Zehnersystem auf (Dezimalsystem, lat. decem = 10). Zu den Ziffern 1 bis 9 kommt die 0. Beim Dezimalsystem erhält jede Ziffer den zehnfachen Wert, wenn man sie eine Stelle nach links rückt oder eine Null anfügt (z. B. 0,5 – 5 – 50 – 500 – 5000). Umgekehrt hat jede Ziffer nur den zehnten Teil ihres Wertes, wenn man sie eine Stelle nach rechts rückt (z. B. 5 – 0,5 – 0,05 – 0,005).

> Die Grenze zwischen ganzen Zahlen und Dezimalzahlen wird durch ein Komma gekennzeichnet.

Statt des Kommas einen Punkt zu setzen, wäre falsch. Der Punkt trennt nämlich Werte, bei denen kein Dezimalsystem vorliegt.

Beispiel 5.30 Uhr = $5\,\frac{30}{60}$ Stunden (nicht $\frac{30}{100}$!), aber

5,30 DM = $5\,\frac{30}{100}$ DM

Größen. Indem wir eben bei den Ziffern die Benennungen „Uhr" und „DM" eingesetzt haben, bekamen wir Größen. Sie bestehen aus einer Zahl (Maßzahl) und der Benennung, sind also ein Produkt aus Zahlenwert und Einheit. Damit man weiß, was zu berechnen ist, setzt man einheitliche Maßbenennungen nach DIN 1313 ein.

Beispiele

20 cm	5,0 kg	15 min
1,40 m	12,4 l	193 K
12,50 cm^2	55,50 DM	0,8 kW

1.1.2 Rechenzeichen

Im Grundrechnen brauchen wir vor allem vier Rechenzeichen (mathematische Zeichen).

Addieren	Subtrahieren	Multiplizieren	Dividieren
+	−	·	:
plus (und)	minus (weniger)	mal	geteilt durch
Strichrechnen		Punktrechnen	

Im Fachrechnen kommen noch andere Rechenzeichen vor. Sie sind international einheitlich und bei uns in DIN 1302 genormt.

Beispiele

= gleich	> größer als	( ) runde Klammer
≈ nahezu gleich	< kleiner als	[ ] eckige Klammer
≠ nicht gleich	(der größere Wert steht	{ } geschweifte Klammer
≙ entspricht	an der Öffnung)	

„Zauberei mit Zahlen". Daß Rechnen interessant sein kann und Spaß macht, zeigen zahlreiche Beispiele.

Zahlenpyramide

$$
\begin{aligned}
8 \cdot 1 + 1 &= 9\\
8 \cdot 12 + 2 &= 98\\
8 \cdot 123 + 3 &= 987\\
8 \cdot 1234 + 4 &= 9876\\
8 \cdot 12345 + 5 &= 98765\\
8 \cdot 123456 + 6 &= 987654\\
8 \cdot 1234567 + 7 &= 9876543\\
8 \cdot 12345678 + 8 &= 98765432\\
8 \cdot 123456789 + 9 &= 987654321
\end{aligned}
$$

Magisches Quadrat aus einem Kupferstich von Albrecht Dürer (1514). Die Summe ist immer 34, auch in den beiden Diagonalen.

16	3	2	13
5	10	11	8
9	6	7	12
4	15	14	1

1.2 Grundrechenarten

1.2.1 Addieren und Subtrahieren

Beim Addieren werden die Glieder (Summanden) genau untereinander geschrieben: Einer unter Einer, Zehner unter Zehner usw. Zusammen bilden sie die Summe. Bei Dezimalzahlen muß Komma unter Komma stehen. Größen lassen sich nur addieren, wenn sie gleich benannt sind (z. B. $m^2 + m^2$, kg + kg, DM + DM; nicht m + cm, g + kg).

Beispiel

	Hunderter		
	Zehner		
	Einer		
124		16,80 DM	
+ 62	Summanden	+ 2,20 DM	
+ 825		+ 31,10 DM	
1011	Summe	**50,10 DM**	

Auf- und Abrunden. Damit man nicht zu viele Dezimalstellen hinter dem Komma hat (etwa 6,445384 DM) und weil in der Praxis nur eine bestimmte Anzahl Stellen nötig ist, rundet man auf oder ab. Bei Größen liegt die Anzahl der Stellen nach dem Komma fest. So haben DM und m 2, kg und m^3 3, m^2 4 Stellen (wobei man sich in der Praxis bei den Flächenberechnungen mit 2 Stellen hinter dem Komma begnügt).

Wir rechnen auf eine Stelle mehr als notwendig. Ist die letzte Zahl eine 5 oder mehr, wird die vorhergehende Zahl erhöht, aufgerundet. Ist sie eine 4 oder weniger, bleibt die vorhergehende Zahl unverändert, wird abgerundet. Eine aufgerundete Zahl darf nicht noch einmal aufgerundet werden – 0,449 DM bleiben 0,45 DM, werden nicht 0,5 DM. (Warum nicht?)

Beispiele 5,263 = 5,26 5,269 cm = 5,27 cm 4,3284 km = 4,328 km

> Beim Addieren sind die Summanden (bei Dezimalzahlen die Kommata) genau untereinanderzuschreiben. Jede senkrechte Reihe wird von oben nach unten addiert und zur Kontrolle noch einmal von unten nach oben. Die Summe wird doppelt unterstrichen (im Buch fett gedruckt).
>
> Man kann nur Größen gleicher Benennung addieren.

Aufgaben

Schreiben Sie untereinander und addieren Sie:

1.	2.	3.	4.	5.
2364	18,00 m^2	0,53 l	187,375	22,50 m
67	3964,00 m^2	347,64 l	0,4	6,33 m
245	365,00 m^2	32,82 l	258,3	116,03 m
9	12345,00 m^2	3216,19 l	27,1985	41,98 m
320	8,00 m^2	18,25 l	3,0008	0,16 m

6. Sie haben 450,60 DM gespart. Für eine Fahrradreparatur zahlen Sie 27,50 DM und für eine Sportveranstaltung 15,– DM Eintritt. Einem Freund leihen Sie einen „Hunderter" und geben vom Rest die Hälfte bei einer Wochenendfahrt aus. Wieviel DM haben Sie noch?

7. Für eine Fassadenbeschichtung waren erforderlich: 120,5 l helle Grundfarbe, 28,750 l Absetzfarbe und 11,3 l Sockelfarbe. Wieviel Dispersionsfarbe brauchte man insgesamt?

8. Ein Auftrag besteht aus folgenden Arbeiten: Dispersionsfarbenbeschichtung 520,68 DM, Tapezierarbeiten 1650,20 DM, Fußbodenversiegelung 920,60 DM, Türenbeschichtung 720,30 DM. Wieviel kostet der Auftrag?

9. Ein Geselle hat in einer Arbeitswoche mit dem Firmen-Pkw folgende Strecken zurückgelegt: 84,5 km, 84,5 km, 105,25 km, 105,25 km, 110 km, 62,75 km. Wieviel km ist er gefahren?

10. Zählen Sie zusammen und runden Sie auf oder ab:

a) auf Zehntel

255,090 m
16,130 m
1,075 m
52,598 m

b) auf Hunderstel

206,3975 kg
16,5253 kg
9216,0199 kg
12,6486 kg

c) auf Tausendstel

$16{,}12341\ m^3$
$17{,}56784\ m^3$
$22{,}02045\ m^3$
$111{,}45987\ m^3$

Beim Subtrahieren werden die Zahlen (Subtrahenden) und Kommata der Dezimalzahlen wie beim Addieren genau untereinandergeschrieben. Das Ergebnis ist die Differenz.

Beispiel	125,00	Minuend	690,50 DM	Rechnung
	– 22,25	Subtrahenden	– 60,21 DM	8 + 1 + **1** = 10
	– 41,67		– 12,48 DM	1 + 4 + 2 + **8** = 15
	61,08	Differenz	**617,81 DM**	1 + 2 + 0 + **7** = 10
				1 + 1 + 6 + **1** = 9
				6

Nach dem Ergänzungsverfahren beginnt man beim unteren Subtrahenden und ergänzt zum obenstehenden Minuenden. Diese Ergänzung schreibt man als Differenz nieder.

Man kann nur gleich benannte Zahlen subtrahieren.

Aufgaben

Schreiben Sie untereinander und subtrahieren Sie:

11. 427,80 DM
– 58,75 DM

12. 15,408 km
– 3,304 km

13. 247,40 cm
– 28,006 cm

14. 8,089 l
– 3,56 l

15. 98,40 m
– 101,32 m

16. 2145,11 l
– 239,980 l

17. $1623{,}20\ m^2$
$-\ 603{,}05\ m^2$

18. 12983,88 km
– 1619,92 km

Was stellten Sie beim Ergebnis der Aufgabe 15 fest? Sie bekommen eine negative Zahl, einen Minuswert – zu kennzeichnen durch ein Minuszeichen vor dem Wert. Im Maler- und Lackiererhandwerk können wir nur positive Zahlen (Ergebnisse) gebrauchen. Dies bedeutet, daß der Minuend immer größer sein muß als die Subtrahenden.

Beispiel Eine Wand kann noch so viele Öffnungen (Türen, Fenster) zum Abziehen haben – es bleibt immer noch ein Teil Wand zum Bearbeiten und Berechnen übrig.

Aufgaben

19. Von 78,00 m Tapetenleiste verbrauchen Sie für den Wohnraum 34,45 m, für das Arbeitszimmer 21,90 m und für die Diele 14,30 m. Was bleibt übrig?
20. Für die Lackierung von Firmenfahrzeugen werden verbraucht 3,25 l, 4,98 l und 6 l Lack. Welcher Rest bleibt, wenn ein Behälter 15 l Inhalt hat?
21. Sie haben für den Kurzurlaub 1450,– DM gespart. Davon geben Sie nacheinander aus: 222,30 DM, 165,80 DM, 210,45 DM, 115,90 DM. Wieviel Geld bleibt Ihnen?
22. Verlegen von Deckenplatten. Das Wohnzimmer erfordert 28,50 m², das Schlafzimmer 15,80 m², die Diele 12,60 m². Wieviel m² Platten bleiben, wenn 60,00 m² geliefert wurden?
23. Der Betrieb hat monatlich folgende Ausgaben für die Gemeindewerke:

    192,56 DM Stromgebühren, 112,13 DM Wasserkosten, 34,52 DM Kanalgebühren. Die Abschlagszahlung betrug 300,– DM. Welcher Betrag ist noch zu zahlen?
24. Der Meister erhält von einem Farbenfachhändler folgende Rechnungen:

    98,60 DM, 36,20 DM und 75,00 DM. Er hat noch ein Guthaben von 100,00 DM. Wieviel muß er überweisen?
25. Eine Palette (hölzernes Transportmittel) enthält 128 Behälter Kunststoffbeschichtung von je 4 kg. Für vier Aufträge werden entnommen: 62 kg, 44,5 kg, 82 kg und 76,5 kg. Wieviel kg sind noch von der Lieferung da?

1.2.2 Multiplizieren und Dividieren

Multiplizieren müssen wir beim Berechnen von Beschichtungsflächen, denn von der Größe dieser Flächen hängen der Verbrauch von Beschichtungsstoffen und die Arbeitszeit ab. Dividieren müssen wir z. B., wenn wir wissen wollen, wieviel Liter eines Beschichtungsstoffs für 1,00 m² nötig sind.

Multiplizieren heißt Malnehmen von Zahlen, von Faktoren. Ergebnis ist das Produkt. Faktoren lassen sich austauschen – das erleichtert und verkürzt oft den Rechenweg.

Beispiel

32,97 · 7,3	Faktoren	nicht so:	7,3 · 32,97
9891		(warum?)	511
23079			657
240,681	Produkt		146
			219
			240,681

> Faktoren sind austauschbar. Man stellt stets den Faktor mit den meisten Zahlen an den Anfang.

Beim Multiplizieren mit 10, 100, 1000 usw. hängt man die entsprechende Anzahl Nullen an den Faktor. Bei Dezimalstellen rückt man das Komma um die Anzahl der Nullen nach rechts. Fehlende Stellen werden durch Nullen ersetzt.

Beispiele $215 \cdot 10 = 2150$ $\quad 215 \cdot 1000 = 215\,000$

$5{,}76 \cdot 10 = 57{,}6$ $\quad 5{,}76 \cdot 1000 = 5760$

Das Produkt von Dezimalstellen muß soviel Stellen nach dem Komma haben wie beide Faktoren zusammen. Dabei zählt man die Stellen von rechts nach links ab.

Beispiel $32{,}97 \cdot 7{,}3 = 240{,}681$

2 + 1 = 3 Stellen

Aufgaben

26. $26 \cdot 29$
27. $437\ \text{m} \cdot 33$
28. $2165 \cdot 12498$
29. $76{,}5\ \text{m} \cdot 32$
30. $134{,}07\ \text{cm} \cdot 86{,}592$
31. $149 \cdot 9{,}987\ \text{l}$
32. $0{,}431\ \text{m}^2 \cdot 2{,}186$
33. $0{,}369\ \text{km} \cdot 0{,}428$
34. Für $1{,}00\ \text{m}^2$ Fläche braucht man 0,420 l Dispersionsplastik. Zu beschichten sind $126{,}50\ \text{m}^2$. Wieviel Plastik stellen Sie bereit?
35. $1{,}00\ \text{m}^2$ Fußbodenversiegelung kostet 18,40 DM. Wieviel berechnen Sie für die Versiegelung eines Saalbodens von $165{,}80\ \text{m}^2$?
36. Der Stundenlohn eines Gesellen beträgt 16,46 DM. Wie hoch ist der Bruttolohn bei 40 Stunden wöchentlicher Arbeitszeit?
37. 1 l Füller weiß kostet 22,70 DM. Der Betrieb bestellt zwei 1-l- und zwei 5-l-Dosen. Welcher Betrag ist zu zahlen?
38. $1{,}00\ \text{m}^2$ Teppichfliesen (= 4 Fliesen 50 cm · 50 cm) kostet 28,50 DM.
    a) Wieviel kostet der Belag für $35{,}00\ \text{m}^2$ Verlegefläche?
    b) Wieviel Fliesen sind es für diese Fläche?

Dividieren ist das Teilen von Zahlen. Wir können es als Umkehrung der Multiplikation ansehen, denn $12 \cdot 4 = 48$ und $48 : 4 = 12$. (So kontrollieren wir jeweils die Ergebnisse.) Die zu teilende Zahl ist der Dividend, der Teiler der Divisor – beide dürfen n i c h t vertauscht werden! Ergebnis ist der Quotient.

Im Quotient wird ein Komma gesetzt, wenn bei ganzen Zahlen der Einer, bei Dezimalzahlen das Komma überschritten wird.

Beispiele

Dividend		Divisor		Quotient
344	:	5	=	**68,8**
30				
44				
40				
40				
40				
0				

Dividend		Divisor		Quotient
28,60	:	4	=	**7,15**
28				
6				
4				
20				
20				
0				

> Dividend und Divisor sind nicht austauschbar.

Der Divisor darf kein Komma haben. Ist eins vorhanden, sind Divisor und Dividend mit 10 bzw. 100 usw. zu multiplizieren.

Beispiel 154 : 1,4 = 1540 : 14 = **110**
Diese Aufgabe hat keinen Rest, sie „ geht auf".

Eine Null wird im Quotient gesetzt, wenn der Rest so klein ist, daß nach dem Herunterholen der nächsten Zahl der Divisor darin nicht enthalten ist.

Beispiel 7821,45 : 65 = **120,33**

```
7821,45 : 65 = 120,33
65
132
130
  214
  195
   195
```

Teilt man durch 10, 100, 1000 usw., wird das Komma um die Anzahl der Nullen nach links gesetzt. Fehlende Stellen ersetzt man durch Nullen.

Beispiele 818 : 100 = 8,18   16,6 : 1000 = 0,0166

Aufgaben

39. Teilen Sie die Zahlen 5348, 625, 58,7 und 100,5 nacheinander durch a) 121, b) 325, c) 0,176. Rechnen Sie dabei jeweils 4 Stellen und runden Sie auf 3 Stellen nach dem Komma.

40. a) 1789 m : 43   c) 16,21 cm : 3,15
b) 2454 l : 1,35   d) 117,44 cm^2 : 11,01

41. Ein Gebinde Dispersionsfarbe hat 15 l Inhalt. Laut Aufschrift sind je 1,00 m^2 0,250 l erforderlich. Für wieviel m^2 Wandfläche reicht der Inhalt?

42. Vier Malermeister führen einen Auftrag für 10602,– DM gemeinsam aus und teilen sich den Betrag. Wieviel DM bekommt jeder?

43. 75 kg Reibeputz kosten 146,25 DM. Was kostet 1 kg?

44. 62 Sockelleisten von je 2,00 m Länge kosten 99,82 DM. Was kostet eine 2-m-Leiste?

45. Eine Rauhfaserrolle hat 33,00 m Länge. Wieviel Bahnen der Länge 2,55 m kann man daraus schneiden?

46. Vier Meister bestellen gemeinsam eine Lieferung Dispersionsfarbe, deren Transportgebühren 133,32 DM betragen. Wieviel zahlt jeder bei gleichen Anteilen?

Division am Bruchstrich. Das Teilungszeichen kann man durch einen Bruchstrich ersetzen (z. B. 96 : 16 = 6 oder $\frac{96}{16} = 6$). Dies kommt bei Flächenberechnungen vor. Dabei setzt man das Gleichheitszeichen genau in Höhe des Bruchstrichs.

Durch mehrere Divisoren teilt man, indem man die Divisoren als Faktoren schreibt.

Beispiel 108 : 6 : 3 = **6**   am Bruchstrich: $\frac{108}{6 \cdot 3} = \frac{108}{18} = \mathbf{6}$
108 : 18 = **6**

Probe 6 · 3 · 6 = 108

Aufgaben

47. a) $\frac{514\,\text{l}}{3{,}14}$

b) $\frac{1250\ \text{km}}{65}$

c) $\frac{132{,}5\ \text{m}}{21}$

d) $\frac{244{,}20\ \text{m}^2}{3 \cdot 44}$

e) 1656,33 l : 4 : 9

f) 647 cm : 5 : 6

48. Das Maler- und Lackiererhandwerk beschäftigte 1988 in 32 150 Betrieben 176 200 Mitarbeiter. Wieviel entfallen im Durchschnitt auf einen Betrieb?

49. Der Gesamtumsatz unseres Handwerks betrug im gleichen Jahr 13 510,4 Mio DM. Wieviel setzte jeder der 32 150 Betriebe im Durchschnitt um?

50. Ein Geselle bekommt 658,40 DM Bruttolohn bei 40 Arbeitsstunden wöchentlich. Wie hoch ist sein Stundenlohn?

1.3 Klammerrechnen

In der Übersicht über die Rechenzeichen haben wir das Addieren und Subtrahieren als Strichrechnen, das Multiplizieren und Dividieren dagegen als Punktrechnen bezeichnet. Multiplikation und Division sind höhere Rechenarten als Addition und Subtraktion. Deshalb merken wir uns:

Punktrechnung geht vor Strichrechnung.

Klammern spielen im Aufmaßrechnen eine wichtige Rolle. Sie sind manchmal Bestandteil einer Formel, sie machen das Aufmaß übersichtlich und geben uns die Reihenfolge im Rechenvorgang an. Ist eine Klammer im Aufmaß, muß zuerst der Wert in der Klammer ausgerechnet werden – man sagt, die Klammer wird „aufgelöst".

Klammern haben beim Ausrechnen die höchste Vorrangstufe.

Beispiele	a) 4 · 4 + 6 = 16 + 6 =	**22**	Punktrechnung vor Strichrechnung
	b) 4 · (4 + 6) = 4 · 10 =	**40**	Klammerauflösen vor Punktrechnung
	c) 96 – 16 – 4 + 3 =	**79**	Strichrechnung von links nach rechts
	d) 96 – (16 – 4) = 96 – 12 =	**84**	Klammerauflösen vor Strichrechnung

Das Multiplikationszeichen vor oder hinter einer Klammer kann entfallen – niemals jedoch das Additions- oder Subtraktionszeichen! Daraus folgt: Steht eine Zahl ohne Rechenzeichen vor oder nach einer Klammer, handelt es sich immer um eine Multiplikation.

Beispiele 3 (12 – 8) oder (12 – 8)3 = 3 · 4 oder 4 · 3 = **12**
3 + (12 – 8) oder (12 – 8) + 3 = 3 + 4 oder 4 + 3 = **7**

Aufgaben

1. a) (622 – 22) 3
   b) 3 (23 + 516)
   c) (6 + 21) 218
2. a) 81 – (4 · 2,10)
   b) (5 · 1,60) + 46,50
   c) (1,20 + 21,00) 6
3. a) (216,00 m – 32,00 m) + (16,00 m + 52,00 m)
   b) (5,40 m + 9,80 m) – (2,80 m + 1,25 m)
   c) (3,20 m · 5,6) + (1,90 cm · 4,35)
4. a) 123,5 l – 61,25 l + (12,85 l · 2,45)
   b) (45,90 – 18,70 – 27,20) · (22,10 + 17,40 · 2,50)
   c) (95,70 + 32,80 – 82,10) · (3,10 + 5,60 + 1,90)
5. a) (19 + 24) · (64 – 22) · (15 + 9)
   b) (2,38 + 56,00) · (6,15 – 2,34) · (0,99 + 2,88)
   c) (4,95 + 4,50) · 2 · 3,20 + (2,40 + 1,25 · 2) · 0,20

Mehrere Längen oder Flächen, die zusammengehören und addiert oder subtrahiert werden, setzt man in eine Klammer.

Beispiel Es ist die Summe von zwei Abzugsflächen abzuziehen.

12,20 m · 3,50 m – (1,20 m · 2,10 m + 2,40 m · 1,40 m)
42,70 m² – (2,52 m² + 3,36 m²)
42,70 m² – 5,88 m² = **36,82 m²**

Klammern sind rechnerisch notwendig, wenn sie Bestandteil einer Formel sind oder die Reihenfolge des Rechenvorgangs bestimmen. Sie machen das Aufmaß übersichtlicher.

Aufgaben

6. 24 · 8,75 + (2 · 9,98)
7. 16 · 12,50 cm + (4 · 8,20 cm + 3 · 6,80 cm)
8. 6,89 + 2,55 – (1,10 · 2,10 + 0,90 · 2,10)
9. 16,45 m · 8,80 + (2 · 1,95 m + 2 · 2,15 m + 4 · 1,85 m)

Multiplizieren von Klammerwerten brauchen wir beim Aufmaßrechnen. Wiederum werden zunächst die Klammern aufgelöst.

Beispiel (5,60 m + 3,20 m) (1,80 m + 2,80 m)
8,80 m · 4,60 m = **40,48 m²**

Aufgaben

10. (24 cm + 72 cm) (16 cm + 32 cm)
11. (106,00 m + 22,00 m) (31,00 m + 0,60 m)
12. (44,20 m – 2,45 m + 3,82 m) (1,80 m + 6,25 m)
13. (54 – 32) (16 + 11) (21 – 10,5)
14. (3,9 cm + 4,2 cm) (2,1 cm + 6,3 cm + 9,5 cm)
15. (2,55 m + 6,35 m + 4,82 m) (126,95 m – 3,40 m – 15,60 m)
16. (242,50 cm – 1,66 cm – 12,83 cm) (1,60 cm + 1,70 cm + 1,80 cm)

Eckige und geschweifte Klammer. Sollen die Ergebnisse von zwei oder mehr Klammerrechnungen mit einem gemeinsamen Multiplikator multipliziert werden, setzt man die Klammern zusammen in eine eckige Klammer. Aufgelöst werden zuerst die runden Klammern.

Beispiel Von zwei Wandflächen sind jeweils zwei Türöffnungen abzuziehen.

(6,20 m · 2,55 m) – (1,20 m · 2,10 m + 1,20 m · 2,00 m) = 10,89 m² (eine Wandfläche)

2 [(6,20 m · 2,55 m) – (1,20 m · 2,10 m + 1,20 m · 2,00 m)] = **21,78 m²** (zwei Wandflächen)

Auch in der Klammer gilt stets Punkt- vor Strichrechnung. Der Faktor außerhalb der eckigen Klammer besagt, daß wir den Inhalt dieser Klammer zuletzt mal 2 nehmen müssen.

Gelegentlich braucht man auch noch die geschweifte Klammer, um gleichartige Aufmaße in gleichen Etagen oder Gebäuden zusammenzufassen.

Beispiel

3	{[(2,20 m + 3,05)	2]	1,40 m}
3 **Räume**	**2 mal gleiche Wände**		**Höhe**
3	{[5,25 m ·	2]	1,40 m}
3	{10,50 m ·		1,40 m}
3	· 14,70 m²		→ = **44,10 m²**

> Bei mehreren Klammern werden zuerst die runden aufgelöst, dann die umfassenderen eckigen und zuletzt die geschweiften.

Aufgaben

17. a) [(20 + 6) 3 + 8] 2
    b) [(20 – 6) 3 – 8] 2
    c) [20 · (6 + 3)] + 8
    d) [(20 · 6 + 3) · 6] 8
18. a) [(14 + 6) 3] + 8
    b) [(14 + 6 + 3) 8] + 100
    c) {[(14 + 6) 3] + 8} 3
    d) {(75 – 5) · 2 + [(15 – 2 · 3) · (8 – 2) – 14]} · 2
19. 10,50 m · 2,65 m – [8,40 m · 0,60 m – (0,40 m + 1,60 m) 2 · 0,20 m] 3
20. 8,60 m · 2,60 m – [1,80 m · 2,10 m – (1,80 + 2,10 m) 2 · 0,25 m] 2
21. {[(2,65 m + 2,75 m) 1,10 m – 1,45 m²] 3} 0,55
22. {[(8,80 m + 6,25 m) · 2 · 2,20 m – (1,40 m · 1,20 m + 2,05 m · 0,95 m)] · 4} · 35,80 $\frac{\text{DM}}{\text{m}^2}$

1.4 Bruchrechnen

Bruchrechnen ist, wie wir schon gesehen haben, Dividieren. Wir wenden es z. B. an, wenn wir mit Werkstoffteilen rechnen (3/4 l, 2/5 kg). Teilt man ein Ganzes oder eine Größe, erhält man einen Bruch. Über dem Bruchstrich steht der Zähler; er zählt die Teilstücke. Unter dem Bruchstrich steht der Nenner; er benennt die Teile des Ganzen. Dabei sprechen wir von gewöhnlichen Brüchen.

Beispiel $\frac{1}{4}$ ist der vierte Teil von 1 = 1 : 4 — 1 ist hier der Zähler, 4 der Nenner

Bruchformen. Wir unterscheiden

echte Brüche Zähler kleiner als Nenner = Teil eines Ganzen

z. B. $\frac{1}{2}$; $\frac{3}{4}$; $\frac{5}{6}$; $\frac{12}{17}$; $\frac{28}{29}$

unechte Brüche Zähler größer als Nenner = größer als ein Ganzes

z. B. $\frac{5}{4}$; $\frac{8}{7}$; $\frac{10}{7}$; $\frac{15}{8}$; $\frac{21}{20}$

Scheinbrüche Zähler ein Vielfaches des Nenners

z. B. $\frac{5}{5} = 1$; $\frac{6}{1} = 6$; $\frac{16}{4} = 4$

gleichnamige Brüche alle Nenner sind gleich

z. B. $\frac{1}{6}$; $\frac{2}{6}$; $\frac{3}{6}$; $\frac{4}{6}$; $\frac{5}{6}$

ungleichnamige Brüche ungleiche Nenner

z. B. $\frac{1}{2}$; $\frac{3}{5}$; $\frac{5}{6}$; $\frac{4}{9}$; $\frac{10}{13}$

Kürzen und Erweitern erleichtern das Bruchrechnen. Kürzen heißt, Zähler und Nenner durch dieselbe Zahl dividieren. Beim Erweitern werden Zähler und Nenner mit derselben Zahl multipliziert. Der Wert des Bruches ändert sich dabei nicht.

Beispiel $\frac{16}{20}$ gekürzt durch 4 = $\frac{\not{16}\ 4}{\not{20}\ 5} = \frac{4}{5}$ $\qquad$ $\frac{4}{5}$ erweitert mit 6 = $\frac{4 \cdot ⑥}{5 \cdot ⑥} = \frac{24}{30}$

Rechenvorteil. Beim Kürzen spart man sich lange Rechnungen, wenn man sich folgende Teilbarkeitsregeln merkt.

Eine Zahl ist teilbar durch

2, wenn die letzte Ziffer gerade oder Null ist (324, 40),

3, wenn die Quersumme durch 3 teilbar ist (243 = 2 + 4 + 3 = 9),

4, wenn die letzten beiden Stellen durch 4 teilbar sind (188, 616),

5, wenn die letzte Ziffer eine 5 oder 0 ist (325, 410),

8, wenn die letzten drei Stellen durch 8 teilbar sind (2408, 12360).

Aufgaben

1. Kürzen Sie diese Brüche:

a) $\frac{2}{4}$ b) $\frac{5}{15}$ c) $\frac{18}{24}$ d) $\frac{142}{156}$

e) $\frac{532}{640}$ f) $\frac{12450}{34755}$ g) $\frac{34515}{51003}$

h) $\frac{4328}{7128}$ i) $\frac{4572}{5400}$ j) $\frac{32544}{47156}$

2. Erweitern Sie diese Brüche

a) mit 3
b) mit 5
c) mit 12

$\frac{3}{4}$ $\frac{5}{8}$ $\frac{6}{7}$ $\frac{12}{17}$

Addieren von Brüchen. Gleichnamige Brüche werden addiert, indem man die Zähler addiert und den Nenner beibehält. Ungleichnamige Brüche müssen erst gleichnamig gemacht werden. Wenn im größten Nenner alle übrigen Nenner enthalten sind, erweitert man dazu die Brüche auf den größten Nenner.

Beispiele $\frac{1}{8} + \frac{3}{8} + \frac{5}{8} = \frac{1+3+5}{8} = \mathbf{1\frac{1}{8}}$

$\frac{2}{3} + \frac{5}{24} + \frac{1}{6} = \frac{16}{24} + \frac{5}{24} + \frac{4}{24} = \frac{16+5+4}{24} = \frac{25}{24} = \mathbf{1\frac{1}{24}}$

Ist dieser Fall nicht gegeben, sucht man das kleinste gemeinschaftliche Vielfache oder den Hauptnenner. Das gilt auch für Primzahlen (Zahlen, die sich nur durch 1 und sich selbst teilen lassen – z. B. 1, 3, 5, 7).

Beispiel $\frac{1}{2} + \frac{3}{5} + 2\frac{1}{3}$

Hauptnenner $2 \cdot 5 \cdot 3 = 30$

$\frac{15}{30} + \frac{18}{30} + \frac{70}{30} = \frac{15+18+70}{30} = \frac{103}{30} = \mathbf{3\frac{13}{30}}$

Subtrahieren von Brüchen. Gleichnamige Brüche subtrahiert man, indem man die Zähler voneinander abzieht. Bei ungleichnamigen Brüchen brauchen wir wieder zunächst den Hauptnenner.

Beispiel $\frac{3}{4} - \frac{1}{2} - \frac{1}{16} = \frac{12-8-1}{16} = \mathbf{\frac{3}{16}}$

Aufgaben

3. a) $\frac{12}{13} + \frac{9}{13} + \frac{7}{13}$
   b) $5\frac{3}{11} + 3\frac{8}{11}$
   c) $\frac{3}{5} + \frac{7}{10} + \frac{9}{20}$
   d) $\frac{5}{9} + \frac{7}{18} + \frac{5}{6}$
   e) $3\frac{3}{7} + 1\frac{5}{25}$
   f) $2\frac{1}{3} + \frac{8}{13} + 3\frac{1}{5}$

4. a) $5\frac{3}{11} - 3\frac{8}{11}$
   b) $6\frac{1}{5} - \frac{1}{9}$
   c) $1\frac{3}{9} - \frac{2}{3}$
   d) $3\frac{3}{7} - 1\frac{5}{21}$
   e) $\frac{3}{7} - \frac{1}{3}$
   f) $3\frac{3}{14} - 1\frac{2}{9}$

5. a) $\frac{4}{5} + \frac{3}{8} - \frac{13}{20} + \frac{1}{2}$
   b) $\frac{6}{7} + 1\frac{1}{21} + 3\frac{5}{14}$
   c) $\frac{5}{6} + \frac{4}{9} - \frac{2}{3} + 4\frac{13}{36}$
   d) $3\frac{7}{15} - \frac{1}{5} + \frac{1}{10}$
   e) $2\frac{5}{8} + 7\frac{1}{4} - 3\frac{11}{20}$
   f) $2\frac{13}{60} + 4\frac{3}{5} - 2\frac{9}{10}$

Multiplizieren von Brüchen. Hierbei multipliziert man Zähler mit Zähler und Nenner mit Nenner. Das gilt für gleichnamige und ungleichnamige Brüche. Gemischte Zahlen sind dazu in unechte Brüche zu verwandeln. Beim Multiplizieren mit einer ganzen Zahl wird nur der Zähler multipliziert.

Beispiele $1\frac{1}{3} \cdot 2\frac{3}{4} = \frac{4 \cdot 11}{3 \cdot 4} = \frac{44}{12} = 3\frac{8}{12} = \mathbf{3\frac{2}{3}}$

$\frac{4}{7} \cdot 6 \cdot \frac{2}{3} = \frac{4 \cdot 6 \cdot 2}{7 \cdot 3} = \frac{48}{21} = \mathbf{2\frac{6}{21}}$

Dividieren von Brüchen. Ein Bruch wird durch eine ganze Zahl dividiert, indem man den Nenner mit der Zahl multipliziert. Zwei Brüche werden dividiert, indem man den ersten Bruch mit dem Kehrwert des zweiten multipliziert.

Beispiele $\frac{5}{6} : 4 = \frac{5}{6 \cdot 4} = \mathbf{\frac{5}{24}}$

$\frac{3}{4} : \frac{\textcircled{5}}{\textcircled{6}} = \frac{3 \cdot \textcircled{6}}{4 \cdot \textcircled{5}} = \frac{18}{20} = \mathbf{\frac{9}{10}}$

$5 : \frac{\textcircled{3}}{\textcircled{4}} = \frac{5 \cdot \textcircled{4}}{1 \cdot \textcircled{3}} = \frac{20}{3} = \mathbf{6\frac{2}{3}}$

Aufgaben

6. a) $\frac{1}{2} \cdot \frac{3}{4}$
b) $1\frac{2}{5} \cdot 2\frac{1}{6}$
c) $3\frac{4}{5} \cdot \frac{2}{7}$
d) $\frac{6}{7} \cdot \frac{3}{14} \cdot \frac{7}{14}$
e) $\frac{4}{5} \cdot \frac{7}{8} \cdot 2$
f) $3\frac{1}{3} \cdot 4\frac{1}{4} \cdot 2$

7. a) $\frac{2}{3} : \frac{5}{6}$
b) $\frac{9}{13} : 1\frac{2}{7}$
c) $4\frac{1}{2} : 3\frac{2}{5}$
d) $\frac{25}{26} : \frac{5}{13}$
e) $6\text{ m} : \frac{2}{5}$
f) $9\frac{4}{7} : 6$

8. a) $8 \cdot \frac{3}{4}$
b) $\frac{2}{9} \cdot 7$
c) $\frac{3}{5} \cdot \frac{5}{8}$
d) $\frac{2}{7} \cdot \frac{3}{10}$
e) $3\frac{1}{4}\text{ cm} \cdot 1\frac{3}{5}$
f) $4\frac{1}{2}\text{ l} \cdot 1\frac{1}{6}$

9. a) $8 : \frac{2}{3}$
b) $\frac{3}{8} : \frac{6}{15}$
c) $\frac{3}{5} : 2\frac{1}{3}$
d) $\frac{5}{8} : 2\frac{3}{5}$
e) $3\frac{1}{2}\text{ m} : 2$
f) $9\frac{2}{3}\text{ m}^2 : 2\frac{3}{4}$

1.5 Gleichungen

Werden zwei Größen oder Zahlen durch ein Gleichheitszeichen verbunden, bilden sie eine Gleichung. Das Gleichheitszeichen sagt aus, daß beide Seiten gleich sind (z. B. 9 = 4 + 5). Die meisten Rechenaufgaben sind Gleichungen in diesem Sinne.

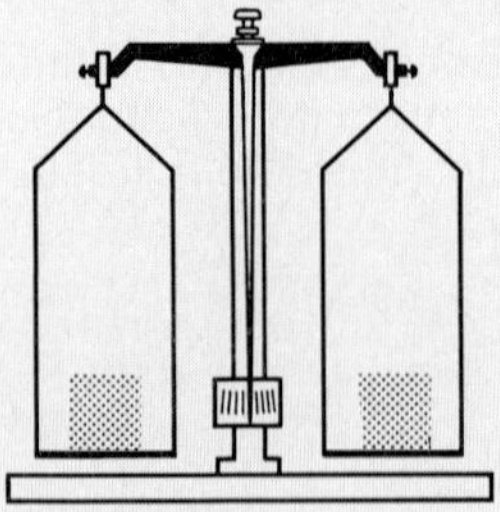

1.2 Waage

Identische Gleichungen. Das Beispiel 9 = 4 + 5 ist eine identische Gleichung – beide Seiten sind gleich, identisch. Wir vergleichen sie mit einer Waage, deren Waagschalen im Gleichgewicht sind (**1**.2).

Beispiele

$$6 = 6$$
$$5 + 4 = 13 - 4$$
$$a + 3 = 3 + a$$

Identische Gleichungen sind für alle Zahlen gültig. Man setzt sie für Größen ein.

Bestimmungsgleichungen wenden wir dagegen an, um unbekannte Zahlen zu finden. Die unbekannte Größe wird isoliert. Weil beide Seiten der Gleichungen identisch sind, kann man die Unbekannte x auf der linken oder rechten Seite isolieren.

Beispiele

$$5 + x = 8 \qquad x = 8 - 5 = 3$$

$$x \cdot 4 = 12 \qquad x = \frac{12}{4} \quad \text{oder} \quad \frac{12}{4} = x$$

Umstellen von Gleichungen. Stellen wir Gleichungen oder Formeln um, behalten sie ihren Wert, wenn wir auf b e i d e n Seiten den g l e i c h e n Rechenvorgang durchführen (wie beim Kürzen oder Erweitern von Brüchen).

Beispiele

$x - 3 = 15$ — x wird isoliert, indem wir auf beiden Seiten 3 addieren

$$x - 3 + 3 = 15 + 3$$
$$x = \mathbf{18}$$

$5 \cdot x = 45$ — x wird isoliert, indem wir auf beiden Seiten durch 5 dividieren

$$\frac{5 \cdot x}{5} = \frac{45}{5}$$

Beim Multiplizieren von Größen können wir das Malzeichen weglassen ($5 \cdot x$ oder einfach $5x$).

$$x = \mathbf{9}$$

> Eine Gleichung oder Formel behält ihren Wert, wenn man beim Umstellen auf beiden Seiten den gleichen Rechenvorgang durchführt.

Aufgaben

1. a) $x + 7 = 18$
   b) $x + 1{,}5 = 8{,}4$
   c) $7{,}4\ \text{m} + x = 12{,}9\ \text{m}$
   d) $x - 13\ \text{cm} = 1\ \text{cm}$

2. a) $5x + 8 = 28$
   b) $42 = 3x - 3$
   c) $x - 2{,}3\ \text{l} = 6{,}7\ \text{l}$
   d) $25x + 3{,}7\ \text{cm} = 53{,}7\ \text{cm}$

3. a) $\frac{x}{6} = 2$
   b) $\frac{x}{4} = 7$
   c) $15\ \text{kg} = x + 3\ \text{kg}$
   d) $8\ x = 64\ \text{l}$

1.6 Verhältnisrechnen

Sie sollen eine Schrift in einem bestimmten Verhältnis vergrößern, z. B. 3 : 1. Ein Schildformat hat ein Seitenverhältnis von 5 : 3. Eine Strecke von 1,40 m soll im Verhältnis von 3 : 4 geteilt werden. In diesen und ähnlichen Fällen brauchen wir das Verhältnisrechnen.

1.6.1 Proportionen

Will man zwei Zahlen, Größen, Strecken, Flächen usw. miteinander vergleichen, setzt man sie zueinander ins Verhältnis. Wir bekommen eine Proportion, die Gleichung zweier Verhältnisse.

Beispiel Ein Papierformat ist 15 cm breit und 21 cm hoch. Das Seitenverhältnis ist demnach 15 : 21. Setzen wir das als Bruch und kürzen, erhalten wir

$\frac{15}{21} = \frac{5}{7}$ = Seitenverhältnis 5 zu 7.

Setzen wir an die Stelle des Bruchstrichs den Doppelpunkt, ergibt sich die Gleichung

15 : 21 = 5 : 7.

Da beiderseits des Gleichheitszeichens Gleichheit besteht, ergibt sich der Lehrsatz des Verhältnisrechnens:

> Das Produkt der Innenglieder ist gleich dem Produkt der Außenglieder.

Innenglieder = 105

15 : 21 = 5 : 7

Außenglieder = 105

Ist eine Größe unbekannt, bezeichnen wir sie mit *x* und rechnen:

Beispiel

$$15 : 12 = 8 : x$$
$$15\,x = 12 \cdot 8$$
$$\frac{15x}{15} = \frac{96}{15}$$
$$x = \mathbf{6\frac{2}{5}}$$

Probe $15 \cdot 6\frac{2}{5} = 96$

Aufgaben

1. Teilen Sie die Strecke von 140 cm im Verhältnis 3 : 4.
2. Eine Giebelfläche von 96,60 m^2 soll für eine zweifarbige Beschichtung im Verhältnist 3 : 1 geteilt werden. Wieviel m^2 hat jede Teilfläche?
3. Bei einem Auftrag verhalten sich die Lohn- und Werkstoffkosten wie 3,5 : 1,5. Die Auftragssumme beträgt 1450,– DM. Wieviel DM entfallen auf Lohn und Werkstoffe?
4. Drücken Sie diese Größenverhältnisse in den kleinsten Zahlen aus:

   a) 125 : 175 b) 65 : 105 c) 72 : 120

   d) 10 : 12,5
5. Wie groß ist x? (Reste in Dezimalzahlen)

   a) $5 : 13 = x : 18$ c) $6{,}4 : 8 = x : 5$

   b) $5 : 12 = 3{,}5 : x$ d) $14{,}4 : x = 12 : 7$
6. Eine Wandfläche von 98,80 m^2 soll mit zwei Tapeten, uni und gemustert, im Verhältnis 3 : 5 ausgestattet werden. Wieviel m^2 Tapeten werden von jeder Sorte verarbeitet?
7. Das Verhältnis eines Dekorationsmalerlohns zum Hilfsarbeiterlohn ist 2,3 : 1,9. Wieviel bekommt der Dekorationsmaler, wenn der Hilfsarbeiter 11,61 DM erhält?
8. 0,750 l Abtönfarbe sollen im Verhältnis 2 : 3 gemischt werden. Wieviel l nimmt man von jeder Sorte?
9. Das Symbol für „Explosionsgefahr" (Ex) soll in einer Werkstatt angebracht werden. Höhe des Großbuchstabens „E" 48 cm, Höhe des Kleinbuchstabens „x" $\frac{2}{3}$ der Höhe des Großbuchstabens, Balkenstärke beider Buchstaben $\frac{1}{6}$ der Höhe des Großbuchstabens.

   a) Berechnen Sie die Balkenstärke der Buchstaben, b) die Höhe des Kleinbuchstabens.
10. 3,125 l 2K-Acryllack sollen gemischt werden. Der Stammlack wird 4 : 1 mit Härter gemischt. Berechnen Sie die Mengen für Stammlack und Härter.

1.6.2 Goldener Schnitt

Bestimmte Proportionen fallen uns in der Baukunst, Malerei usw. durch ihre Harmonie besonders angenehm auf. Dieses „Gesetz der Harmonie" entdeckten die Griechen schon vor fast 3000 Jahren. Es ist der Goldene Schnitt. Die Teilung nach dem Goldenen Schnitt bringt ein harmonisches Größenverhältnis.

Konstruktion. Die in Bild **1**.3 gegebene Strecke AB soll nach dem Goldenen Schnitt geteilt werden. Auf A errichten wir dazu eine Senkrechte, tragen auf ihr von A aus die Hälfte AB ab und erhalten so den Punkt C (*1*). C wird mit B durch eine Gerade verbunden. Auf dieser Geraden $\overline{BC}$ tragen wir von C aus die Hälfte von $\overline{AB}$ ab und erhalten Punkt D (*2*). Trägt man nun von B aus die Strecke $\overline{BD}$ auf die gegebene Strecke $\overline{AB}$ ab, ergibt sich Punkt E (*3*). In ihm ist $\overline{AB}$ nach dem Goldenen Schnitt geteilt.

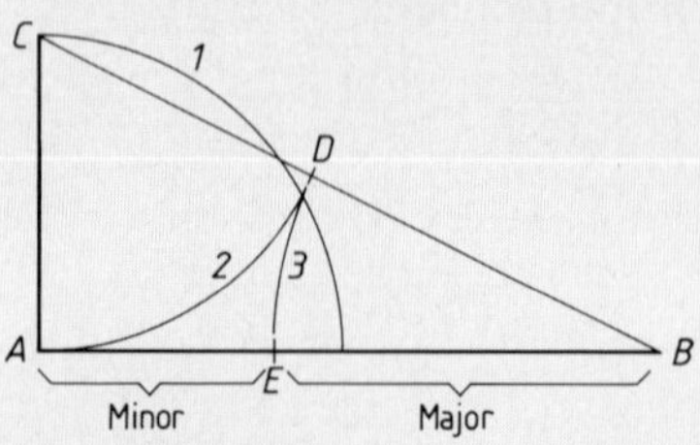

1.3 Goldener Schnitt

Danach haben wir folgendes Verhältnis: $\overline{AE} : \overline{EB} = \overline{EB} : \overline{AB}$. Also:

> Der kleine Teil (Minor) verhält sich zum großen Teil (Major) wie der große zum Ganzen.

Der Goldene Schnitt läßt sich annähernd in den Zahlen 5 : 8; 8 : 13 ausdrücken und danach berechnen.

Beispiel 1 Die Breite (Major) eines Schildes beträgt 120 cm = 8 Teile. Die gesuchte Höhe (Minor) ist demnach 5 Teile groß.

8 Teile = 120 cm oder $5 : 8 = x : 120$ cm
1 Teil = 15 cm $8x = 600$ cm
5 Teile = **75 cm** $x =$ **75 cm**

Beispiel 2 Konstruieren Sie zur gegebenen Höhe die Breite nach dem Goldenen Schnitt für ein Hochformat (**1**.4).

Lösung
$\overline{AB}$ = die gegebene Höhe
$\overline{AC}$ = die Hälfte von $\overline{AB}$
$\overline{CD}$ = die Hälfte von $\overline{AB}$
$\overline{BD}$ = **die gesuchte Breite**

Beispiel 3 Konstruieren Sie zur gegebenen Breite die Höhe nach dem Goldenen Schnitt für ein Hochformat (**1**.5).

Lösung
$\overline{AB}$ = gegebene Breite
$\overline{AC}$ = die Hälfte von $\overline{AB}$
$\overline{BC}$ = Major + Hälfte von $\overline{AB}$
$\overline{AC} + \overline{BC}$ = **gesuchte Höhe**

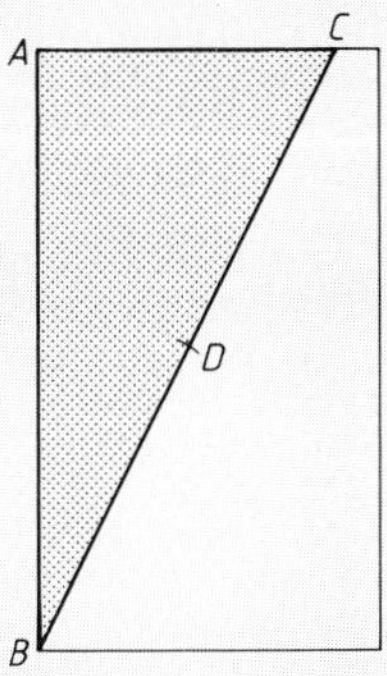

1.4

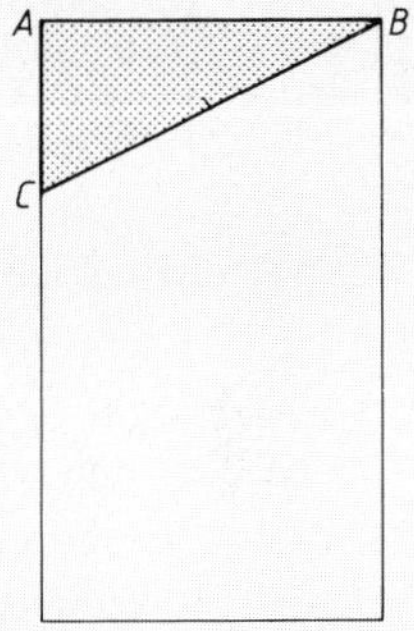

1.5

Aufgaben

11. Ein Tapetenfeld auf einer Wand ist 2,45 m hoch. Berechnen Sie die Breite (Major) nach dem Goldenen Schnitt.
12. Ein Firmenschild ist 2,10 m breit (Minor). Wie hoch ist es nach dem Goldenen Schnitt?
13. Auf einer Giebelwand soll eine Werbefläche angebracht werden. Die Breite (Major) der Fläche ist 3,30 m. Wie hoch wird sie nach dem Goldenen Schnitt?
14. Teilen Sie folgende Strecken nach dem Goldenen Schnitt und berechnen Sie dafür den Minor
a) 1,42 m, b) 2,64 m, c) 6,88 m.
15. Konstruieren Sie zur gegebenen Höhe von 1,05 m die Breite für ein Hochformat im Goldenen Schnitt.
16. Konstruieren Sie zur Höhe von 72 cm die Breite für ein Querformat im Goldenen Schnitt.
17. Ein Schild ist 1,00 m hoch. Darauf soll eine Schriftgruppe so untergebracht werden, daß die Teilungslinie (3 : 5) durch die Schrift geht. Wieviel cm beträgt der Teil unter der Schriftgruppe?
18. Teilen Sie eine Strecke von 112 cm nach dem Goldenen Schnitt, indem Sie
a) 3 : 5 teilen, b) 5 : 8 teilen.
Wieviel cm beträgt der Major jeweils nach der Lösung a) und b)?
19. Eine Fassadenfläche ist 9,23 m hoch. Eine Schriftzeile soll so darauf angebracht werden, daß sie genau auf der Teilungslinie nach dem Goldenen Schnitt steht (5 : 8). Wieviel m sind unter der Schriftzeile?
20. Stellen Sie fest, welche Höhe das Format DIN A4 (Breite 21 cm) haben müßte, wenn es nach dem Goldenen Schnitt (3 : 5) konstruiert wäre.

1.7 Schlußrechnen

Der Meister, sein Arbeitsstellenleiter oder Vorarbeiter müssen wissen, wieviel Gesellen sie für eine Anzahl Fenster in einer bestimmten Zeit einsetzen. Wird der Termin vorverlegt oder der Auftrag erweitert, sind entsprechend mehr Gesellen abzustellen. Aber wieviel?

Das Schlußrechnen wird im Handwerk sehr oft angewendet. Kennzeichen ist der Bruchstrich, der die Ausrechnung erleichtert und beschleunigt. Man spricht meist vom „Dreisatz", doch kommt man beim Ausrechnen nicht immer mit drei Sätzen aus.

Beispiel 1 20 l Dispersionsfarbe kosten 88,– DM. Wieviel kosten 65 l?

Behauptungssatz: 20 l kosten 88,– DM
Diese bekannte Aussage kommt immer zuerst auf den Bruchstrich.

Folgerungssatz: 1 l Dispersionsfarbe kostet den 20. Teil = $\frac{88\ \text{DM}}{20\ \text{l}}$

Schlußsatz: 65 l kosten 65 mal soviel wie 1 l = $\frac{88\ \text{DM} \cdot 65\ \text{l}}{20\ \text{l}}$

$$\frac{\overset{22}{\cancel{88}}\ \text{DM} \cdot \overset{13}{\cancel{65}}\ \text{l}}{\underset{5}{\cancel{20}}\ \text{l}} = 22\ \text{DM} \cdot 13 = \mathbf{286,–\ DM}$$

Kontrollüberlegung: 65 l kosten mehr als 20 l.

Beim einfachen Schlußrechnen ergeben sich aus dem Behauptungssatz ein Folgerungssatz und im Schlußsatz die Lösung.

Beispiel 2 6 Gesellen beschichten eine Fläche in 8 Stunden. Wieviel Zeit brauchen 4 Gesellen dazu?

Behauptungssatz: 6 Gesellen brauchen 8 Std.

Folgerungssatz: 1 Geselle braucht 6 mal soviel = 8 Std. · 6

Schlußsatz: 4 Gesellen brauchen den 4. Teil davon = $\frac{8\ \text{Std.} \cdot 6}{4}$ = **12 Std.**

Kontrollüberlegung: 4 Gesellen brauchen länger als 6.

> **Regel:** „mal soviel" steht auf, „Teil" unter dem Bruchstrich.
> Eine Kontrollüberlegung am Schluß bewahrt Sie vor falschen Ansätzen.

Aufgaben

1. 1,50 l Holzschutzgrund kosten 7,60 DM. Wieviel kosten 25 l?
2. Für 5 l Klarlack zahlen Sie 48,75 DM. Wie teuer sind 0,75 l?
3. Wieviel kosten 11 Rollen Wandbelag, wenn Sie für 25 Rollen 1875,– DM zahlen müßten?
4. 5 Gesellen brauchen für einen Auftrag 12 1/2 Stunden. In welcher Zeit schaffen es 3 Gesellen?
5. Für eine Arbeit werden 6 Rollen Wandbelag von 15,00 m Länge und 50 cm Breite gebraucht. Wieviel Rollen eines anderen Erzeugnisses von 80 cm Breite und 30,00 m Länge wären nötig?

6. Für die Beschichtung von 25,00 m^2 Holzfläche wurden 2 l Lackfarbe gebraucht. Wieviel 2,5 l-Gebinde Lackfarbe müssen bestellt werden, um eine Fläche von 238,00 m^2 zu beschichten?

7. Für einen Wandbelag von 64,60 m^2 Wandfläche werden 15,500 kg Kleber gebraucht. Wieviel kg Kleber erfordert unter gleichen Bedingungen eine Wand von 92,20 m^2?

8. 1 000 Bogen Siebdruckpapier kosten 77,40 DM. Wieviel kosten a) 350 Bogen, b) 1 065 Bogen?

9. 12 l Lackfarbe wiegen 15,600 kg. Wieviel wiegen 45 Liter?

10. 50 l Holzschutzgrund kosten 276,– DM. Wieviel l bekommt man für 524,– DM?

Beim doppelten Schlußrechnen ändern sich zwei der bekannten drei Größen. Die Lösung ergibt sich schrittweite nach dem einfachen Dreisatz – erst wird eine Größe verändert, dann die andere.

Beispiel 3 Gesellen verarbeiten in 40 Std. 156 l Farbe. Wieviel Fassadenfarbe beschichten 6 Gesellen in 28 Std.?

1. Schritt: die Gesellen

3 Gesellen in 40 Std. 156 l Fassadenfarbe

1 Geselle in 40 Std. den 3. Teil $= \frac{156\ \text{l}}{3}$

6 Gesellen in 40 Std. 6 mal soviel $= \frac{156\ \text{l} \cdot 6}{3} = 312\ \text{l}$

Kontrollüberlegung: 6 Gesellen verbrauchen mehr als 3.

2. Schritt: die Zeit

6 Gesellen in 40 Std. 312 l Fassadenfarbe

6 Gesellen in 1 Std. den 40. Teil $= \frac{312\ \text{l}}{40}$

6 Gesellen in 28 Stunden 28 mal soviel $= \frac{312\ \text{l} \cdot 28}{40}$ = **218,4 l Fassadenfarbe**

Kontrollüberlegung: In 28 Stunden werden weniger verbraucht als in 40 Std.

Aufgaben

11. Für die Beschichtung von 124,00 m^2 Fensterläden brauchen 2 Gesellen 48 Std.
In welcher Zeit beschichten 4 Gesellen 186,00 m^2 dieser Läden?

12. 9 Gesellen verdienen in 12 Arbeitstagen 18 395,– DM. Wieviel verdienen dann 6 Gesellen in 5 Tagen bei gleichem Lohn?

13. Eine Lieferung Edelputz von 12 50-l-Gebinden wiegt 1 320 kg. Wieviel wiegen 10 Eimer desselben Putzes in 10-l-Gebinden?

14. Ein Heizkörper hat 10 Glieder der Größe 0,18 m · 0,95 m. Dafür brauchen Sie 0,560 l Heizkörperlack. Wieviel Lack sind für 12 Heizkörper der Größe 0,12 m · 0,80 m bei je 12 Gliedern erforderlich?

15. Für einen Saal brauchen 6 Gesellen bei täglich 8 Std. insgesamt 9 Tage. Um den Termin einzuhalten, setzt der Meister 9 Std. täglich 9 Gesellen ein. In welcher Zeit wird der Saal fertig?

16. Für die Beschichtung einer Saalwand von 22,40 m Länge und 3,10 m Höhe werden 18,050 kg Dispersionsfarbe verarbeitet. Wieviel kg erfordert eine Wand von 16,50 m bei 2,80 m Höhe?

17. 3 Maler beschichten eine Fassade bei 8stündiger Arbeitszeit in 5 Tagen. Wieviel Tage brauchen 5 Maler dafür, wenn sie täglich 9 Std. arbeiten?

18. Für ein Treppenhaus von 166,66 m^2 braucht man 10 Eimer Dispersionsfarbe je 10 l Inhalt. Wieviel Eimer mit 15 l Inhalt werden für ein Treppenhaus doppelter Größe verarbeitet?

Beim zusammengesetzten Dreisatz sind mehr als drei Größen gegeben. Wir gehen auch hier schrittweise vor und verändern eine Größe nach der anderen.

Beispiel 5 Maler verdienen in 5 Tagen bei 8stündiger Arbeitszeit 2 580,– DM. Wieviel verdienen 8 Maler bei 9stündiger Arbeitszeit in $4\frac{1}{2}$ Tagen?

1. Schritt: die Maler

5 Maler in 5 Tagen bei 8 Std. 2580,– DM

1 Maler in 5 Tagen bei 8 Std. $\frac{2580 \text{ DM}}{5}$

8 Maler in 5 Tagen bei 8 Std. $\frac{2580 \text{ DM} \cdot 8}{5} = 4128,\text{– DM}$

Kontrollüberlegung: 8 Maler verdienen mehr als 5.

2. Schritt: die Tage

8 Maler in 5 Tagen bei 8 Std. 4128,– DM

8 Maler in $4\frac{1}{2}$ Tagen bei 8 Std. $\frac{4128 \text{ DM} \cdot 9}{5 \quad \cdot 2} = 3715,20 \text{ DM}$

Kontrollüberlegung: 8 Maler verdienen in $4\frac{1}{2}$ Tagen weniger als in 5.

3. Schritt: die Arbeitszeit

8 Maler in 5 Tagen bei 8 Std. 4128,– DM

8 Maler in $4\frac{1}{2}$ Tagen bei 9 Std. $\frac{4128 \text{ DM} \cdot 9 \cdot 9}{5 \cdot 2 \cdot 8} =$ **4179,60 DM**

Kontrollüberlegung: 8 Maler verdienen bei 9stündiger Arbeitszeit mehr als bei 8stündiger.

Probe Die Aufgabe geht nur auf, wenn bei beiden Annahmen derselbe Stundenlohn gezahlt wird.

5 Maler · 5 Tage · 8 Std. = 200 Std.; $\frac{2580 \text{ DM}}{200} = 12,90 \text{ DM/Std.}$

8 Maler · $4\frac{1}{2}$ Tage · 9 Std. = 324 Std.; $\frac{4179,60 \text{ DM}}{324} = 12,90 \text{ DM/Std.}$

Aufgaben

19. 2 Lackierer spritzen 4 Platten 0,80 m · 1,65 m Größe in 2 1/2 Std. Wie lange spritzen 3 Lackierer 6 Platten der Größe 1,20 m · 1,95 m?
20. Fünf Gesellen beschichten bei 8stündiger Arbeitszeit eine Fassade von 2640,00 m² in 6 Tagen. In welcher Zeit beschichten 6 Gesellen bei 9stündiger Arbeitszeit eine Fassade von 1320,00 m²?
21. Vier Gesellen beschichten 120 Fenster der Größe 0,90 m · 1,20 m in 30 Std. Wie lange brauchen 6 Gesellen zum Beschichten von 80 Fenstern der Größe 1,00 m · 1,40 m gleicher Art?
22. Zur Beschichtung von 60 Abdeckhauben mit je 3,60 m² brauchen drei Lackierer bei 8stündiger Arbeitszeit 12 Std. Wie lange arbeiten zwei Lackierer an 40 gleichartigen Hauben der Fläche 4,80 m² bei 7 1/2stündiger Arbeitszeit?
23. Zwei Gesellen kleben 4 Rollen Gewebetapete von 0,80 m Breite und 25,00 m Länge in 10 Std. Welche Zeit brauchen 4 Gesellen für 6 Rollen der Maße 1,00 m Breite und 30,00 m Länge?
24. In einem Neubau tapezieren vier Gesellen in 4 Tagen bei 8stündiger Arbeitszeit 1080,00 m². Wieviel m² tapezieren drei Gesellen in 8 Tagen bei 10stündiger Arbeitszeit im gleichen Gebäude?
25. Bei 8stündiger Arbeitszeit verarbeiten drei Gesellen 64,8 kg Kunstharzputz in 1,5 Tagen. Wieviel Tage brauchen vier Gesellen bei 10stündiger Arbeit für 194,4 kg Kunstharzputz?

1.8 Prozentrechnen

Auf Ihr Sparguthaben gewährt Ihnen die Sparkasse 6 % Zinsen. Für eine Überstunde bekommen Sie 25 % Zuschlag. Eine Ware wird mit 18 % Gewinn verkauft. Beim Großeinkauf erhalten Sie 5 % Mengenrabatt. Zu allen diesen Rechnungen brauchen Sie die Prozentrechnung, eine der wichtigsten Rechenarten im Wirtschaftsleben.

1.8.1 Rechnen mit Prozenten

Prozent (lat. pro centum) bedeutet auf oder von Hundert. 1 % oder 1 v.H. bedeutet also 1 von 100. 100 ist der Grundwert g und steht immer mit einer Benennung (z. B. DM, kg, l). Der Prozentwert w ist ein Teil des Grundwerts und hat deshalb dieselbe Bedeutung. Der Prozentsatz p gibt in % einen Teil des Prozentwerts vom Grundwert an.

Beispiel	500,– DM	6 %	30,– DM
	Grundwert g	Prozentsatz p	Prozentwert w

In einer Prozentaufgabe müssen immer zwei Werte bekannt sein. Mit ihrer Hilfe läßt sich der dritte, unbekannte Wert berechnen. Dabei bringt das Rechnen am Bruchstrich Vorteile – Prozentrechnen ist nichts anderes als ein auf 100 bezogenes Schlußrechnen.

Beispiel 1 **Berechnen des Prozentwerts.** 1 l Buntlack kostet 10,25 DM. Um wieviel DM wird er nach einer Preiserhöhung von 8 % teurer? Was kostet er dann?

$$100\,\% = 10{,}25\text{ DM}$$

$$1\,\% = \frac{10{,}25\text{ DM}}{100}$$

$$8\,\% = \frac{10{,}25\text{ DM} \cdot 8}{100} = \mathbf{0{,}82\ DM}$$

$$10{,}25\text{ DM} + 0{,}82\text{ DM} = \mathbf{11{,}07\ DM}$$

Formel

$$w = \frac{g \cdot p}{100}$$

Beispiel 2 **Berechnen des Prozentsatzes.** 1 l 2K-Acryl-Autolack kostet 32,50 DM und wurde 6,50 DM teurer. Wieviel Prozent sind das?

Formelumstellung: $\frac{g \cdot p}{100} = w$

Um p zu isolieren, dividieren wir beide Seiten durch g und multiplizieren sie mit 100.

$$32{,}50\text{ DM} = 100\,\%$$

$$1{,}\text{– DM} = \frac{100\,\%}{32{,}50\text{ DM}}$$

$$6{,}50\text{ DM} = \frac{100\,\% \cdot 6{,}50\text{ DM}}{32{,}50\text{ DM}} = \mathbf{20\ \%}$$

$$\frac{\cancel{g} \cdot p \cdot \cancel{100}}{\cancel{100} \cdot \cancel{g}} = \frac{w \cdot 100}{g}$$

Formel

$$p = \frac{w \cdot 100}{g}$$

Beispiel 3 **Berechnen des Grundwerts.** Beim Verlegen eines Wandbelags fielen 9 % Verschnitt = 4,50 m² an. Wieviel Wandbelag wurde verarbeitet?

Formelumstellung: $\frac{w \cdot 100}{g} = p$

Um g zu isolieren, multiplizieren wir beide Seiten mit g und dividieren sie durch p.

$$9\,\% = 4{,}50\text{ m}^2$$

$$1\,\% = \frac{4{,}50\text{ m}^2}{9}$$

$$100\,\% = \frac{4{,}50\text{ m}^2 \cdot 100}{9} = \mathbf{50\ m^2}$$

$$\frac{w \cdot 100 \cdot \cancel{g}}{\cancel{g} \cdot p} = \frac{\cancel{p} \cdot g}{\cancel{p}}$$

Formel

$$g = \frac{w \cdot 100}{p}$$

Nutzen Sie Rechenvorteile!

1 % = 0,01 = 1/100	$6\frac{2}{3}$ % = 1/15	20 % = 1/5
2 % = 0,02 = 2/100 = 1/50	$8\frac{1}{3}$ % = 1/12	25 % = 1/4
$3\frac{1}{3}$ % ≈ 0,033 = 1/30	10 % = 1/10	50 % = 1/2
4 % = 0,04 = 1/25	$12\frac{1}{2}$ % = 1/8	
5 % = 0,05 = 1/20	$16\frac{2}{3}$ % = 1/6	

Aufgaben

1. Berechnen Sie (wenn möglich mit Rechenvorteil)
   a) 4 %, b) 5 %, c) 6,5 %, d) 12 % von 1000 DM, 2500 m, 4800 l, 475 cm, 888 m, 925 m².
2. Wieviel von 250,– DM sind
   a) $1\frac{1}{4}$%, b) $1\frac{2}{3}$%, c) $2\frac{1}{2}$%, d) $6\frac{2}{3}$%,
   e) 20 %, f) 25 %, g) 40 %, h) 45 %?
3. Berechnen Sie den Grundwert
   a) $16\frac{2}{3}$ % = 18,– DM,
   b) 14 % = 2,52 DM,
   c) 6,– DM = 0,8 %,
   d) $16\frac{2}{3}$ % = 245,15 DM,
   e) 9,59 DM = 14 %,
   f) 0,13 DM = 0,8 %.
4. Berechnen Sie die Kostensteigerung in Prozent
   a) alter Preis 13,43 DM, neuer 15,80 DM,
   b) alter Preis 68,– DM, neuer 75,82 DM.
5. Der Preis einer Ware wurde von 60,– DM auf 52,– DM gesenkt. Wieviel Prozent sind das?
6. Auf eine Rechnung von 636,40 DM kommen 14 % Mehrwertsteuer. Wie lautet der Endpreis?
7. Ein Stundenlohn von 9,75 DM wird um ? % auf 10,90 DM erhöht.
8. Ein Auszubildender erhält im 1. Jahr insgesamt 4237,– DM Vergütungen. Die Sozialversicherung beträgt 1409,– DM = ? % davon.
9. 1970 gab es 42900 Malerbetriebe. 1980 waren es nur noch 34650. Wie stark war die Abnahme in %?
10. Bei der Inventur stellt der Meister fest, daß von 132 l Lösungsmittel nur noch 126,7 l übrig sind. Wieviel % beträgt der Schütt- und Schwundverlust?
11. Ein Betrieb kauft 200 Liter Einstellzusatz ein. Der Lieferant gewährt bei Abnahme dieser Menge 5 % Mengenrabatt. Durch den Mengenrabatt ergibt sich ein Rechnungsbetrag von 551,– DM. Wieviel DM hat der Betrieb durch den Rabatt gespart?
12. Ein MS-Füllprimer hat einen Festkörperanteil von 60 %. Der MS-Füllprimer wurde in zwei Spritzgängen mit je 130 µm (Mikrometer) Naßschichtdicke aufgetragen. Berechnen Sie die Trockenschichtdicke des MS-Füllprimers nach den zwei Spritzgängen.
13. Ein Geselle arbeitet in einem Monat 23 Tage mit je 8 Stunden. Sein Stundenlohn beträgt 16,46 DM. An Steuern und Sozialabgaben werden ihm 878,95 DM einbehalten. Wieviel Prozent vom Bruttolohn sind das?

14. Ein Zweikomponentenlack wird 3 : 1 mit Härter gemischt. Der Mischung werden 15 % Einstellzusatz zugesetzt. Berechnen Sie die Gesamtmenge des spritzfertigen Lacks, wenn 2,4 l Stammlack mit Härter und Verdünnung gemischt werden.

15. Die Trockenschicht einer Beschichtung soll 70 µm betragen. Der Trokkenschwund durch Verdunsten der Lösungsmittel beträgt ungefähr 46 %. Wie dick ist die Naßschicht aufzutragen?

1.8.2 Zinsrechnen

Zinsrechnen ist eine besonders wichtige Anwendung des Schluß- und Prozentrechnens. Zins ist die Vergütung für geliehenes Geld, für Kapital *k*. Der Prozentsatz ist hier der Zinsfuß *p*, der sich stets auf 1 Zinsjahr bezieht. Dem Prozentwert entsprechen die Zinsen *z*. Hinzu kommt die Zeit *t*. (1 Zinsjahr = 360 Tage, 1 Zinsmonat = 30 oder 1/12 Jahr, 1 Tag = 1/360 Jahr).

Beispiel	500,– DM	6 %	150,– DM	5 Jahre
	Kapital *k*	Zinsfuß *p*	Zinsen *z*	Zeit *t*

Beim Zinsrechnen sind drei Größen bekannt. Mit ihrer Hilfe können wir den vierten Wert berechnen.

Beispiel 1 **Berechnen der Zinsen.** Wieviel Zinsen bringen 520,– DM zu 5 % in 120 Tagen? (Beachten Sie den Rechenvorteil!)

$$100\,\% = 520,\text{– DM}$$

$$1\,\% = \frac{520\text{ DM}}{100\,\%}$$

$$5\,\% = \frac{520\text{ DM} \cdot 5\,\%}{100\,\%}$$

$$\frac{1}{3}\text{ Jahr} = \frac{520\text{ DM} \cdot 5\,\% \cdot 1}{100\,\% \cdot 3} = \frac{26\text{ DM}}{3} = \mathbf{8{,}67\ DM}$$

Formel

$$z = \frac{k \cdot p \cdot t}{100\,\%}$$

Beispiel 2 **Berechnen des Zinsfußes.** 480,– DM brachten in 96 Tagen 6,40 DM Zinsen. Wie groß ist der Zinsfuß?

$$480,\text{– DM in 96 Tagen} = 6{,}40\text{ DM}$$

$$480,\text{– DM in 360 Tagen} = \frac{6{,}40\text{ DM} \cdot 360\text{ Tage}}{96\text{ Tage}} = 24{,}00\text{ DM}$$

$$480,\text{– DM} = 100\,\%$$

$$24,\text{– DM} = \frac{100\,\% \cdot 24,\text{– DM}}{480,\text{– DM}} = \mathbf{5\,\%}$$

Formel

$$p = \frac{100\,\% \cdot z}{k \cdot t}$$

$$p = \frac{100\,\% \cdot 6{,}40\text{ DM}}{480,\text{– DM}\ \dfrac{96\text{ Tage}}{360\text{ Tage}}} = \mathbf{5\,\%}$$

Beispiel 3 **Berechnen des Kapitals.** Welches Kapital bringt in einem dreiviertel Jahr bei 5 % 6,50 DM Zinsen?

$\frac{3}{4}$ Jahr = 6,50 DM Zinsen

$$1 \text{ Jahr} = \frac{6{,}50 \text{ DM} \cdot 4}{3}$$

$$5\,\% = \frac{6{,}50 \text{ DM} \cdot 4}{3}$$

$$1\,\% = \frac{6{,}50 \text{ DM} \cdot 4}{3 \cdot 5\,\%}$$

$$100\,\% = \frac{6{,}50 \text{ DM} \cdot 4 \cdot 100\,\%}{3 \cdot 5\,\%} = \mathbf{173{,}33\ DM}$$

Formel

$$\boxed{k = \frac{100\,\% \cdot z}{p \cdot t}}$$

$$k = \frac{100\,\% \cdot 6{,}50 \text{ DM} \cdot 4}{5\,\% \cdot 3}$$

$k =$ **173,33 DM**

Beispiel 4 **Berechnen der Zeit.** In welcher Zeit bringen 360,– DM zu 4,5 % 40,50 DM Zinsen?

$$\frac{360 \text{ DM} \cdot 4{,}5\,\%}{100\,\%} = \text{Zinsen für 1 Jahr}$$

$$40{,}50 \text{ DM Zinsen} = \frac{40{,}50 \text{ DM}}{\frac{360 \text{ DM} \cdot 4{,}5\,\%}{100\,\%}}$$

$$= \frac{40{,}50 \text{ DM} \cdot 100\,\%}{360 \text{ DM} \cdot 4{,}5\,\%} = \frac{5}{2} = \mathbf{2\,\frac{1}{2}\ Jahre}$$

Formel

$$\boxed{t = \frac{100\,\% \cdot z}{p \cdot k}}$$

$$t = \frac{100\,\% \cdot 40{,}50 \text{ DM}}{4{,}5\,\% \cdot 360{,}\text{– DM}}$$

$t =$ **2,5 Jahre**

Aufgaben

16. Berechnen Sie die Zinsen:
    a) 850,– DM zu 3 % in 4 Jahren
    b) 1376,– DM zu 3,5 % in 6 1/2 Jahren
    c) 2484,– DM zu 5 % in 2 Jahren
    d) 925,– DM zu 6 % in 2 Jahren 4 Monaten und 25 Tagen.

17. Berechnen Sie den Zinsfuß:
    a) 3200,– DM brachten in 2 1/2 Jahren 360,– DM Zinsen
    b) 720,– DM brachten in 144 Tagen 10,80 DM Zinsen
    c) 1880,– DM brachten in 4 Monaten und 20 Tagen 18,70 DM Zinsen.
    d) 250,– DM brachten in 140 Tagen 24,31 DM Zinsen.

18. Berechnen Sie das Kapital:
    a) 5 Monate bei 13,5 % $z = 19{,}25$ DM
    b) 72 Tage bei 3 % $z = 54{,}–$ DM
    c) 2 Jahre 6 Monate bei 5 % $z = 60{,}–$ DM
    d) 3 Jahre bei 6 % $z = 999{,}–$ DM .

19. Berechnen Sie die Zeit:
    a) 480,– DM zu 5,5 % brachten 15,40 DM Zinsen
    b) 1452,– DM zu 5 % brachten 48,40 DM Zinsen
    c) 2880,– DM zu 7 % brachten 16,80 DM Zinsen
    d) 52 500,– DM zu 6,5 % brachten 5110,75 DM Zinsen.

20. Ein Rechnungsbetrag von 1240,– DM wurde erst nach 4 Monaten bezahlt. Der Lieferer (Gläubiger) fordert 3 % Verzugszinsen. Wieviel DM sind das?
21. 1043,– DM wurden 156 Tage zu 5 % verliehen. Wieviel Zinsen ergeben sich?
22. Welches Kapital müssen Sie anlegen, um bei 6,5 % in 13 Monaten 20,54 DM Zinsen zu erhalten?
23. Wie hoch ist der Zinsfuß, wenn sie 712,– DM angelegt haben und nach 8 Monaten 28,48 DM Zinsen bekommen?
24. Ein Meister nimmt zur Erweiterung seiner Werkstatt einen Kredit von 22 500,– DM zu 10,5 % auf. Wieviel muß er im Vierteljahr an Zinsen zahlen?
25. Ein Kredit von 4200,– DM wird nach 4 Monaten mit Zinsen zurückgezahlt; das sind zusammen 4340,– DM. Mit wieviel Prozent war der Kredit verzinst?
26. Die Malerarbeiten an einem städtischen Neubau waren mit 34 600,– DM veranschlagt. Meister A gab ein Angebot über 35 984,– DM, Meister B über 33 735,– DM ab. Um wieviel Prozent lagen A über und B unter der veranschlagten Summe?
27. Berechnen Sie das Kapital, das in einem Vierteljahr bei 4,5% Zinssatz 161,10 DM Zinsen bringt.
28. Ein Neubau kostete 210 500,– DM. Davon betrugen die Malerarbeiten 11 577,50 DM = ? Prozent der Bausumme.
29. Wieviel Kapital bringt in 4 1/2 Jahren bei 5 % Verzinsung 1125,00 DM Zinsen?
30. In welcher Zeit bringt ein Kapital von 10 000,– DM bei 5,5 % 1760,– DM Zinsen?

1.8.3 Rabatt und Skonto

Rabatt ist ein unter bestimmten Bedingungen gewährter Preisnachlaß (Abschlag) auf den Verkaufspreis. Beim Einkauf größerer Mengen wird üblicherweise ein (Mengen-)Rabatt eingeräumt.

Beispiel Der Meister erhält auf eine größere Lieferung von 2650,– DM 5 % Mengenrabatt. Wie teuer ist die Ware?

Formel oder Dreisatz

$$w = \frac{g \cdot p}{100\,\%} = \frac{2650\text{ DM} \cdot 5\,\%}{100\,\%}$$

w = 132,50 DM Rabatt

  2650,00 DM
– 132,50 DM

2517,50 DM

100 % ≙ 2650,– DM
95 % ≙ x

$$x = \frac{2\,650,\text{– DM} \cdot 95\,\%}{100\,\%}$$

x = **2517,50 DM**

Skonto ist kein Rabatt, sondern eine Anreizprämie für den Kunden, die Rechnung vorweg oder sofort nach Erhalt (vor dem Zahlungsziel) zu begleichen. Üblich sind 2 bis 3 %. Skonto bezieht sich jedoch nur auf Warenpreise.

Beispiel Bei sofortiger Überweisung des Rechnungsbetrags von 765,80 DM können Sie 2,5 % Skonto abziehen. Wieviel DM sparen Sie dabei?

Wir benutzen wieder die Prozentformel $w = \frac{g \cdot p}{100\,\%}$.

$$w = \frac{765{,}80\text{ DM} \cdot 5\,\%}{100\,\% \cdot 2} = \mathbf{19{,}15\text{ DM}}$$

Aufgaben

31. Berechnen Sie den Verkaufspreis
    a) 465,– DM bei 5 % Rabatt
    b) 8650,– DM bei 6 % Rabatt
    c) 860,40 DM bei 5,5 % Rabatt.

32. Berechnen Sie den Barzahlungspreis
    a) 645,50 DM bei 2,5 % Skonto
    b) 1520,70 DM bei 3 % Skonto
    c) 242,20 DM bei 2 % Skonto.

1.8.4 Gewinn- und Verlustrechnen

Die Gewinn- und Verlustrechnung ist eine angewandte Prozentrechnung des Kaufmanns und Handwerkers. Beide wollen ihre zum Einkaufspreis (Grundwert) erworbenen Waren mit Gewinn, also vermehrtem Grundwert verkaufen. Müssen sie die Ware unter dem Einkaufswert abgeben, erzielen sie nur einen verminderten Grundwert – einen Verlust. (Wie ergeht es einem Betrieb, der mehr und mehr mit Verlust arbeitet?)

Beispiel 1 **Gewinn** (vermehrter Grundwert). Sie verkaufen für 280,– DM Lack mit einem Gewinn von 15 %. Wie hoch war der Einkaufspreis?

Einkaufswert 100 % + Gewinn 15 % = Verkaufspreis 115 %

Beispiel 2 **Verlust** (verminderter Grundwert). Der Meister verkauft Tapeten für 642,40 DM und hat dabei 12 % Verlust. Wieviel hat er für die Tapeten bezahlt?

Einkaufswert 100 % – Verlust 12 % = Verkaufspreis 88 %

Der Einkaufspreis ist immer 100 %.
Einkaufspreis + Gewinn ist immer über 100 % (Verkaufspreis > 100 %).
Einkaufspreis – Verlust ist immer unter 100 % (Verkaufspreis < 100 %).

Aufgaben

33. Eine Ware wird für 690,– DM mit 15 % Gewinn verkauft. Wie teuer war sie beim Einkauf?
34. Der Meister hat einen Auftrag mit Verlust ausgeführt, weil im Untergrund viele vorher nicht erkennbare Mängel vorkamen und ein Festpreis von 1640,50 DM vereinbart war. Der Verlust beträgt 4,5 %. Wieviel DM hat der Meister verloren?
35. Ein Posten Tapeten wird für 624,– DM eingekauft und für 698,88 DM verkauft. Wieviel Prozent beträgt der Gewinn?
36. Der Meister verkauft eine Rolle Wandbelag mit 15 % Gewinn zu 135,– DM. Berechnen Sie den Einkaufspreis.
37. Der Einkaufspreis einer Ware betrug 765,– DM. Sie wurde mit 860,63 DM verkauft. Wieviel Prozent betrug der Gewinn?
38. Der Meister kauft einen gebrauchten Kompressor für 2750,– DM. Der Verkäufer sagt, er habe dabei einen Gewinn von „nur“ 15 %. Wieviel DM sind das?
39. Ein Posten Siebdruckrahmen wird bei einem Konkurs für 765,62 DM statt für regulär 875,00 DM erworben. Wieviel Prozent beträgt der Gewinn.
40. Der Meister verkauft eine Rolle Bodenbelag, Einkaufspreis 890,– DM, mit 12 % Verlust. Wie hoch ist der Verkaufspreis?

1.9 Mischungs- und Verteilungsrechnen

Mehrkomponentenlacke (z. B. DD-Lacke) werden kurz vor der Verarbeitung aus zwei oder drei Komponenten (Bestandteilen) angesetzt. Fahrzeuglacke als Zweikomponentenlacke (2K-Lacke) werden ebenso mit Zusatzlack angesetzt. Bestimmte Spachtelmassen und auch Klebstoffe erhalten eine Härterzugabe. Die Teile solcher Mischungen müssen genau im vorgeschriebenen Verhältnis gemischt werden, wenn der Werkstoff voll gebrauchsfähig sein soll. Solche Mengenverhältnisse müssen wir daher berechnen können.

Gewichts- und Raumteile. Wir unterscheiden Mischungen nach dem Gewicht (GT = Gewichtsteile) und nach dem Volumen (VT, RT, MT = Volumenteile, Raumteile, Maßteile). Wegen des zeitraubenden Abwiegens und der Literverpackung sind Gewichtsteile weniger üblich. Meist liefern die Hersteller getrennt abgepackte, auf bestimmte Grundmengen abgepaßte Zusätze (z. B. Stammlack + Härter).

> Mischungen können nach Gewichts-(GT) oder Volumenteilen, Raumteilen bzw. Maßteilen (VT,RT, MT) vorgenommen werden. Die angegebenen Einzelmengen sind genau einzuhalten.

Beispiel 1 Ein weißer Füller hat ein gewichtsmäßiges Mischungsverhältnis 5 : 1 GT.
Füller : Zusatzlack
(5 GT = 5 kg) + (1 GT = 1 kg) = (6 GT = 6 kg)

Beispiel 2 1 l Zweikomponenten-Zinkprimer hat das volumenmäßige Mischungsverhältnis 3 : 1 RT.
3 RT Zinkprimer : 1 RT Härter
= 0,750 l + 0,250 l = **1,000 l**

Beispiel 3 3 l Flächenspachtel wird im volumenmäßigen Verhältnis 2 : 1 RT angesetzt.
2 RT Pulver : 1 RT Wasser
2 l Pulver + 1 l Wasser = **3 l**

> Der gemischte Werkstoff hat immer das Gesamtgewicht bzw. -volumen der angesetzten Ausgangsstoffe.

Aufgaben

1. Beschichtungsstoffe auf Weißzementbasis werden wie folgt angesetzt: 1 RT Wasser + 3 RT Zementfarbe. 1 RT = 500 cm^3. Verbrauch bei zweimaliger Beschichtung 0,750 l/m^2. Wieviel l Zementfarbe und Wasser werden für 65,00 m^2 angesetzt?

2. Mörtel der Gruppe I a besteht aus 1 RT Kalkteig + 4 RT Sand + Wasser. 1 RT = 1 Baueimer ≈ 12 l Inhalt. Wieviel RT Kalkteig und Sand werden für 90 l Mörtel gebraucht?

3. Kalkzementmörtel (Mörtelgruppe II) besteht aus 1,5 RT Kalkteig + 1 RT Zement + 9 RT Sand + Wasser. Wieviel RT von jedem sind in 92 RT Mörtel?

4. Spezial-Tapetenkleister wird 1 : 20 angesetzt = 200 g Pulver + 4 l Wasser:
$\frac{4000 \text{ g Wasser}}{200 \text{ g Pulver}} = \frac{40}{2} = 20 = 1 : 20$

Für PVC-Tapeten werden ≈ 20 % Dispersionskleber zugegeben.
Wieviel Wasser und Dispersionskleber erfordern 1 1/2 Pakete Kleister = 300 g?

5. 2K-Leichtmetall-Klarlack wird angeboten: Kartons 10 · 1-l-Kanister, Härter 0,750 l, 1 l, 1,250 l und 1,5 l, Volumenmischung 4 : 1.
Welche Gebindegrößen von jedem Bestandteil braucht man a) für 3,750 l, b) für 6,250 l Gesamtmenge?

6. Eine Mischungsanweisung für Polyester-Füllplastic lautet: zu 2kg Spachtel 60 g Härterpaste geben.
Wieviel Prozent beträgt die Zugabe?

7. Die Mischanweisung für eine Mineralfarbe lautet: 5 kg Farbpulver in 4 l Fixativ einsumpfen, danach mit 3 l Fixativ verdünnen.
Welche Menge an Mineralfarbe erhält man, bezogen auf 30 kg Farbpulver?

8. Vier Liter Zweikomponenten-Klarlack sollen angesetzt werden. Das Mischungsverhältnis ist im Technischen Merkblatt wie folgt angegeben:
10 Volumenteile Klarlack
5 Volumenteile Härter
1 Volumenteil Verdünnung
Berechnen Sie die einzelnen Werkstoffmengen in Liter.

9. Ein Zweikomponentenlack farblos wird wie folgt angesetzt:
100 GT Acryllack farblos
12 GT Zusatzlack
10 GT Spezialverdünnung.
Verbauch 1 kg/12,00 m^2.
a) Welche Einzelmengen werden für 10 Platten 0,85 m · 1,40 m beidseitig benötigt?
b) Verdünnungszugabe zum Spritzen 25 %. Wieviel Verdünnung ist für die Flächen unter a) erforderlich?

10. Ein Polyurethanlack farblos hat das Mischungsverhältnis
2 RT PUR-Glanzlack
1 RT Härter
1 RT Verdünnung
(1 RT = 500 cm^3-Gefäß)
Wieviel Raumteile jeder Einzelmenge werden für 6 l Gesamtmenge gebraucht?

11. Außer durch elektronische Farbmischgeräte werden Farbtöne auch von Hand gemischt, vor allem in kleinen Mengen. Dazu geben die Hersteller Mischtabellen für viele Farbtöne und Mischbecher heraus, z. B.

Kanariengelb = Zitronengelb	982 g
+ Ocker	15 g
+ Orange	3 g
	1 000 g

Wieviel von jeder Mischfarbe wird für eine 12,500 kg Mischung gebraucht?

12. Eine Einkaufstabelle mit Farbtonbeispielen gibt an, daß für einen mittelgelben Farbton (Stufe 5) 2 · 0,250 l Abtönfarbe + 1 · 4 l Dispersionsweiß erforderlich sind, berechnet auf 10,00 m^2 Fläche.
Berechnen Sie den l-Bedarf je Ausgangsfarbe für 50,00 m^2 Fläche.

13. Mischfarben in verschieden großen Abpackungen ersparen das Abwiegen.
Beispiel: 16 abgepackte brillante Farbtöne geben 40 Farbmischungen nach Anweisung.
Ein Raum mit 45,00 m^2 Wandflächen ist hell-grüngelb zu beschichten.
Mischung:
1 RT Ton Ananas
4 RT Ton Kokon
(Namen der Farbkarte)
Verbrauch 0,50 l/m^2 für zweimalige Beschichtung.
Wieviel l beider Ausgangsfarben und wieviel l insgesamt bestellen Sie?

1.10 Potenzieren und Radizieren

In Formeln und technischen Angaben begegnen uns immer wieder Angaben wie 3^2, 6^{10} oder m^2. Was bedeuten diese „Potenzen"?

Die Potenz ist nur eine vereinfachte Schreibweise für das Multiplizieren gleicher Faktoren, für das Malnehmen einer Zahl mit sich selbst. Die hochstehende Zahl (Hochzahl) ist der Exponent. Sie gibt an, wie oft die Grundzahl (die Basis) mit sich selbst malgenommen, als Faktor gesetzt werden soll. Ergebnis ist die Potenz.

Beispiele 4^2 (sprich 4 hoch 2 oder 4 Quadrat) $= 4 \cdot 4 = \mathbf{16}$
4^3 (sprich 4 hoch 3) $= 4 \cdot 4 \cdot 4 = \mathbf{64}$
a^5 (sprich *a* hoch 5) $= a \cdot a \cdot a \cdot a \cdot a$ (nicht 5*a*!)

Die größte mit zwei Ziffern auszudrückende Zahl ist $9^9 = 387\,420\,489$ – rechnen Sie's nach!

Potenzieren heißt, Zahlen mit sich selbst multiplizieren.

Zehnerpotenzen werden in technischen Angaben gebraucht. Hier entspricht der Exponent der Anzahl Nullen hinter der 1 (z. B. $10^3 = 1000$, nämlich $10 \cdot 10 \cdot 10$). Bei Beschichtungs-Schichtdicken finden wir die Angabe in Mikrometer (µm). 1 Mikrometer $= 10^{-6} = 1/1\,000\,000$ m.

Aufgaben

1. Berechnen Sie die Quadratzahlen der Ziffern 10 bis 20.
2. Berechnen Sie die Potenzen
   a) 2^5, b) 3^6, c) 8^3, d) 15^3, e) 250^2, f) $14{,}8^2$, g) 4^{-3}, h) 10^{-4}, i) 9^{-3}
3. Schreiben Sie in Zahlen und rechnen Sie
   a) $3 \cdot 10^3$, b) $5 \cdot 10^4$, c) $0{,}5 \cdot 10^4$, d) $10^5 \cdot 6$
4. Schreiben Sie in Potenzen
   a) $3 \cdot 3 \cdot 3 \cdot 3$
   b) $10 \cdot 10 \cdot 10 \cdot 10 \cdot 10$
   c) $0{,}4 \cdot 0{,}4 \cdot 0{,}4$, d) $m \cdot m \cdot m$

Das Radizieren (Wurzelziehen) ist die Umkehrung des Potenzierens (lat. radix = Wurzel). Die Quadratwurzel einer Zahl ist der Wert, der mit sich selbst multipliziert wieder die Zahl ergibt.

Beispiele $\sqrt{25} = 5$, denn $5^2 = 25$ $\sqrt{36} = 6$, denn $6^2 = 36$

Wir brauchen in unserem Beruf nur die Quadratwurzel $\sqrt[2]{\ }$, vereinfacht $\sqrt{\ }$ = Wurzel geschrieben. Techniker und Wissenschaftler dagegen brauchen auch die 4., 5. usw. Wurzel und schreiben den Exponenten entsprechend (z. B. $\sqrt[4]{\ }$, $\sqrt[5]{\ }$).

Wurzelzeichen haben Klammerbedeutung. Vor dem Radizieren müssen wir darum die Rechnungen unter dem Wurzelzeichen ausführen.

Beispiel $\sqrt{4 + 36} = \sqrt{40}$

Bei Brüchen radizieren wir Zähler und Nenner getrennt.

Beispiel $\sqrt{\frac{4}{25}} = \frac{\sqrt{4}}{\sqrt{25}} = \frac{2}{5}$

Rechengang beim schriftlichen Radizieren

Aufgabe $\sqrt{59040}$

1. Bilden Sie von rechts nach links Zweiergruppen.

$\sqrt{5'90'40}$

2. Ziehen Sie aus der linken (Rest-)Gruppe die Wurzel. In diesem Fall ist es die Quadratzahl 5 = 2 · 2.

   Ermitteln Sie die Differenz, holen Sie die nächste Gruppe herunter.

$\sqrt{5'90'40} = 2$
4
190

3. Nach Abstreichen der letzten Zahl Teilung durch das doppelte Ergebnis.

$\sqrt{5'90'40} = 2$
4
19'0 : 4

4. Tragen Sie die ermittelte Zahl in den Teiler ein und führen Sie mit ihr und dem Teiler die Multiplikation aus.

   Ermitteln Sie die Differenz, holen Sie die nächste Gruppe herunter.

$\sqrt{5'90'40} = 24$
4
19'0 : 44
176
1440

5. Solange ein Rest bleibt, wird das Verfahren entsprechend wiederholt.

$\sqrt{5'90'40} = 242$
4
19'0 : 44
176
144'0 : 482
964
476

6. Bevor die nächste Gruppe (2 Nullen) herunterkommt, muß im Ergebnis ein Komma gesetzt werden.

   Weiterer Rechengang wie unter 3. bis 5. beschrieben.

$\sqrt{5'90'40} = 242{,}98$
4
19'0 : 44
176
144'0 : 482
964
4760'0 : 4849
43641
39590'0 : 48588
388704
Rest 7196

Probe 242,98 · 242,98 = 59039,28 ≈ 59 040

Bei Dezimalzahlen teilen wir die Gruppen vom Komma aus nach links und rechts ab: $\sqrt{1'78'39,\ 38'2}$.

Aufgaben

Wenn Sie einen Taschenrechner mit dem Zeichen $\sqrt{x}$ haben, können Sie ihre schriftlich ermittelten Ergebnisse kontrollieren. Wenn nicht, machen Sie die Probe schriftlich.

5. $\sqrt{9801}$
6. $\sqrt{62500}$
7. $\sqrt{25 + 17 + 2101}$
8. $\sqrt{7309 - 252 - 1064}$
9. $\sqrt{20{,}736}$
10. $\sqrt{45283{,}89}$
11. $\sqrt{12321}$
12. $\sqrt{4290{,}25}$
13. $\sqrt{0{,}5625}$
14. $\sqrt{197\,136}$

1.11 Rechenhilfen

Außer den schon angeführten Rechenvorteilen gibt es Hilfsmittel, die das Rechnen in bestimmten Fällen oder im ganzen erleichtern. Dazu gehören Tabellen, Taschenrechner, früher auch der Rechenstab.

Tabellen. Für den Geschäftsverkehr der Banken gibt es Zinstabellen, die die Zinsberechnung ersparen. Ähnliche Tabellen hat man auch für unser Berufsfeld erarbeitet. So können wir etwa den Tapetenbedarf oder die Beschichtungsfläche von Heizkörpern an Tabellen ablesen.

Beispiel 1 **Tapetenbedarf in Normalrollen** (0,53 m x 10,05 m). In Tab. **1**.6 lesen wir in der linken Spalte den Raumumfang in m ab, die Wand- bzw. Sockelhöhe dazu in der oberen Querspalte. Im Schnittfeld beider Spalten lesen wir die nötigen Rollen ab. Ausschnitte für Türen und Fenster sind dabei jedoch nicht berücksichtigt!

Bei einem Umfang von 25,00 m und einer Wandhöhe von 3,00 m brauchen wir also 15 bis 16 Rollen.

Tabelle **1**.6 **Tapetenbedarf in Normalrollen (0,53 m x 10,05 m)**, Fortsetzung s. S. 39

Raum-umfang	Höhe in m						
	Sockelflächen			Wandflächen			
	1,05 bis 1,20	1,20 bis 1,35	1,35 bis 1,60	2,25	2,45 bis 2,80	2,85 bis 3,20	3,25 bis 4,00
in m	Ungefährer Bedarf an Rollen						
10	3	3	4	5	6	6	8 bis 9
11	3	3	4	6	6	7	9 bis 10
12	3	4	4	6	7	7 bis 8	10 bis 11
13	4	4	5	6	7	8	11 bis 12
14	4	4	5	6	8	9	12 bis 13
15	4	5	5	7	8	9	12 bis 13
16	4	5	6	8	9	10	13 bis 14
17	5	5	6	8	9	10 bis 11	14 bis 15
18	5	5	6	8	10	11	14 bis 15
19	5	6	6	9	10	11 bis 12	14 bis 15
20	5	6	7	9	10	12 bis 13	15 bis 16

Tabelle **1**.6, Fortsetzung

Raum-umfang	Höhe in m						
	Sockelflächen			Wandflächen			
	1,05 bis 1,20	1,20 bis 1,35	1,35 bis 1,60	2,25	2,45 bis 2,80	2,85 bis 3,20	3,25 bis 4,00
in m	Ungefährer Bedarf an Rollen						
21	6	6	7	10	10	12 bis 13	15 bis 17
22	6	6	7	10	11	13 bis 14	16 bis 18
23	6	7	8	10	12	13 bis 14	17 bis 19
24	6	7	8	11	12	14 bis 15	18 bis 20
25	6	7	8	12	13	15 bis 16	19 bis 21
26	7	8	9	12	13	15 bis 16	19 bis 21
27	7	8	9	12	14	16 bis 17	20 bis 21
28	7	8	9	12	14	17 bis 18	21 bis 22
29	7	8	10	13	14	17 bis 19	22 bis 23
30	8	9	10	14	15	18 bis 19	23 bis 24
31	8	9	10	14	16	18 bis 20	24 bis 26
32	8	9	11	14	17	19 bis 20	25 bis 27

Beispiel 2 **Beschichtungsfläche von Heizkörpern.** Für Gußradiatoren nach DIN 4720 gibt Tabelle **1**.7 die Fläche an. Bei einem Nabenabstand von 500 mm, einer Bauhöhe von 580 mm und einer Bautiefe von 160 mm lesen wir 0,255 m^2 Beschichtungsfläche je Glied ab, erhalten also bei 8 Gliedern 8 · 0,255 m^2 = 2,04 m^2.

Tabelle **1**.7 **Gußradiatoren nach DIN 4720**

Nabenabstand in mm	Bauhöhe in mm	Heizfläche je Glied in m^2 Bautiefen in mm: 70	110	160	220	250
1	2	3	4	5	6	7
200	280	–	–	–	–	0,185 m^2
350	430	–	–	0,185 m^2	0,255 m^2	–
500	580	0,120 m^2	0,180 m^2	0,255 m^2	0,345 m^2	–
900	980	0,205 m^2	–	0,440 m^2	0,580 m^2	–

Taschenrechner. Vielleicht haben Sie schon einen Taschenrechner oder beneiden Kameraden, die damit „in Sekundenschnelle“ die schwierigsten Aufgaben lösen. Doch eins sollten Sie wissen:

> Die Benutzung eines Taschenrechners setzt voraus, daß Sie den Ablauf des Rechenvorgangs beherrschen – dies nimmt Ihnen kein Rechner ab. Er multipliziert, dividiert, radiziert usw. nach Ihren Angaben und erspart Ihnen dann die Ausrechnungen.

Fragen Sie vor dem Kauf, ob Sie bei Klassenarbeiten und Prüfungen einen Taschenrechner benutzen dürfen. Und kaufen Sie einen Rechner, der mindestens folgende Tasten hat:

- Tasten für die 4 Grundrechenarten
- Taste Quadratwurzel $\sqrt{x}$
- Speichertaste M
- Taste für das Quadrat (x^2)
- Tasten für Klammern
- Taste für %

Jedem Taschenrechner liegt eine Gebrauchsanweisung bei, die Sie sorgfältig lesen sollten.

Der Rechenstab (Rechenschieber) war in unserem Beruf weniger üblich und ist heute weitgehend vom Taschenrechner abgelöst.

2 Längen und Flächen

Das Messen von Längen und Flächen ist wohl die häufigste Tätigkeit beim Aufmaß von Malerarbeiten. Die gemessenen Größen sind auch ein wesentlicher Bestandteil aller Rechnungen eines Maler- und Lackierermeisters.

2.1 Längenberechnungen und metrisches System

Das auf Meter (m) beruhende metrische System wurde 1872 amtlich in Deutschland eingeführt. Es ist ein Dezimalsystem: Die Umwandlungszahl von einer Größe zur anderen ist 10.

	mal 10		**Basis**	**durch 10**			
1000 m	100 m	10 m	1 m	0,1 m	0,01 m	0,001 m	0,000001 m
			Meter Einheit				
Kilometer	Hektometer	Dekameter		Dezimeter	Zentimeter	Millimeter	Mikrometer
km	ungebräuchlich			dm	cm	mm	µm

> Das metrische System unserer Längenmaße ist ein Dezimalsystem. Jede nächstgrößere Einheit ist 10 mal größer, jede nächstkleinere ein Zehntel der vorhergehenden.

Beispiele

	m	dm	cm	mm	Komma ↓
8 mm =				8	0,008 m
30 mm =			3	0	0,030 m
5,6 cm =			5	6	0,056 m
19,6 dm =	1	9	6		1,960 m

Verschiedene Pinselarten werden in Zoll (1") gemessen. 1 Zoll ≙ 25,4 mm.

Beispiel Berechnen Sie die Breite des Strichziehers $\frac{3''}{4}$ in mm.

$$\frac{3 \cdot 25{,}4\ \text{mm}}{4} = \mathbf{19{,}05\ mm}$$

Im Aufmaß werden alle Längenmaße in m angegeben. Meter wird gesprochen, aber nicht geschrieben. Die Maße sind stets als Dezimalzahlen, zweistellig nach dem Komma anzugeben.

Beispiele nicht 75 cm, sondern 0,75
nicht 5 m, sondern 5,00

> Der häufigste Fehler beim Längenrechnen ist das falsche Setzen des Kommas. Ein falsch gesetztes Komma macht eine Größe 10 mal größer bzw. kleiner!

Aufgaben

1. Wieviel m sind 3,45 m + 0,79 m + 22 dm + 15 cm + 0,5 dm + 0,08 m?
2. Wieviel cm sind 82 mm + 10,5 cm + 475 mm + 2,5 mm + 0,6 dm + 0,30 m?
3. Wieviel dm sind 3,5 cm + 4,8 m + 4 mm + 16 cm + 6,9 dm + 4,5 m?
4. Wieviel m sind 6 cm + 9 mm + 3 dm + 6,7 cm + 5,7 dm + 2,5 km?
5. Eine Tapetenrolle hat die Maße 0,53 m · 10,05 m. Wie lauten sie in cm und mm?
6. Eine Fläche ist 36 mm · 116 mm groß. Drücken Sie dies in cm und in m aus.
7. Deckenplatten sind in folgenden Abmessungen üblich: 30 cm · 30 cm, 40 cm · 40 cm, 50 cm · 50 cm, 62,5 cm · 62,5 cm. Schreiben Sie die Maße in m.
8. Rollenbreiten für Wandbeläge sind u. a. 80, 100, 120 und 130 cm. Schreiben Sie die Maße in m.
9. Schreiben Sie folgende Maße in cm: 4,00 m, 14,00 m, 64,00 m, 126,00 m, 150,00 m, 210,00 m.
10. Schreiben Sie folgende Maße in m als Dezimalzahl: 66 2/3 m, 15 1/2 m, 12 1/4 m, 27 3/4 cm, 99,9 cm.
11. Berechnen Sie die Breite folgender Pinsel in mm:

    a) Plakatschreiber $\frac{3"}{8}$

    b) Heizkörperpinsel 2"

    c) Modler $1\frac{1"}{2}$

2.2 Maßstabrechnen

Ein Prospekt zeigt selbstklebende Fertigbuchstaben im Maßstab 1 : 10 und 1 : 25. Ein Kunde liefert sein Firmenzeichen für eine Karosseriebeschriftung M 1 : 12,5. Wozu braucht man diese Angaben? Wie rechnet man damit?

Bauzeichnungen und technische Zeichnungen können die Teile nur selten in ihrer wirklichen (natürlichen) Größe = 1 : 1 bringen. Meist müssen die Objekte verkleinert, einzelne Teile manchmal auch vergrößert werden. Das Vergrößerungs- bzw. Verkleinerungsmaß drückt der Maßstab aus.

Der Maßstab M gibt an, in welchem Verhältnis ein wirkliches Maß verkleinert oder vergrößert wurde. M 1 : x bedeutet dabei Verkleinerung, M x : 1 Vergrößerung.

M 1 : 200 heißt also: 1 cm in der Zeichnung sind in Wirklichkeit 200 cm,
M 200 : 1 heißt: 200 cm in der Zeichnung sind in Wirklichkeit 1 cm.

Tabelle 2.1 **Übliche Maßstäbe**

Verkleinerung	M 1:2,5 M 1:5 M 1:10 M 1:20 M 1:25 M 1:50 M 1:100 M 1:200
Vergrößerung	M 2:1 M 5:1 M 10:1 M 20:1

Um Objekte im Maßstab 1 : 200 zu zeichnen, müssen wir folglich alle ihre Maße durch 200 dividieren. Beim Zeichnen im M 200 : 1 sind dagegen alle wirklichen Maße mit 200 zu multiplizieren. Die üblichen Maßstäbe zeigt Tabelle **2.1**.

Der Maßstab ist so zu wählen, daß das Objekt klar und übersichtlich wiedergegeben werden kann. In dem gewählten Maßstab sind alle Objektmaße anzugeben.

Umrechnungen. Im Maßstabrechnen gibt es drei Größen: Zeichenmaß, wirkliches Maß und Maßstab. In bekannter Weise können wir mit Hilfe von zwei dieser Größen die dritte berechnen.

Beispiel 1 **Berechnen des Zeichenmaßes**

Ein Maß von 10,60 m soll im M 1 : 20 gezeichnet werden.

$$10{,}60\ \text{m} \cdot \frac{1}{20} = 0{,}53\ \text{m} = \mathbf{53\ cm}$$

Formel

$$\text{Zeichenmaß} = \text{wirkliches Maß} \cdot \text{Maßstab}$$

Beispiel 2 **Berechnen des wirklichen Maßes**

Das Zeichenmaß beträgt 0,40 m, der Maßstab 1 : 5.

$$\frac{0{,}40\ \text{m}}{\frac{1}{5}} = 0{,}40\ \text{m} \cdot \frac{5}{1} = \mathbf{2{,}00\ m}$$

Formel

$$\text{wirkliches Maß} = \frac{\text{Zeichenmaß}}{\text{Maßstab}}$$

Beispiel 3 **Berechnen des Maßstabs**

Ein wirkliches Maß von 6,25 m beträgt in der Zeichnung 2,5 cm.

$$\frac{2{,}5\ \text{cm}}{6{,}25\ \text{m}} = \frac{25\ \text{cm}}{6250\ \text{cm}} = \frac{1}{250}$$

$= \mathbf{M\ 1 : 250}$

Formel

$$\text{Maßstab} = \frac{\text{Zeichenmaß}}{\text{wirkliches Maß}}$$

Aufgaben

1. Die Raummaße 12,50 m · 4,30 m sollen im Maßstab 1 : 100 gezeichnet werden. Wie groß sind sie in der Zeichnung?
2. Wie groß ist das Zeichenmaß einer Länge von
   a) 2,50 m, b) 10,25 m und c) 92 cm im M 1 : 5?
3. Mehrere Räume eines Gebäudes hatten folgende Grundrisse: 5,20 m · 6,80 m, 4,40 m · 4,80 m, 3,20 m · 5,10 m und 3,60 m · 4,20 m. Wie lauten die Maße im M 1 : 20?
4. Ein Bauplan weist 4 Zimmer aus in den Maßen 2,50 m · 3,10 m, 6,80 m · 2,80 m, 2,60 m · 2,30 m und 2,60 m · 2,10 m. Welche Größen ergeben sich beim Zeichnen im Maßstab 1 : 25?
5. Ein Dekor von 24 cm · 12,5 cm soll im Maßstab 3 : 1 gezeichnet werden. Wie lauten die Maße?
6. Ein Firmenzeichen soll 0,65 cm hoch und 0,25 cm breit werden. Sie machen einen Entwurf im M 2,5 : 1. Welche Maße nehmen Sie?
7. Wie groß sind die wirklichen Maße der im M 1 : 50 wiedergegebenen Zeichenmaße
   a) 5 cm, b) 42 cm, c) 0,65 cm?
8. Die Zeichnung im Maßstab 1 : 25 zeigt folgende Maße, deren wirkliche Größe ermittelt werden soll:
   a) 0,15 m, b) 0,50 m, c) 35 cm.
9. Die wirkliche Länge von 16,50 m erscheint in verschiedenen Zeichnungen in den Zeichenmaßen
   a) 1,65 m, b) 66 cm, c) 1,65 cm.
   Berechnen Sie die Maßstäbe.
10. In einem Grundriß M 1 : 200 haben die Räume folgende Maße: Raum 1 = 30 mm · 24 mm, Raum 2 = 22 mm · 26 mm, Raum 3 = 24 mm · 29 mm. Wieviel betragen die wirklichen Maße?

2.3 Bemaßen von Zeichnungen

Wenn jeder Architekt oder Bauzeichner seine Zeichnungen nach Gutdünken anfertigen und beliebige Maße einsetzen wollte, müßten sich die Handwerker immer wieder auf ein anderes System einstellen. Viel Zeit ginge verloren. Nachfragen und Fehler blieben nicht aus. Darum ist das Bemaßen von Zeichnungen genormt – einheitlich festgelegt.

Die Linienarten sind nach DIN 15 genormt (**2**.2).

Vollinie	Strichlinie	Strichpunktlinie	Freihandlinie
breit schmal	mittelbreit	breit schmal	schmal

2.2 Linienarten

Maßeintragungen legt DIN 406 fest. Eigentlich brauchte eine maßstäblich erstellte Zeichnung keine bezifferten Maßangaben (warum nicht?), doch ersparen die Zahlen das ständige Umrechnen in die wirklichen Maße.

> Die eingesetzten Maßzahlen geben stets die wirklichen Maße an.

Geschrieben werden sie in Normschrift möglichst in der Mitte über der Maßlinie. Die Maßlinienbegrenzung gibt die Strecke an. Die Maßzahlen schreibt man so, daß sie an der Unterkante und an der rechten Seite gelesen werden können. Der Maßstab ist mit anzugeben (**2**.3).

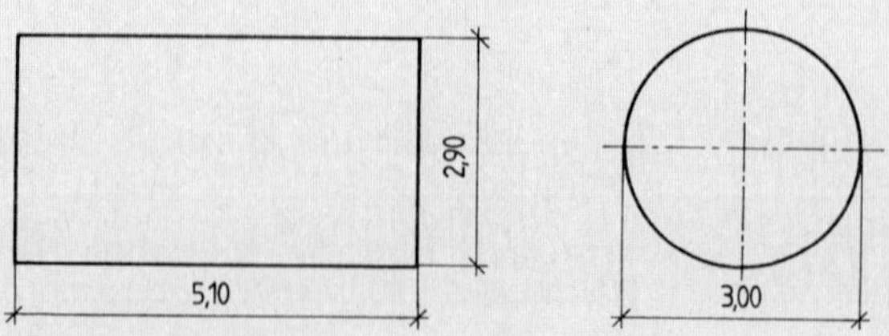

2.3 Bemaßung

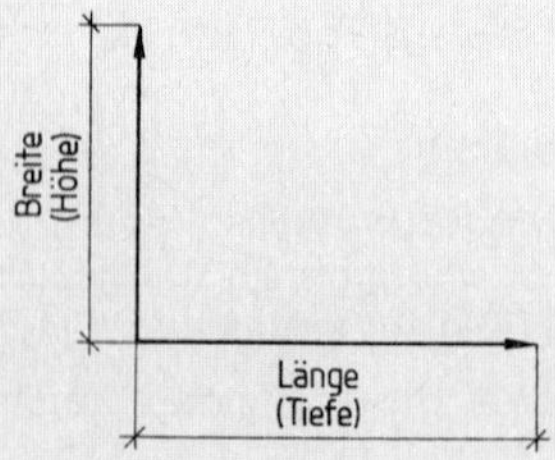

2.4 Flächen haben zwei Dimensionen

2.4 Flächenberechnungen

Flächen haben im Gegensatz zu Längen zwei Ausdehnungen (Dimensionen, **2**.4). Ihre Einheit (Basis) ist der Qudratmeter ($m^2 = m \cdot m$), die Umwandlungszahl von einer Größe zur nächsten ist darum 100.

	mal 100		**Basis**		**durch 100**	
1.000.000 m^2	10.000 m^2	100 m^2	1 m^2	0,01 m^2	0,0001 m^2	0,000.001 m^2
Quadrat-kilometer	Hektar	Ar	Quadrat-meter Einheit	Quadrat-dezimeter	Quadrat-zentimeter	Quadrat-millimeter
km^2	ha	a		dm^2	cm^2	mm^2

im Bauwesen kaum üblich (km², ha, a)

Gegenüber der Schreibweise bei Längenmaßen (ohne m-Angabe) wird bei Flächen „m^2" geschrieben. Das geschieht auch bei den Zwischenergebnissen, z. B. $12{,}50\ m^2 + 10{,}60\ m^2 = 23{,}10\ m^2$

VOB DIN 18 363 „Maler- und Lackiererarbeiten" (**V**erdingungs-**O**rdnung für **B**auleistungen) sagt, daß die Leistung (ausgeführte Arbeit) aus Zeichnungen zu ermitteln ist. Sind keine Zeichnungen vorhanden, ist die Leistung aufzumessen. Dazu müssen wir außer der Bemaßung noch andere Grundkenntnisse erlernen.

Öffnungen in Grundrissen (Türen, Fenster) schreibt man als Doppelmaße am Bruchstrich, z. B. $\frac{1{,}20}{2{,}10}$. Das obere Maß ist immer die Breite oder Grundseite, das untere gilt für die Höhe. Das Fenster in unserem Beispiel ist also 1,20 (m) breit und 2,10 (m) hoch.

Formeln. Das Flächenmaß wird nach den mathematischen Formeln geschrieben, in denen Buchstaben die metrischen Einheiten bezeichnen. Einheitlich gelten:

A = Inhalt (Größe) einer Fläche in m^2
U = Umfang einer Fläche in m
M = Mantelfläche in m^2
O = Oberfläche in m^2
a = Seite, meist Grundlinie einer Fläche
h = Höhe (z. B. beim Dreieck)
r = Radius von Kreisflächen
d = kleiner Durchmesser
D = großer Durchmesser

Einzelflächen. Rechteckige Einzelflächen (z. B. Wände, Fenster, Decke, Böden, Platten) können vertikal (stehend) oder horizontal (liegend) sein. Bei liegenden Flächen gibt man die Maße in Länge mal Breite an. Um stehende Flächen schon am Maß zu erkennen, wird hier zuerst die Grundlinie angegeben (**2**.5).

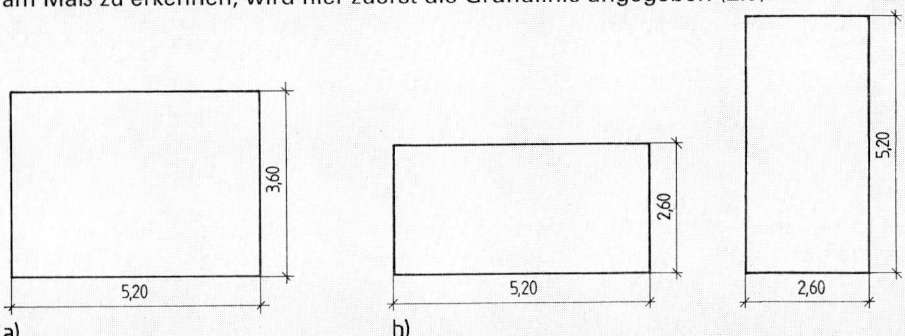

2.5 Rechteckflächen a) horizontal: $A = 5{,}2 \cdot 3{,}600$, b) vertikal: $A = 5{,}20 \cdot 2{,}60$ bzw. $2{,}60 \cdot 5{,}20$

Die auch gebräuchliche Schreibweise m x m statt m · m kann bei flüchtigem Schreiben leicht zu Mißverständnissen (z. B. +) führen und auch mit der Unbekannten x verwechselt werden. Deshalb schreiben wir grundsätzlich den Malpunkt.

2.4.1 Viereckige Flächen

Die vom Maler zu bearbeitenden Bauteile sind vorwiegend viereckige Flächen wie Decken, Fußböden, Wände, Fenster und Türen. Sie haben vier Seiten und bilden vier Winkel, deren Summe immer 360° beträgt (**2**.6).

Tabelle 2.6 **Viereckige Flächen**

Fläche und Formeln		Merkmale	Rechenbeispiel
Quadrat $A = a \cdot a = a^2$ $U = a \cdot 4$	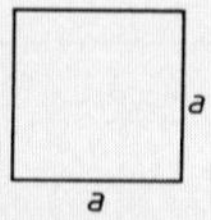	alle Seiten gleich lang, alle Winkel rechtwinklig (90°)	A = 4,20 m · 4,20 m = **17,64 m²** U = 4,20 m · 4 = **16,80 m**
Rechteck $A = a \cdot b$ $U = (a + b)2$	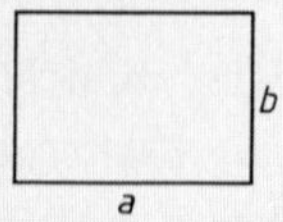	gegenüberliegende Seiten gleich lang und parallel, alle Winkel rechtwinklig	A = 5,20 m · 3,60 m = **18,72 m²** U = (5,20 m + 3,60 m)2 = **17,60 m**
Rhombus oder Raute $A = a \cdot h$ $U = a \cdot 4$ $(h < a)$	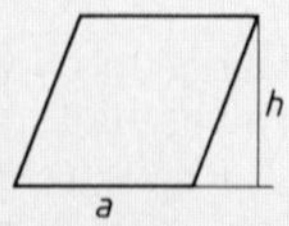	alle Seiten gleich lang, gegenüberliegende Winkel gleich (verschobenes Quadrat) h steht rechtwinklig auf der Grundlinie a)	A = 4,20 m · 3,80 m = **15,96 m²** U = 4,20 m · 4 = **16,80 m**
Parallelogramm oder Rhomboid $A = a \cdot h$ $U = (a + b)2$ $(h < b)$	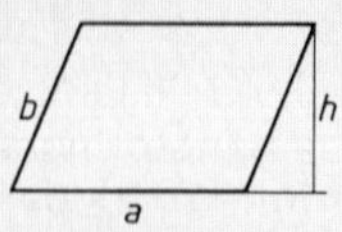	gegenüberliegende Seiten gleich lang und parallel, gegenüberliegende Winkel gleich (verschobenes Rechteck)	A = 5,20 m · 3,30 m = **17,16 m²** U = (5,20 m + 3,60 m)2 = **17,60 m**
Trapez $A = \frac{a + c}{2} \cdot h$ $U = a + b + c + d$	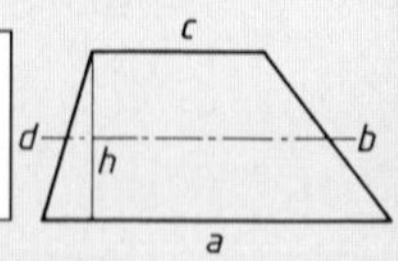	zwei Seiten parallel (aus $a + b$ ergibt sich der Mittelwert eines auf der Mittellinie zu konstruierenden Rechtecks)	$A = \frac{5{,}20\text{ m} + 3{,}60\text{ m}}{2}$ 3,30 = **14,52 m²** U = 5,20 m + 3,20 m + 3,60 m + 3,20 m = **15,20 m**

Stückzahl. Eine Anzahl gleicher Flächen wird mit der Stückzahl multipliziert. Den Multiplikator setzen wir v o r das Aufmaß. Zu unterscheiden sind direkte und indirekte Stückzahl. D i r e k t e Stückzahl ist die Anzahl der bearbeiteten Teile, i n d i r e k t e Stückzahl sind die beiden Seiten eines Bauteils (Tür beidseitig, Fenster innen und außen, Balkonunterzüge beidseitig).

Aufmaßansatz: direkte Stückzahl x Breite x Länge x indirekte Stückzahl

Beispiel 4 4 Türen beidseitig beschichtet = 4 · 1,04 · 2,12 · 2

(4 = direkte; 2 = indirekte Stückzahl)

Direkte und indirekte Stückzahl dürfen also nicht zu einer Zahl addiert werden! (1,04 · 2,12 · 8 bedeuten 8 Türen e i n seitig). Deshalb setzt man die direkte Stückzahl v o r das Aufmaß (4 · 1,04 · 2,12 · 2).

Aufgaben

1. Eine quadratische Decke hat 5,65 m Seitenlänge.
   a) Berechnen Sie die Fläche.
   b) Wieviel m Leiste brauchen Sie für die Einfassung, wenn Sie 12 % Verschnitt hinzurechnen?
2. Eine Saalwand von 14,60 m · 3,20 m wird mit vier quadratischen Tapetenfeldern von je 1,40 m Seitenlänge gestaltet.
   a) Wieviel m² sind zu tapezieren?
   b) Wieviel m² Wand sind zu beschichten?
3. 12 quadratische Tischplatten mit der Seitenlänge 1,04 m sind einseitig zu beschichten. Berechnen Sie die Gesamtfläche.
4. Eine quadratische Kasettendecke **2**.7 ist wie folgt zu bearbeiten:
   a) Kassetten in Lasurtechnik – Fläche?
   b) umgebende Deckenflächen in Dispersionsfarbe – Fläche?

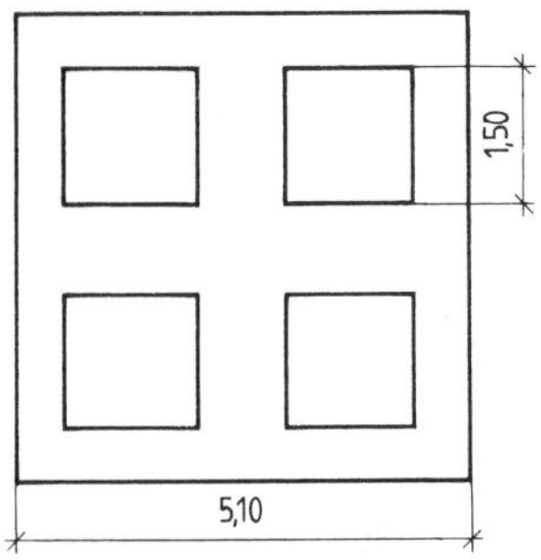

2.7 Kassettendecke

5. Zwei gegenüberliegende Wandflächen haben je drei gleich große, bemalte Felder, die nicht bearbeitet werden. Berechnen Sie die umgebenden Wandflächen nach Bild **2**.8.

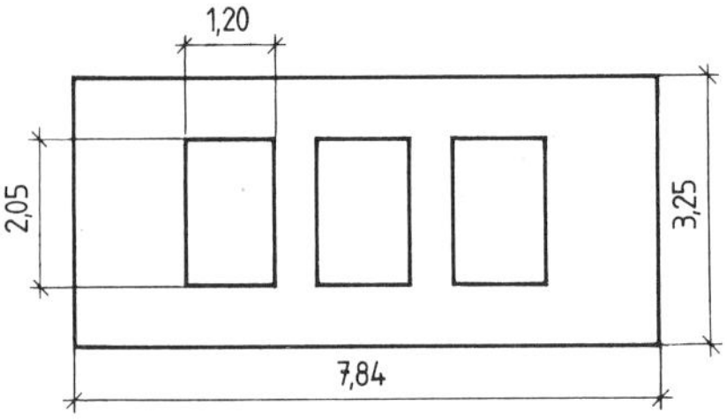

2.8 Wandfläche mit bemalten Feldern

6. Der Fußboden **2**.9 soll versiegelt werden. Wieviel m² wird der Meister berechnen?

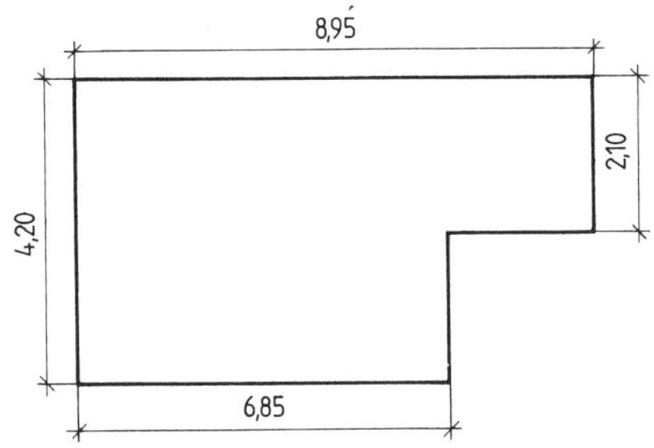

2.9 Fußboden

7. Eine Firma läßt sechs gleiche Werbeflächen auf Giebelwände farbig absetzen (**2**.10).
   a) Wieviel m² sind zu berechnen?
   b) Jede Fläche erhält umlaufend ein andersfarbiges Band von 10 cm Breite, das nach m berechnet wird. Wieviel berechnen Sie?

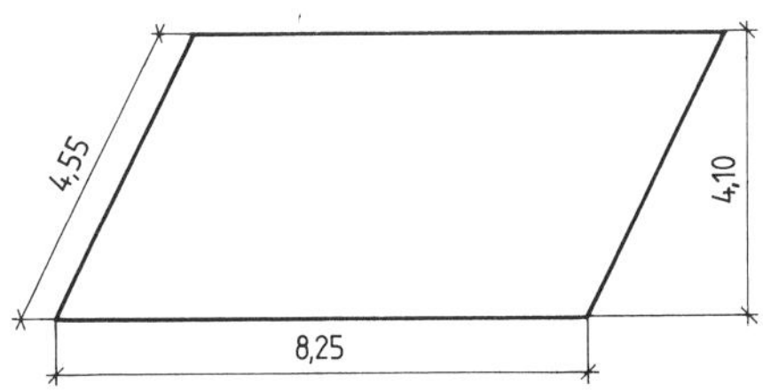

2.10 Werbefläche

8. Die Treppenhauswand **2**.11 wird neu beschichtet. Wie groß sind die Flächen?

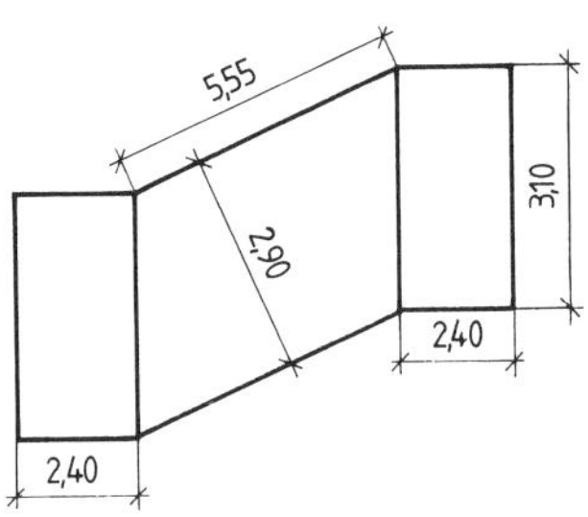

2.11 Treppenhauswand

9. Berechnen Sie die zu beschichtende Giebelfläche (**2**.12) eines Wohnhauses. Die Öffnungen sind abzuziehen.

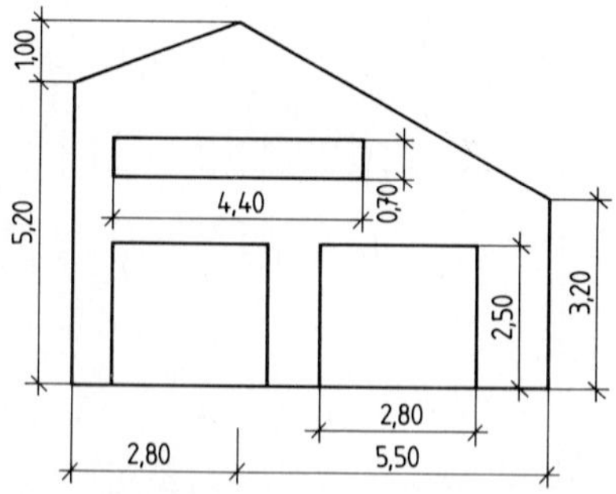

2.12 Giebelwand

10. 500 Metallplatten **2**.13 werden beidseitig beschichtet. Verbrauch je m^2 130 cm^3 Alkydharzlack. Für umlaufende Kanten wird ein Zuschlag von 2 % der Fläche hinzugerechnet. Berechnen Sie
    a) die Beschichtungsfläche (einschließlich des Zuschlages) in dm^2,
    b) den Verbrauch an Lackfarbe in l.

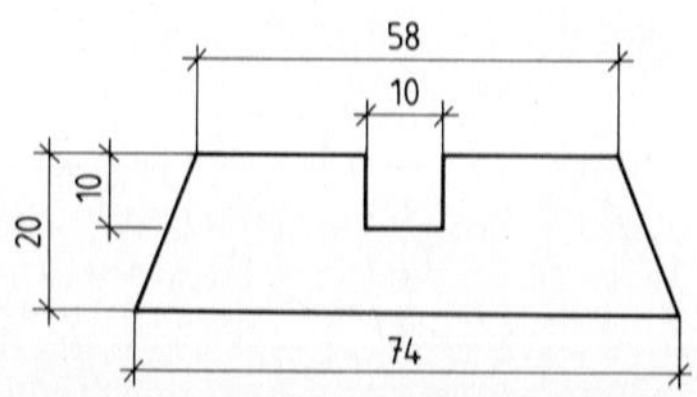

2.13 Metallplatte (Maße in cm!)

11. Ein Saal mit Anbau hat die Bodenform **2**.14.
    a) Berechnen Sie die große Bodenfläche.
    b) Wieviel m^2 hat der kleine Boden?

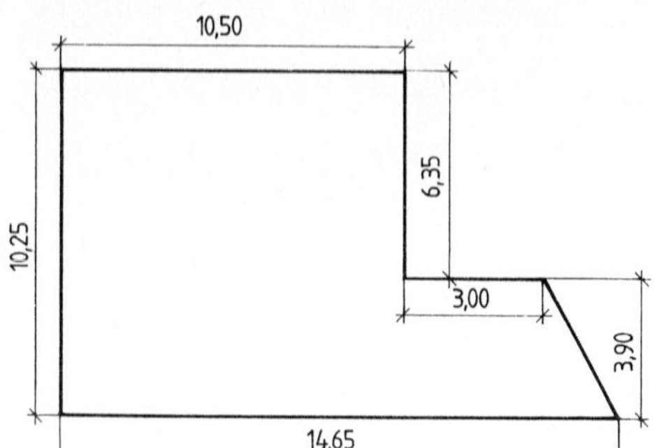

2.14 Saal

12. Eine Giebelwand nach der Maßstabskizze **2**.15 soll eine Mineralfarbbeschichtung erhalten. Wieviel m^2 berechnen Sie?

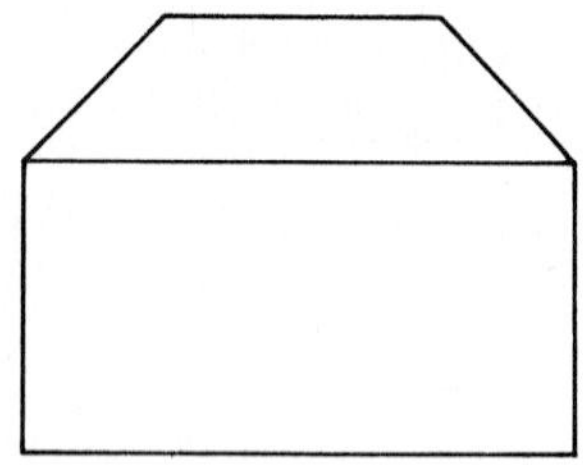

2.15 Giebelwand

13. In einer Laubenkolonie sind die beiden Holz-Seitenteile von 16 Sommerhäuschen mit Holzschutzgrund zu beschichten (**2**.16). Berechnen Sie die Gesamtfläche.

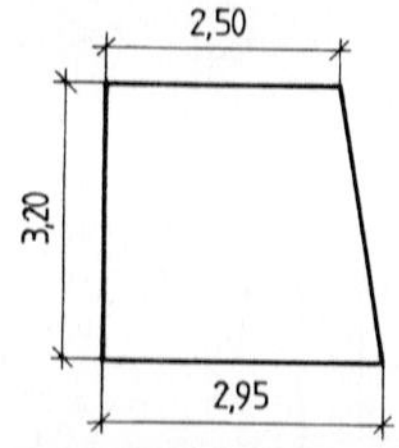

2.16 Seitenteil eines Sommerhäuschens

14. Der Saalboden (**2**.17) ist mit zwei Sorten PVC-Belag zu belegen, in der Thekenecke ein teurerer, homogener (einschichtiger) Belag.
    a) Wieviel m^2 des einfachen Belags sind zu verlegen?
    b) Wieviel m^2 homogener Belag sind es?
    c) Wieviel Prozent der Saalbodenfläche nimmt der homogene Belag ein?

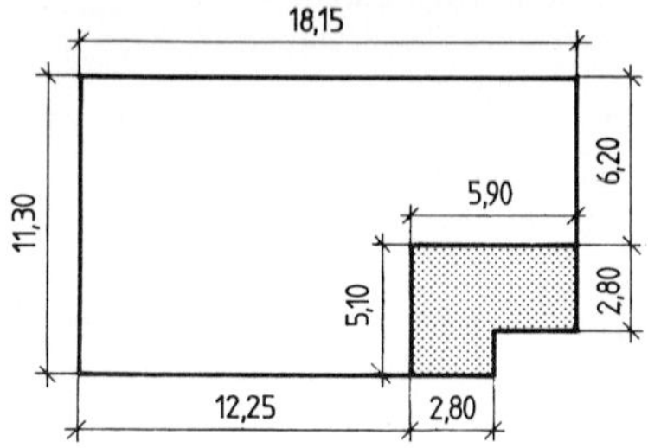

2.17 Saalboden

15. Die Eingangswand **2.18** soll gestaltet werden. Die schraffierten Flächen sind farbig abzusetzen und rundum mit einem Band einzufassen.
   a) Wieviel m^2 farbige Flächen sind anzulegen?
   b) Wieviel m Band sind zu ziehen?
   c) Wieviel m^2 hat die umgebende Fläche?

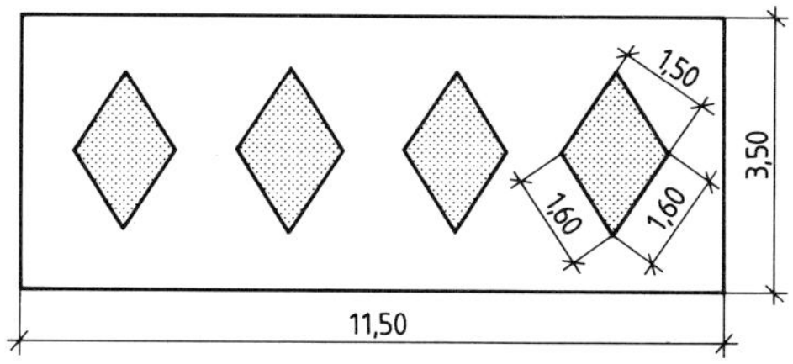

2.18 Eingangswand

Zusammengesetzte Vierecke teilen wir vor der Flächenberechnung in einzelne Flächen (s. **2.9**, **2.13** bis **2.15**).

2.4.2 Dreieckige Flächen

Überlegen Sie, wo an oder in einem Gebäude Dreiecksflächen vorkommen. Denken Sie dabei besonders an Fassaden.

2.4.2.1 Dreiecke

Dreiecke sind von drei Seiten umgeben und haben drei Winkel, deren Summe 180° beträgt. Unterschiedliche Seitenlängen und Winkelgrößen ergeben verschiedene Dreiecksformen (**2.19**).

gleichseitig
alle Seiten gleich lang,
jeder Winkel 60°

gleichschenklig
zwei Seiten gleich lang
(Seite = Schenkel)

rechtwinklig
ein Winkel = 90°

Diese Dreiecksformen kommen am häufigsten im Bauwesen vor.

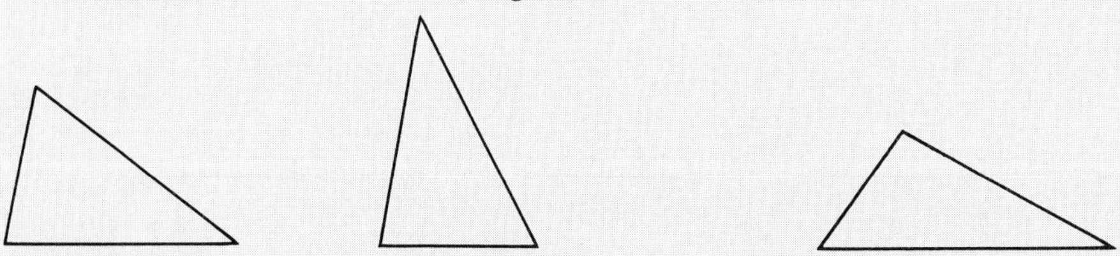

ungleichseitig
alle Seiten verschieden lang

spitzwinklig
alle Winkel < 90°

stumpfwinklig
ein Winkel > 90°

2.19 Dreiecksformen

Benennungen. Die Ecken eines Dreiecks heißen *A*, *B* und *C* (**2.20**). Die gegenüberliegenden Seiten sind mit den entsprechenden Kleinbuchstaben *a*, *b* und *c* benannt. Die Höhe *h* steht im rechten Winkel auf bzw. zur Grundlinie *c*, *a* oder *b* – sie kann auch außerhalb des Dreiecks liegen! (Skizzieren Sie ein solches Dreieck mit außenliegender h.) Die Höhen schneiden sich im Höhenschnittpunkt H. Die Winkel im Dreieck werden mit den griechischen Buchstaben α, β und γ bezeichnet (alpha, beta, gamma).

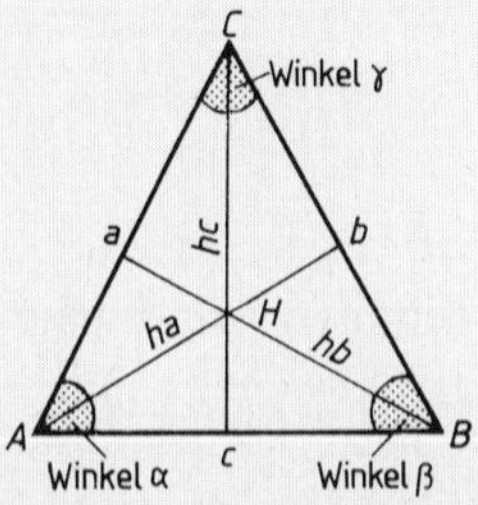

2.20 Linien und Winkel im Dreieck

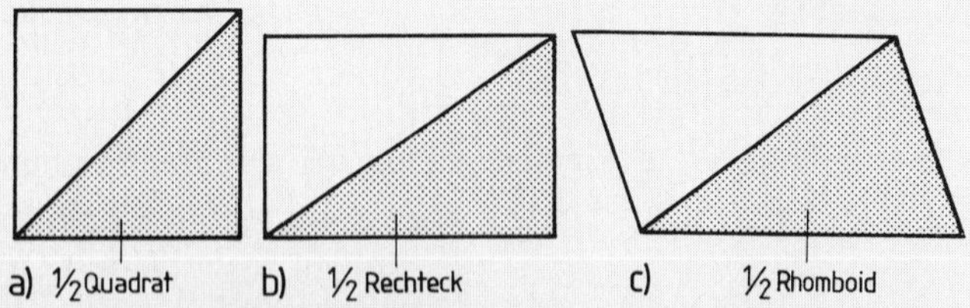

2.21 Dreieck = deckungsgleiche Hälfte eines diagonal geteilten regelmäßigen Vierecks

Berechnung. Jedes Dreieck ist die deckungsgleiche Hälfte eines diagonal geteilten Vierecks (2.21). Die Fläche regelmäßiger Vierecke wird nach Grundlinie mal Höhe berechnet (z. B. $a \cdot b$ oder $a \cdot h$). Da ein Dreieck die Hälfte des regelmäßigen Vierecks ist, beträgt seine Fläche auch nur die Hälfte des Vierecks:

$$A = \frac{a \cdot h}{2} \qquad U = a + b + c$$

Aufgaben

16. Ein Dreieck hat die Grundlinie 4,25 m und eine Höhe von 2,66 m. Berechnen Sie den Flächeninhalt.

17. Wie groß ist die Fläche eines Dreiecks mit a = 12,05 m, h = 5,85 m?

18. Die Giebelwand 2.22 ist für den Kostenvoranschlag zu berechnen.

19. Ein Hausgiebel nach Bild 2.23 ist zum Teil mit Holz verschalt; die restlichen Flächen sind verputzt.
    a) Berechnen Sie die Putzflächen.
    b) Wieviel m² sind mit Holzschutzmittel zu beschichten?

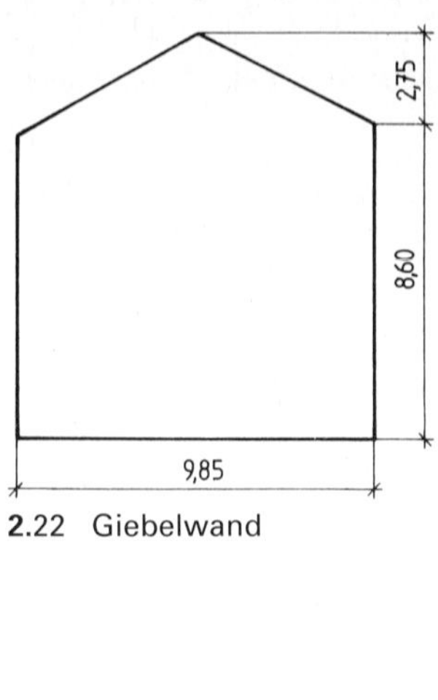

2.22 Giebelwand

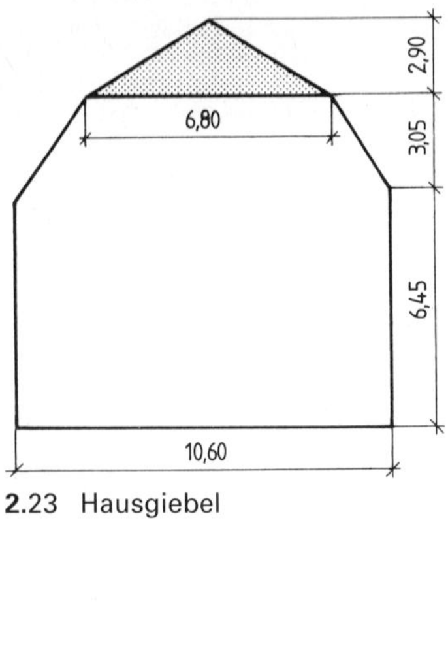

2.23 Hausgiebel

20. Acht Eisenschilder nach Skizze **2**.24 sind beidseitig zu grundieren und mit einer wetterbeständigen Beschichtung zu versehen. Berechnen Sie die Gesamtfläche.

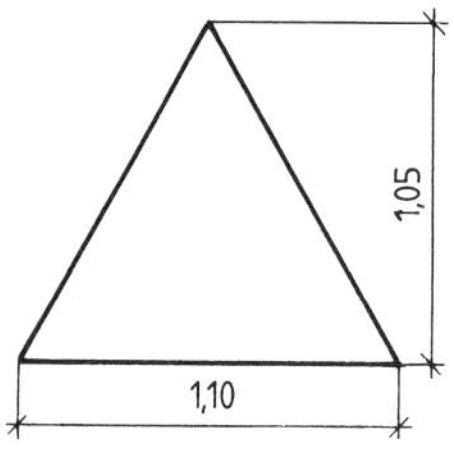

2.24 Eisenschild

21. Berechnen Sie Umfang und Fläche eines gleichseitigen Dreiecks mit der Seitenlänge a = 9,98 m und h = 8,64 m.

22. Ein Dreieck hat einen Flächeninhalt von 3,72 m^2. Die Grundlinie a ist 2,24 m lang. Wie groß ist h?

23. Zwei benachbarte Giebelwände (**2**.25) sind zu beschichten. Berechnen Sie die Gesamtfläche.

24. Für einen Messestand werden 8 dreieckige Spanplattenelemente beidseitig beschichtet. a = 1,80 m, h = 2,10 m. Wieviel m^2 sind zu beschichten?

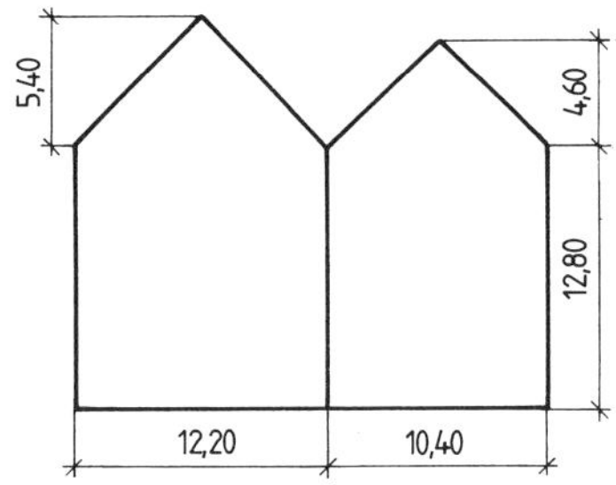

2.25 Giebelwände

25. Ein Konstruktionsbüro läßt zwei gegenüberliegende Eingangswände (**2**.26) in Schmucktechnik bearbeiten.
    a) Berechnen Sie die in Glättetechnik auszuführenden Dreiecke.
    b) Wieviel m Länge hat die Einfassung der Dreiecke?
    c) Berechnen Sie die umgebenden Flächen für Dispersionsbeschichtung.

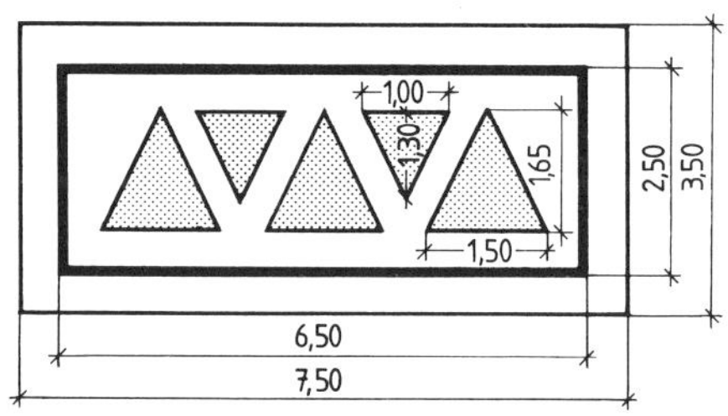

2.26 Eingangswand

2.4.2.2 Lehrsatz des Pythagoras

Ist die Diagonale eines Raumes zu suchen oder der Umfang eines rechtwinkligen Dreiecks zu berechnen, von dem nur zwei Seiten bekannt sind, hilft uns Pythagoras, ein um 570 v. Chr. geborener griechischer Mathematiker. Sein Lehrsatz lautet:

Im rechtwinkligen Dreieck ist die Summe der Kathetenquadrate gleich dem Hypotenusenquadrat.

oder:

Das Quadrat über der größten Seite (Hypotenuse) ist so groß wie die Flächen der Quadrate über den kleinen Seiten (Katheten) zusammen.

$a^2 + b^2 = c^2$

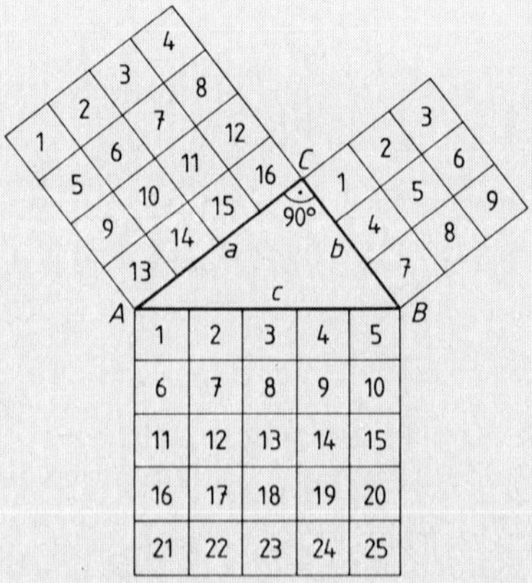

2.27 Satz des Pythagoras

Dazu betrachten wir das rechtwinklige Dreieck **2**.27 mit den Seiten a = 4 cm, b = 3 cm, c = 5 cm. Die Katheten a und b bilden den rechten Winkel. Ihm gegenüber liegt die längste Seite c, die Hypotenuse.

Zeichnen wir nun die Quadrate über den Dreieckseiten, erhalten wir:

$$a^2 = 4\,\text{cm} \cdot 4\,\text{cm} = 16\,\text{cm}^2$$
$$+\ b^2 = 3\,\text{cm} \cdot 3\,\text{cm} = 9\,\text{cm}^2$$
$$25\,\text{cm}^2$$
$$c^2 = 5\,\text{cm} \cdot 5\,\text{cm} = 25\,\text{cm}^2$$

oder: $(4\,\text{cm} \cdot 4\,\text{cm}) + (3\,\text{cm} \cdot 3\,\text{cm}) = 5\,\text{cm} \cdot 5\,\text{cm}$

Aufgaben

26. Berechnen Sie die Diagonale für einen rechteckigen Fußboden von 7,60 m · 5,40 m.
27. Wie lang ist die Diagonale einer Dekkenplatte mit 62,5 cm Seitenlänge?
28. Ein rechteckiger Raum ist 4,80 m lang und hat eine Diagonale von 5,90 m. Wie breit ist er?
29. Ein rechtwinkliges Dreieck hat eine Kathete von 6,40 m und eine Hypotenuse von 8,20 m. Wie groß ist die andere Kathete?
30. Berechnen Sie die Diagonale einer 40er und einer 50er PVC-Bodenfliese.
31. Die Diagonale eines Rechtecks ist 5,40 m lang, seine Breite 3,40 m. Berechnen Sie die Länge.
32. Ein gleichschenklig rechtwinkliges Dreieck hat eine lange Seite von 19 cm. Wie lang sind die beiden anderen Seiten?
33. Die Breite eines Rechtecks beträgt 30 cm, die Diagonale 48 cm. Wie lang ist es?
34. Eine quadratische Decke hat eine Diagonale von 12,00 m. Berechnen Sie die Länge und Breite der Decke.
35. Eine Spanplatte für die Gesellenprüfung ist 1,00 m · 1,50 m groß. Wie lang ist die Diagonale?

2.5 Regelmäßige Vielecke

Im Fachzeichnen werden Sie regelmäßige Vielecke konstruieren oder als Schmuckformen kennenlernen. Sie sind beliebte Formen der Gestaltung, zumal sie sich mehrfach abwandeln oder unterteilen lassen. Im Bauwesen sind sie selten (etwa als Erker).

Regelmäßige Vielecke haben mehr als vier Seiten (Fünf-, Sechs-, Sieben-, Achteck usw.). Aus ihrer Regelmäßigkeit ergeben sich gleichlange Seiten und gleiche Winkel. Um regelmäßige Vielecke kann man vom Mittelpunkt aus einem Kreis ziehen. Zum Berechnen teilt man das Vieleck in die entsprechende Anzahl Dreiecke. Die Fläche eines solchen Teildreiecks wird berechnet und mit der Anzahl multipliziert (**2**.28).

Tabelle **2**.28 **Regelmäßige Vielecke** (Auswahl)

Vielecke und Formeln		Rechenbeispiel
Regelmäßiges Fünfeck $A = \frac{s \cdot h}{2} \cdot 5$ $U = s \cdot 5$	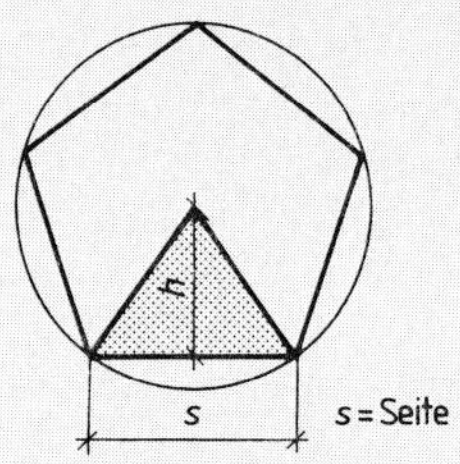 	$A = \frac{0{,}80\ m \cdot 0{,}64\ m}{2} \cdot 5 = \mathbf{1{,}28\ m^2}$ Der Bruchstrich ersetzt die Klammer $U = 0{,}80\ m \cdot 5 = \mathbf{4{,}00\ m}$
Regelmäßiges Sechseck $A = \frac{s \cdot h}{2} \cdot 6$ $U = s \cdot 6$	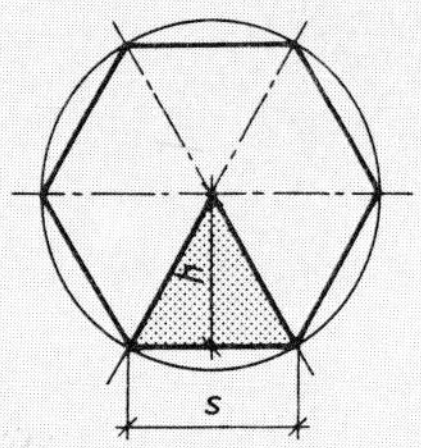 	$A = \frac{0{,}90\ m \cdot 0{,}72\ m}{2} \cdot 6 = \mathbf{1{,}94\ m^2}$ $U = 0{,}90\ m \cdot 6 = \mathbf{5{,}40\ m}$
Regelmäßiges Achteck $A = \frac{s \cdot h}{2} \cdot 8$ $U = s \cdot 8$	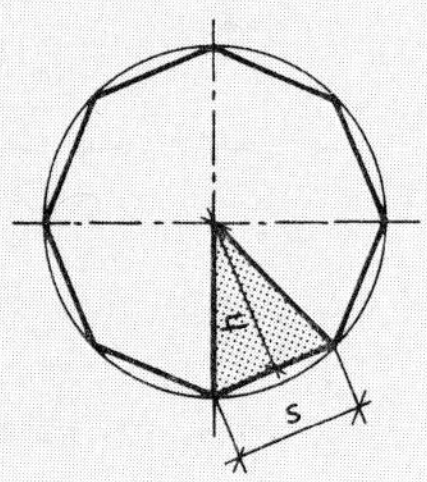 	$A = \frac{0{,}85\ m \cdot 1{,}02\ m}{2} \cdot 8 = \mathbf{3{,}47\ m^2}$ $U = 0{,}85\ m \cdot 8 = \mathbf{6{,}80\ m}$

Aufgaben

1. Berechnen Sie die Fläche eines regelmäßigen Fünfecks mit s = 0,62 m und h = 0,58 m.
2. Zwölf Werbeschilder in Fünfeckform haben die Maße s = 1,12 m, h = 0,98 m.
   a) Berechnen Sie die Fläche der Schilder für beidseitige Beschichtung.
   b) Wieviel m Leiste brauchen Sie als Einfassung, wenn Sie mit 6 % Verschnitt rechnen müssen?
3. Eine sechseckige Decke in einem Schloß soll beschichtet werden. Maße s = 4,85 m, h = 4,16 m.
   a) Welche Fläche ergibt das?
   b) Wieviel m Stuckeinfassung sind farbig abzusetzen.
4. Ein Verkaufspavillon hat einen achteckigen Grundriß mit den Maßen s = 5,20 m, h = 4,85 m. Berechnen Sie die Deckenfläche.
5. Ein Firmenzeichen hat die Form eines regelmäßigen Achtecks. Die Firma läßt zum Aushängen in ihren Räumen 20 Spanplatten herstellen und beidseitig beschichten. s = 0,40 m, h = 0,48 m. Wieviel Fläche haben die 20 Platten?

2.6 Runde Flächen

In und an Bauten sind runde Flächen seltener, doch finden wir in älteren Bauten runde oder ovale Fenster, Gewölbe oder Nischen von Fenstern und Türen. Behälter für Flüssigkeiten und Gase haben oft runde Grundflächen. Schließlich gibt es runde Flächen in der Werbung.

Der Kreis ist die häufigste runde Fläche. Teile des Kreises sind Halb- und Viertelkreis, Kreisabschnitt und -ausschnitt. Hinzu kommt der Kreisring. Die Benennungen zeigt Bild **2**.29.

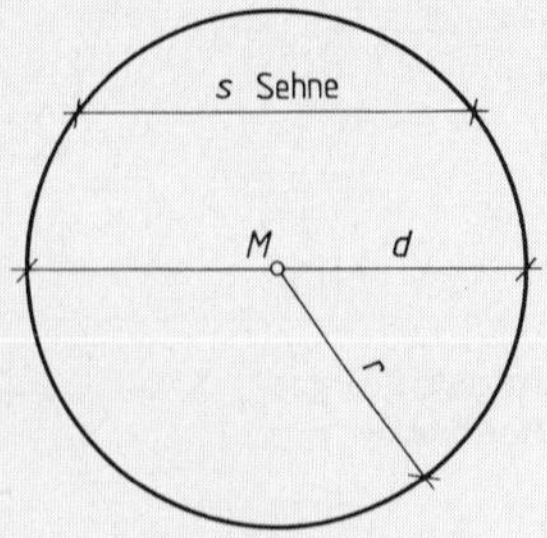

2.29 Linien im Kreis

d = Durchmesser, Ø = Durchmesserzeichen

$r = \frac{d}{2}$, Radius oder Halbmesser

π (pi, griech. Buchstabe p) = 3,14, ein fester Formelbestandteil beim Berechnen runder Flächen und Körper. Der Durchmesser d beträgt $3\frac{1}{7}$ = 3,14 des Kreisumfangs (genauer 3,1416).

U = Umfang oder Peripherie

Tabelle **2**.30 **Kreis und Kreisteile**

Kreis, Kreisteil und Formeln	Merkmale	Rechenbeispiel
Kreis $A = \frac{d}{2} \cdot \frac{d}{2} \cdot 3{,}14$ $U = d \cdot 3{,}14$ 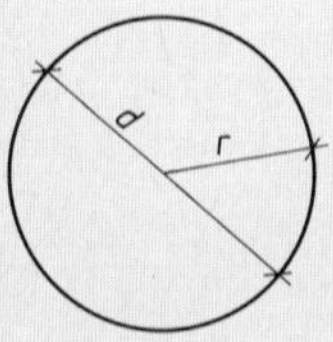	Umfang überall gleich weit vom Mittelpunkt M entfernt	angenommen: r = 0,85 m, d = 1,70 m $A = \frac{1{,}70\ \text{m}}{2} \cdot \frac{1{,}70\ \text{m}}{2} \cdot 3{,}14$ $= \mathbf{2{,}27\ m^2}$ $U = 1{,}70\ \text{m} \cdot 3{,}14$ $= \mathbf{5{,}34\ m}$
Halbkreis $A = \frac{d}{2} \cdot \frac{d}{2} \cdot \frac{3{,}14}{2}$ $U = d + \frac{d \cdot 3{,}14}{2}$ 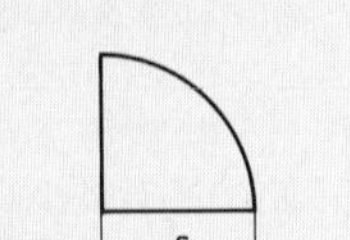	Kreisteilung durch den Mittelpunkt M	$A = \frac{1{,}70\ \text{m}}{2} \cdot \frac{1{,}70\ \text{m}}{2} \cdot \frac{3{,}14}{2}$ $= \mathbf{1{,}13\ m^2}$ $U = 1{,}70\ \text{m} + \frac{1{,}70\ \text{m} \cdot 3{,}14}{2}$ $= \mathbf{4{,}37\ m}$
Viertelkreis $A = \frac{d}{2} \cdot \frac{d}{2} \cdot \frac{3{,}14}{4}$ $U = 2r + \frac{d \cdot 3{,}14}{4}$ 	zwei sich rechtwinklig kreuzende Teilungen durch M	$A = \frac{1{,}70\ \text{m} \cdot 1{,}70\ \text{m} \cdot 3{,}14}{2 \cdot 2 \cdot 4}$ $= \mathbf{0{,}57\ m^2}$ $U = 2 \cdot 0{,}85\ \text{m} + \frac{1{,}70\ \text{m} \cdot 3{,}14}{4}$ $= \mathbf{3{,}04\ m}$

Fortsetzung s. nächste Seite

Tabelle **2.30**, Fortsetzung

Kreis, Kreisteil und Formeln	Merkmale	Rechenbeispiel
Kreisausschnitt $A = \frac{r \cdot r \cdot 3{,}14 \cdot \alpha}{360°}$ $b = \frac{r \cdot 3{,}14 \cdot \alpha}{180°}$ $A = \frac{b \cdot r}{2}$ 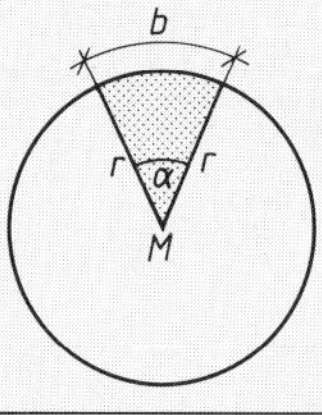 	Der Kreis hat 360°. Bei Mittelpunktwinkel $\alpha = 1° = 360°/1$ ist auch die Bogenlänge $b = 360/1$, damit die Teilfläche 1/360 der Kreisfläche	angenommen: $r = 0{,}85$ m, $\alpha = 110°$ $A = \frac{0{,}85\text{ m} \cdot 0{,}85\text{ m} \cdot 3{,}14 \cdot 110°}{360°}$ $= \mathbf{0{,}69\ m^2}$
Kreisabschnitt oder Kreissegment Annäherungsformel der Praxis $A \approx \frac{2}{3} s \cdot h$ 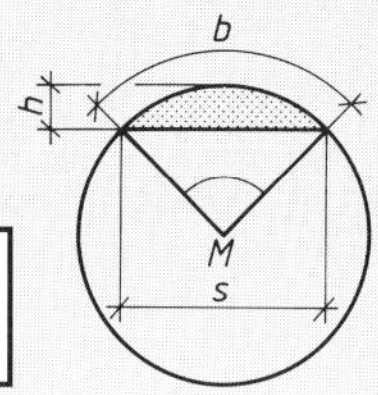 	von der Sehne s und der Bogenlänge b eingeschlossene Teilfläche	angenommen: $s = 0{,}96$ m, $h = 0{,}35$ m $A \approx \frac{2}{3} \cdot 0{,}96\text{ m} \cdot 0{,}35\text{ m}$ $\approx \mathbf{0{,}22\ m^2}$
Kreisring $A = (R \cdot R - r \cdot r) \cdot 3{,}14$ $R = \frac{D}{2}$; $r = \frac{d}{2}$ 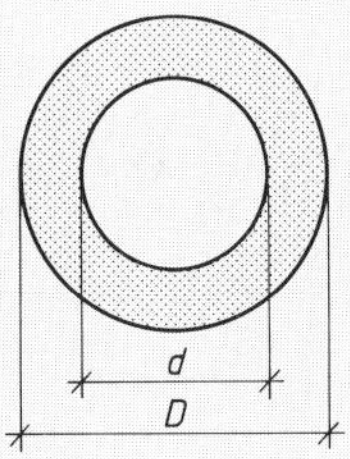 	von größerem Außenkreis umgebener kleinerer Innenkreis	angenommen: $R = 0{,}85$ m, $r = 0{,}55$ m $A = (0{,}85\text{ m} \cdot 0{,}85\text{ m} - 0{,}55\text{ m} \cdot 0{,}55\text{ m})\ 3{,}14$ $= \mathbf{1{,}19\ m^2}$

Aufgaben

1. Berechnen Sie Inhalt und Umfang eines kreisförmigen Fußbodens, der einen Durchmesser $d = 6{,}60$ m hat.
2. Eine Wand von 7,55 m · 3,15 m hat zwei runde Fenster, $r = 0{,}625$ m.
   a) Berechnen Sie die Fensterflächen.
   b) Wieviel m^2 Wand bleiben nach Abzug der Fensterflächen?
3. Eine Brauerei läßt 25 runde Tischplatten ($d = 1{,}15$ m) beidseitig mit Klarlackversiegelung behandeln. Die schweren Platten sind 60 mm dick.
   a) Berechnen Sie die Plattenflächen insgesamt.
   b) Wie groß sind die Flächen der umlaufenden Kanten?
   c) Wieviel Prozent der Gesamtflächen hätte der Meister zuwenig berechnet, wenn er die Kanten nicht beachtet hätte?
4. Eine Werbefläche wie Bild **2.31** soll gespachtelt und beschichtet werden. Wieviel m^2 sind zu bearbeiten? (Haben Sie alle Maße?)

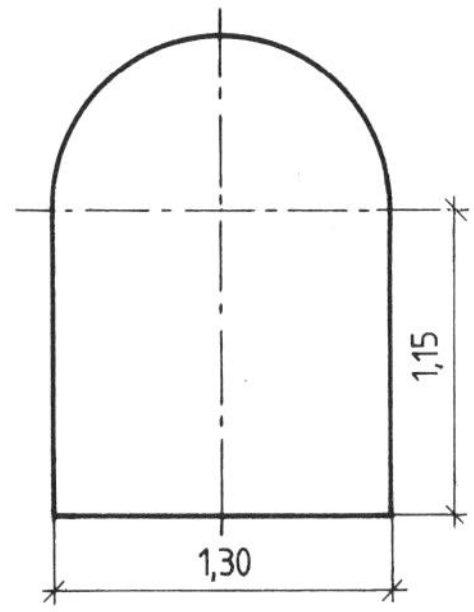

2.31 Werbefläche

5. 15 Gaststätten-Tischplatten nach Bild **2**.32 sollen einseitig bearbeitet werden. Die 4 cm dicken Kanten gehören dazu. Wieviel m^2 Fläche sind es zusammen?

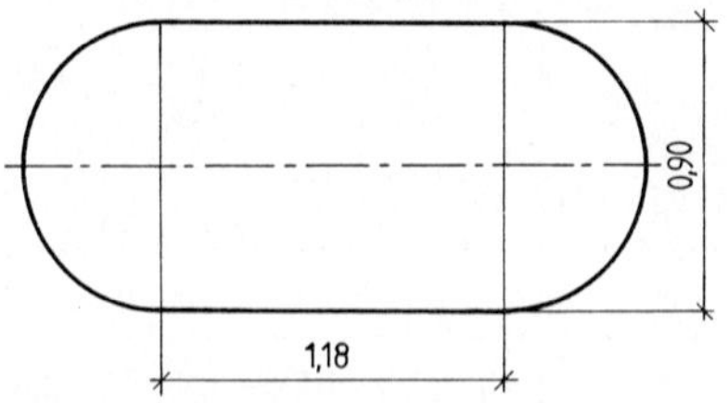

2.32 Tischplatte

6. Zwei gegenüberliegende Saalwände haben je zwei Türen (**2**.33), die nur zur Saalseite hin bearbeitet werden sollen. Wieviel m^2 Wand berechnet der Meister?

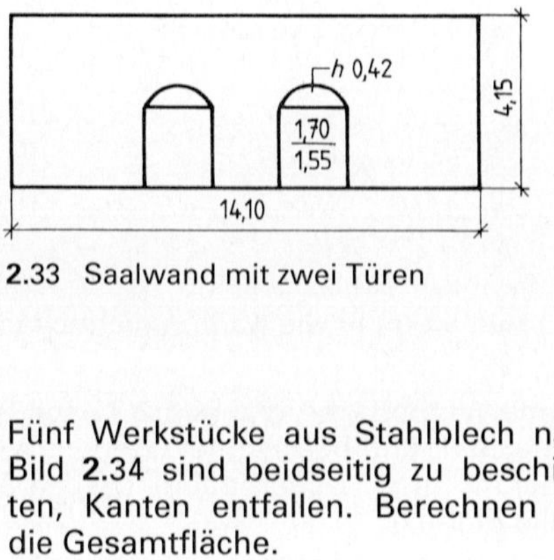

2.33 Saalwand mit zwei Türen

7. Fünf Werkstücke aus Stahlblech nach Bild **2**.34 sind beidseitig zu beschichten, Kanten entfallen. Berechnen Sie die Gesamtfläche.

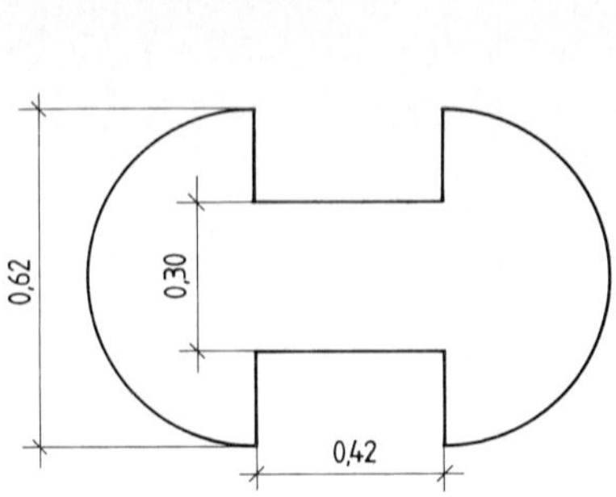

2.34 Werkstück

8. Sechs Abdeckbleche wie Bild **2**.35 sollen beidseitig beschichtet werden. Wieviel Fläche wird berechnet?

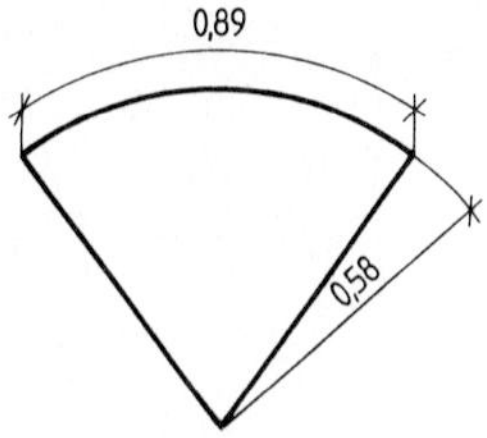

2.35 Abdeckblech

9. Eine runde Pavillondecke (**2**.36) hat eine ebenfalls runde Glaskuppel. Die Kuppel hat eine 0,25 m breite Leibung. Berechnen Sie die Beschichtungsfläche einschließlich Leibung.

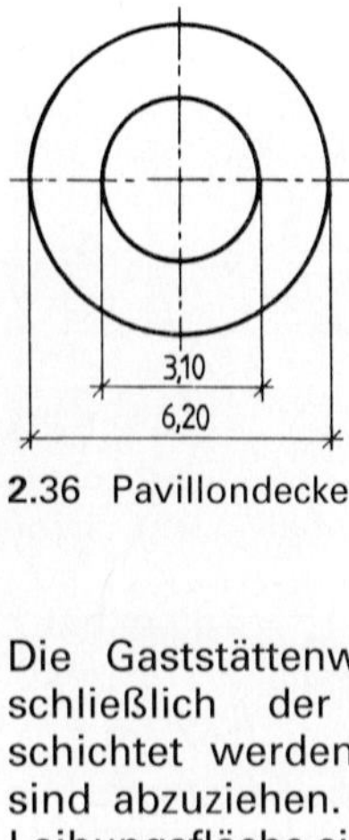

2.36 Pavillondecke

10. Die Gaststättenwand **2**.37 soll einschließlich der Türleibungen beschichtet werden. Die Türöffnungen sind abzuziehen. Wieviel Wand- und Leibungsfläche sind zu berechnen?

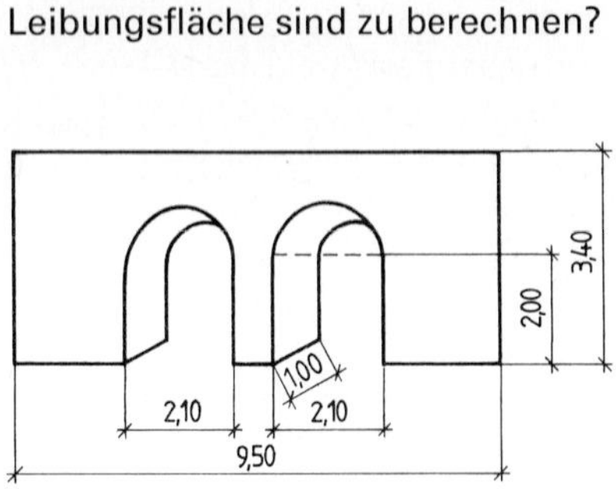

2.37 Gaststättenwand

Ellipse. Hier ist die gebogene Umfangslinie vom Mittelpunkt *M* verschieden weit entfernt. Je nach Konstruktion gibt es mehrere Formen, wobei man auch mit gegebenen großen und kleinen Achsen (Durchmessern) konstruieren kann (z. B. das Oval). Stets hat die Ellipse eine große Achse *D* und eine kleine Achse *d*, die sich in *M* schneiden (**2**.38).

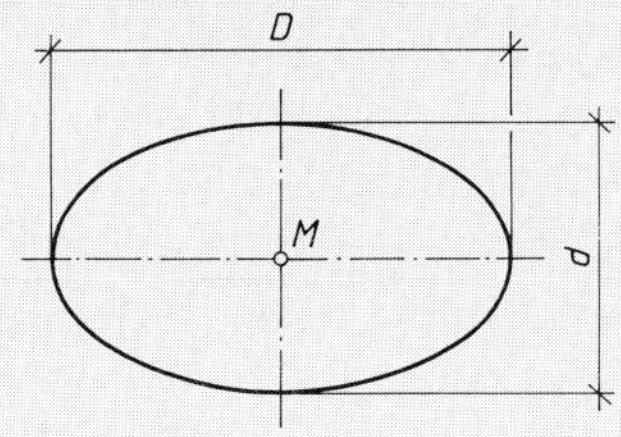

2.38 Ellipse

$$A = \frac{D}{2} \cdot \frac{d}{2} \cdot 3{,}14 \qquad U \approx \left(\frac{D}{2} + \frac{d}{2}\right) \cdot 3{,}14 \approx \frac{D+d}{2} \cdot 3{,}14$$

Aufgaben

11. Berechnen Sie die Fläche einer Ellipse mit $D = 1{,}52$ m, $d = 1{,}14$ m.

12. Der Deckenspiegel **2**.39 ist zu beschichten. Um die Ellipse soll ein farbiges Band gezogen werden.
   a) Berechnen Sie den Flächeninhalt der Ellipse.
   b) Wieviel m Band sind zu ziehen?

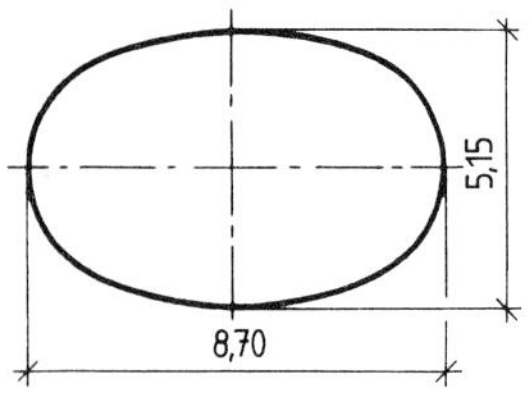

2.39 Deckenspiegel

13. Ein ellipsenförmiger Tisch ($D = 1{,}82$ m, $d = 0{,}98$ m) soll beschichtet werden. Wieviel m² sind zu berechnen?

14. Der Eingang eines Saalbaus hat die Deckenform **2**.40.
   a) Berechnen Sie die Fläche der Ellipse im Deckenspiegel.
   b) Wieviel m² umgebende Deckenfläche sind zu beschichten?
   c) Zum Abschluß ist um die Ellipse ein Fries zu ziehen. Wieviel m berechnen Sie dafür?

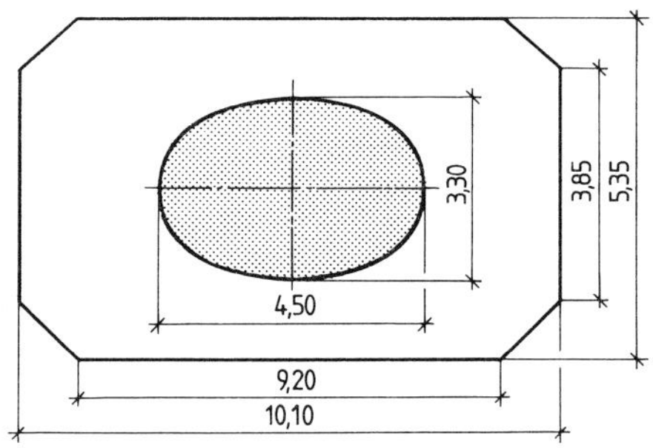

2.40 Saaleingangsdecke

15. Auf einer Caféhauswand sollen vier ellipsenförmige Tapetenfelder mit einer Stiltapete beklebt werden ($D = 1{,}75$ m, $d = 0{,}85$ m). Wieviel m² haben die 4 Felder?

16. Fünf ellipsenförmige Fenster ($D = 1{,}20$ m, $d = 0{,}75$ m) sind beidseitig zu beschichten. Wieviel m² sind zu berechnen?

17. Vier gleiche Felder (**2**.41) einer Saalwand sind in Glättetechnik zu bear-

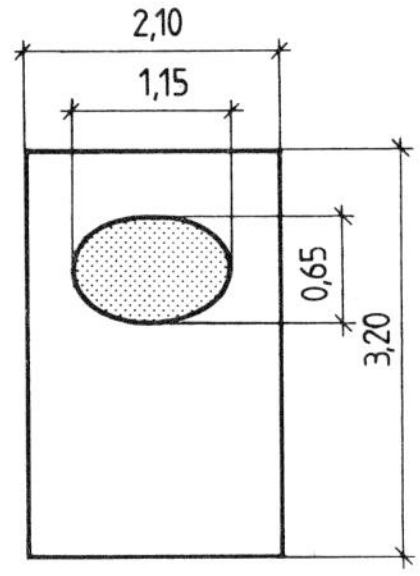

2.41 Wandfeld

beiten. Die ellipsenförmigen Felder sind von der Fläche abzuziehen und werden vergoldet.

a) Wieviel m^2 Glättetechnik sind zu berechnen?

b) Wieviel Fläche ist zu vergolden?

18. In einem ovalen Schwimmbecken (**2**.42) sollen Boden und Einfassungswände (innen) mit Chlorkautschuklack beschichtet werden (Wandhöhe 2,50 m). Wieviel m^2 sind zu beschichten?

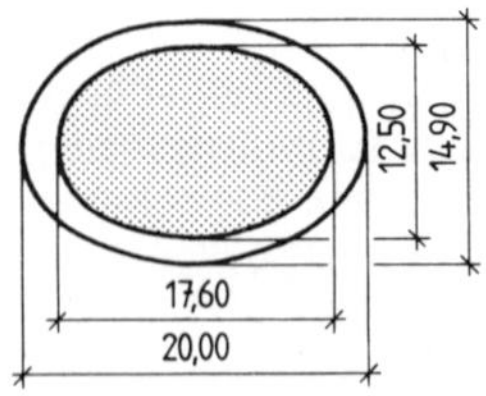

2.42 Schwimmbecken

2.7 Zusammengesetzte Flächen

Decken, Böden, Mansarden- und Treppenhauswände oder Giebelwände sind oft aus verschiedenen Flächen zusammengesetzt – aus Vierecken, Dreiecken, runden Teilen und unregelmäßigen Vielecken. Wie berechnen wir Sie?

Berechnung. Um zusammengesetzte Flächen zu berechnen, teilen wir sie in möglichst wenige berechenbare Teilflächen auf. Diese Teilflächen werden berechnet und addiert.

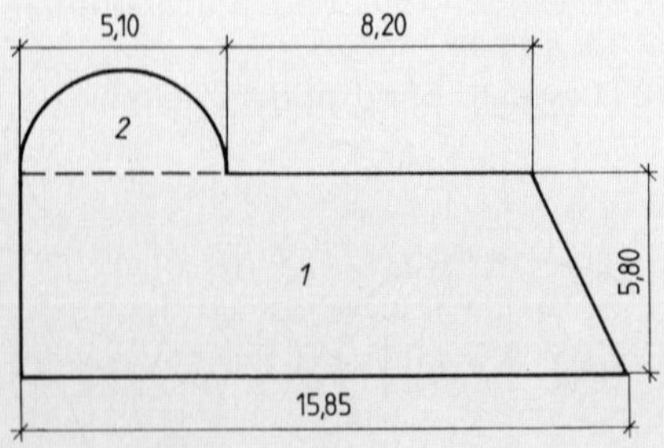

2.43 Fläche

Beispiel Die Fläche **2**.43 ist zu berechnen.

Die Fläche 2 ist ein Halbkreis, die Fläche 1 ein Trapez. (Eine weitere Zerlegung des Trapezes in Rechteck und Dreieck bringt keine Vorteile, erfordert im Gegenteil eine zusätzliche Berechnung von Einzelmaßen.)

Ansatz **Fläche 1** Die kurze Seite des Trapezes können Sie berechnen und schreiben

$$A = \frac{15{,}85 + (5{,}10 + 8{,}20)}{2} \cdot 5{,}80 = 84{,}54\ m^2.$$

Fläche 2 Halbkreis

$$A = \frac{5{,}10}{2} \cdot \frac{5{,}10}{2} \cdot \frac{3{,}14}{2} = 10{,}21\ m^2$$

Beide Flächen addiert ergeben die Lösung **94,75 m²**.

Im Aufmaß dürfen Sie keine berechneten Werte schreiben, sondern nur die Zeichnungsmaße bzw. gegebenen Maße einsetzen.

Aufgaben

1. bis 10. Berechnen Sie die Flächen nach den Bildern **2**.44 bis **2**.53.

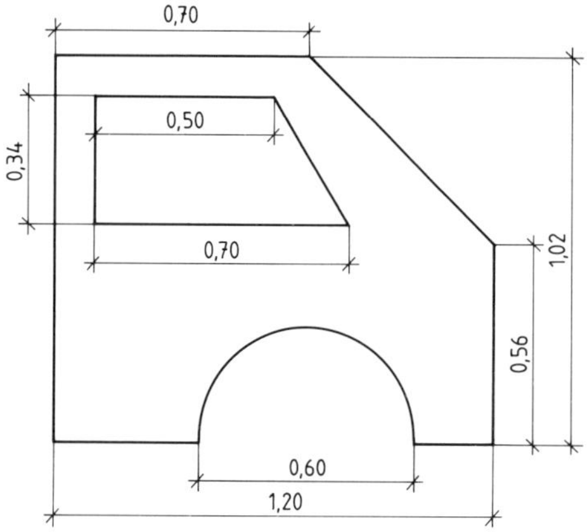

2.44

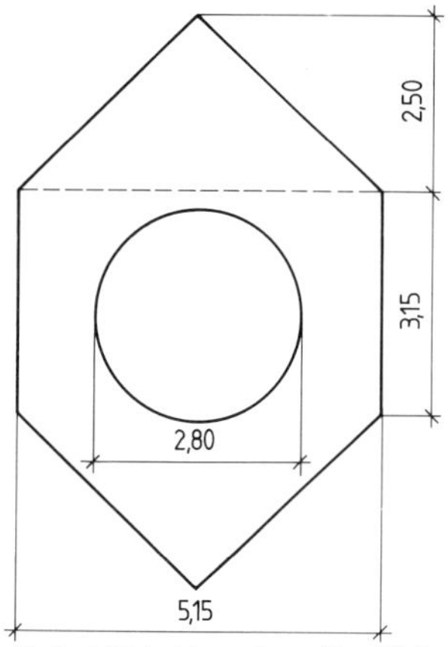

Die Kreisfläche ist von der großen Fläche abzuziehen.

2.47

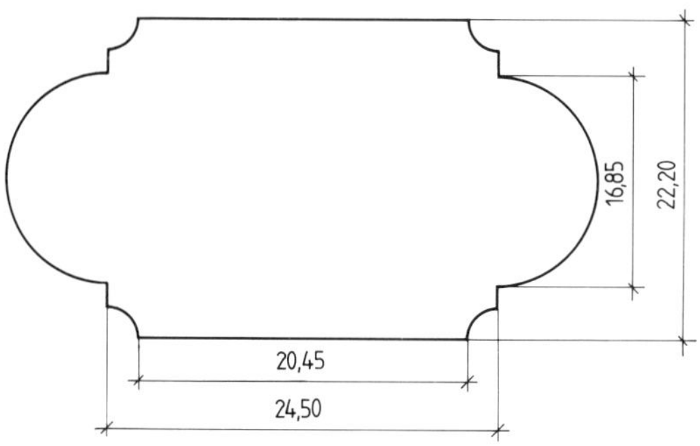

2.45

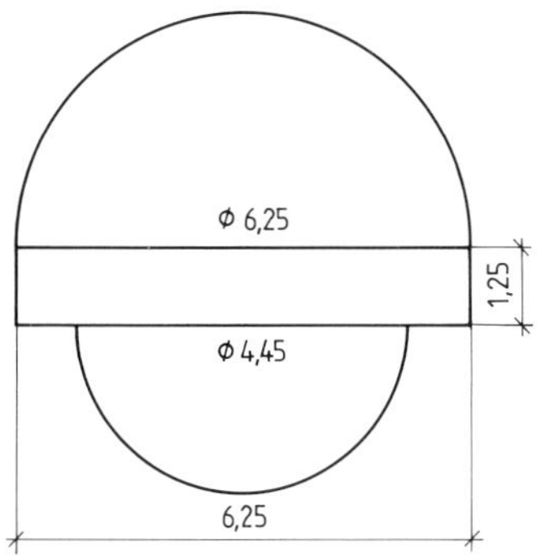

2.48

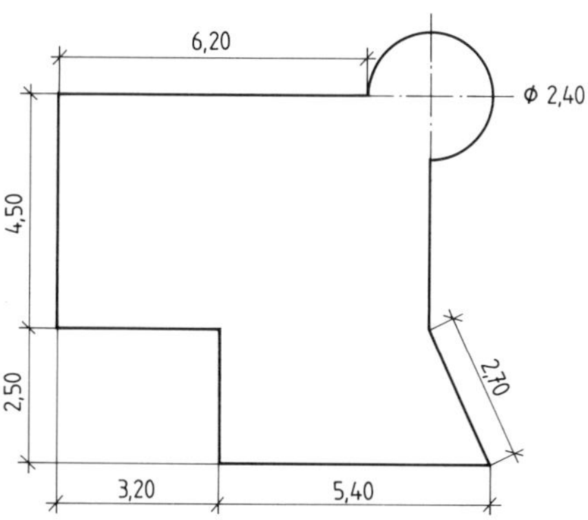

2.46

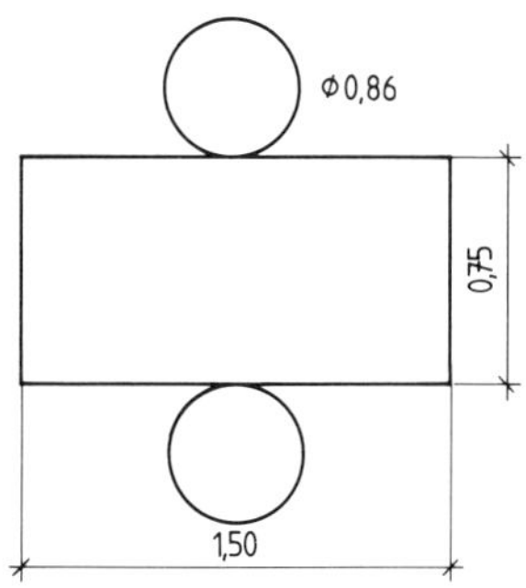

2.49

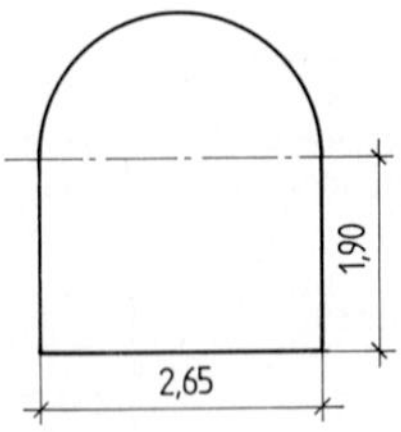

2.50

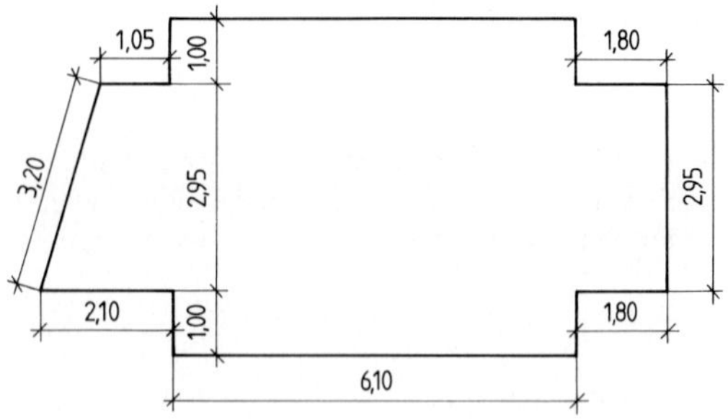

2.52

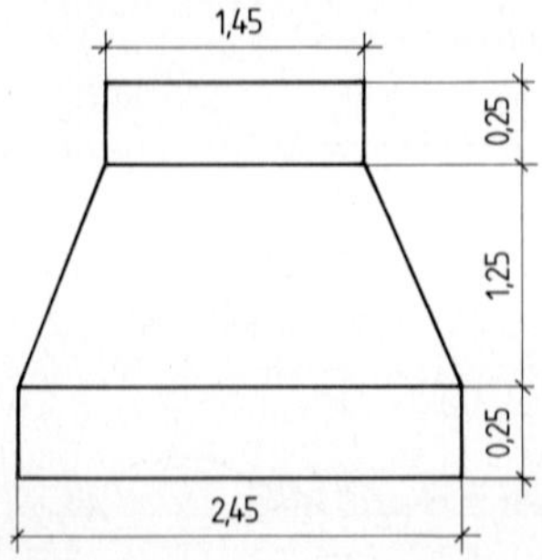

2.51

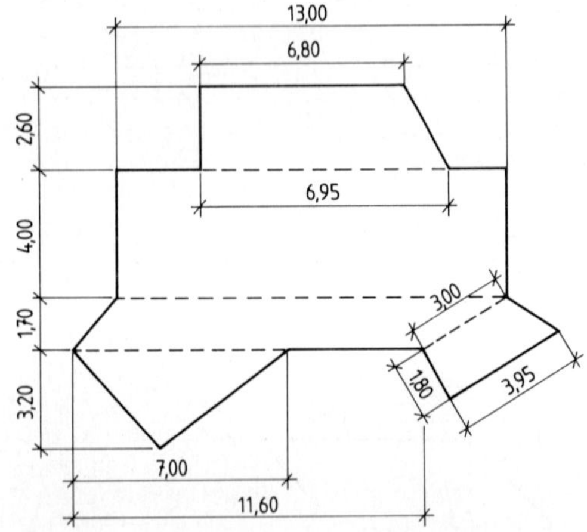

2.53

3 Körper

Ein Körper ist ein allseitig von Flächen begrenzter Teil des Raumes. Mit den Kenntnissen der Flächenberechnungen ist bereits eine wichtige Voraussetzung zur Körperberechnung erarbeitet worden.

3.1 Grundlagen

Maler und Lackierer bearbeiten zwar Flächen, wie wir sie in Abschnitt 2 kennengelernt haben, doch sind diese Flächen in der Regel Oberflächen von Körpern.

Körper haben drei Ausdehnungen (Dimensionen): Länge, Breite und Höhe. Ihre Einheit ist der Kubikmeter = m^3 (**3**.1), nämlich 1,00 m · 1,00 m · 1,00 m = 100 cm · 100 cm · 100 cm = 1 000 000 cm^3.

Basis	**durch 1000**		
1 m^3	0,001 m^3	0,000 001 m^3	0,000 000 001 m^3
Kubikmeter	Kubikdezimeter	Kubikzentimeter	Kubikmillimeter
Einheit	dm^3	cm^3	mm^3

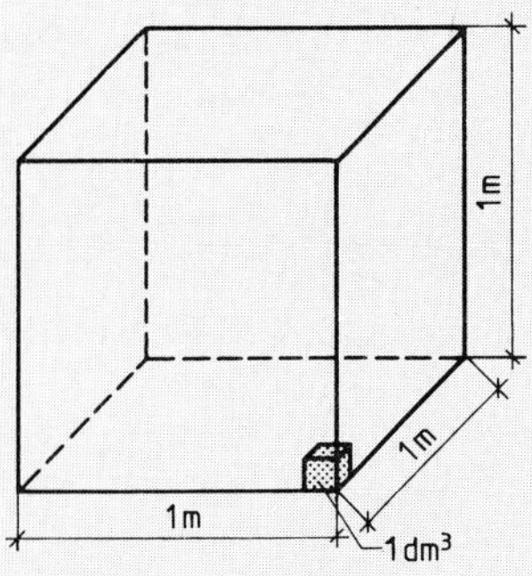

3.1 Kubikmeter

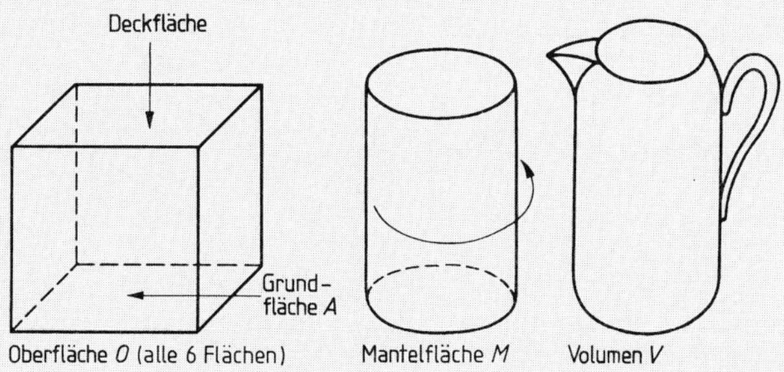

3.2 Körperberechnungen

Berechnet werden beim Körper
- die Oberfläche O
- die Mantelfläche M
- das Volumen (Rauminhalt) V (**3**.2).

Volumenberechnungen kommen in unserem Handwerk häufig vor, z. B. für Werkstoffberechnungen. Je nachdem, ob ein Werkstoff fest (pulverförmig) oder flüssig ist, rechnen wir mit Gewichtsmaßen oder Hohlmaßen.

Gewichtsmaße

mal 1000 | **Basis** | **durch 1000**

1000 kg	1 kg	0,001 kg	0,000 001 kg
= 1 Tonne t	= Einheit	= Gramm g	= Milligramm mg

1 dm^3 Wasser wiegt bei 4° C = 1 kg (**3**.3). Damit sind wir bei den Hohlmaßen.

Hohlmaße

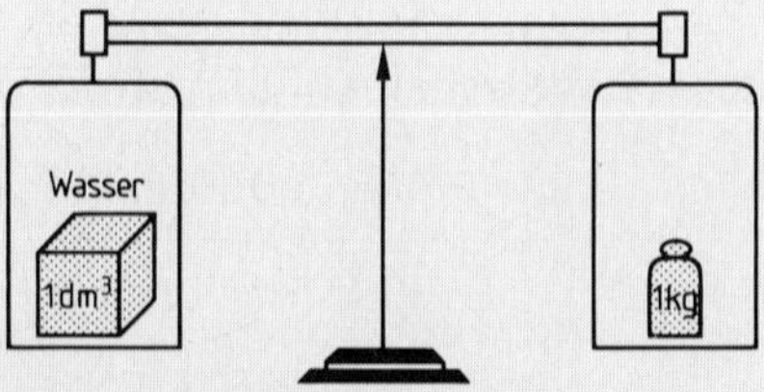

mal 100

1 Hektoliter hl	1 Liter l
= 100 l	Einheit
= 1 dm^3	

3.3 1 dm^3 Wasser = 1 kg

> Flüssige Werkstoffe einschließlich Lacke und Lackfarben werden nur noch in Liter angeboten und berechnet.

Aufgaben

Wandeln Sie die folgenden Einheiten in die angegebenen um.

1. a) 7,2500 m^3 in l
   b) 25 m^3 in dm^3
   c) 22 250 dm^3 in m^3
   d) 620 m^3 in l
   e) 0,06 m^3 in dm^3
   f) 2 161 dm^3 in m^3
   g) 0,090 m^3 in cm^3
   h) 32,82 m^3 in dm^3
   i) 455 dm^3 in m^3
   j) 0,2 m^3 in cm^3

2. a) 245 cm^3 in l
   b) 5,25 m^3 in dm^3
   c) 46,2 dm^3 in m^3
   d) 550 cm^3 in m^3
   e) 0,08 m^3 in dm^3
   f) 900 dm^3 in m^3
   g) 0,03 dm^3 in cm^3
   h) 1 220 cm^3 in m^3
   i) 22,05 m^3 in cm^3
   j) 0,815 cm^3 in dm^3

3. a) 9125 cm^3 in m^3
   b) 0,61 m^3 in dm^3
   c) 222 dm^3 in m^3
   d) 22,25 dm^3 in l
   e) 7,234 m^3 in l
   f) 0,8 m^3 in dm^3
   g) 5 120 dm^3 in m^3
   h) 1 250 dm^3 in l
   i) 22,250 m^3 in dm^3
   j) 0,250 l in dm^3

4. Eine Lackfabrik bietet folgende Verpackungsgrößen an: 6 Kästen je 0,375 l, 4 Kästen je 0,750 l, 24 Kästen je 0,250 l. Wieviel Liter umfaßt das gesamte Angebot?

5. Berechnen Sie das Gesamtgewicht von 24 Packungen je 0,500 kg, 6 Packungen je 0,300 kg und 6 Packungen je 0,250 kg.

3.2 Gerade Körper

Gerade Körper bilden die Mehrzahl der in unserem Handwerk zu bearbeitenden Körper, zumal sie oft von rechteckigen Flächen begrenzt sind, die als Beschichtungsflächen ebenfalls am häufigsten vorkommen.

Die Mantelfläche gerader Körper steht immer senkrecht auf der Grundfläche. Schneidet man gerade Körper parallel zur Grundfläche durch, erhält man stets gleiche Querschnitte.

Berechnung. Wegen der stets senkrechten Stellung der Mantelfläche und der gleichen Querschnitte ergeben sich bei geraden Körpern gleiche Formeln.

Mantelfläche = Summe der Seitenflächen = Umfang · Höhe

Oberfläche = Summe aller Flächen
= Mantelfläche + 2 · Grundfläche

Volumen = Grundfläche · Höhe

$M = U \cdot h$
$O = M + 2 \cdot A$
$V = A \cdot h$

Würfel (**3**.4) sind von 6 gleichgroßen, quadratischen Flächen umgeben.

$M = a \cdot a \cdot 4$
$O = a \cdot a \cdot 6$
$V = a \cdot a \cdot a$

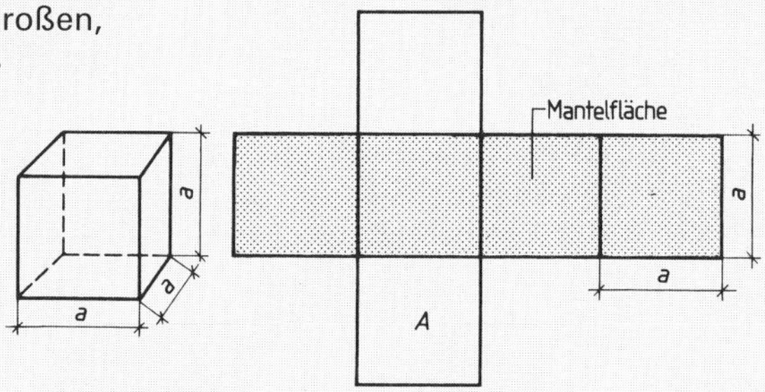

3.4 Würfel mit Mantelfläche

Quader (Quadratsäule, 3.5). Grundfläche ist ein Quadrat, die 4 Mantelflächen sind gleichgroße Rechtecke.

$M = a \cdot h \cdot 4$
$O = a \cdot h \cdot 4 + a \cdot a \cdot 2$
$V = a \cdot a \cdot h$

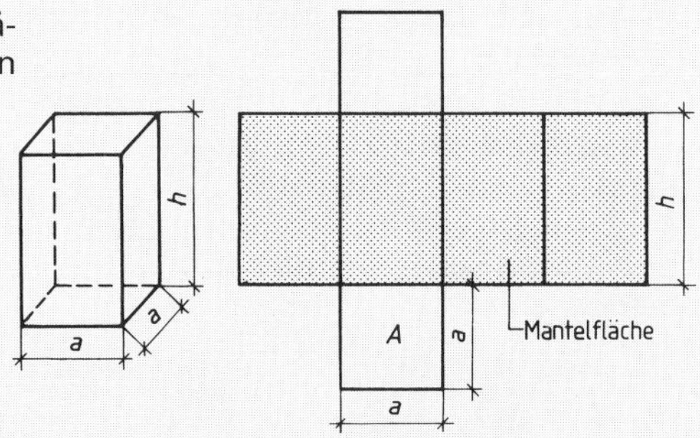

3.5 Quadratsäule mit Mantelfläche

Rechtecksäule (**3**.6). Grundfläche ist ein Rechteck, die gegenüberliegenden, rechteckigen Mantelflächen sind gleichgroß.

$M = (a + b)\, 2 \cdot h$
$O = (a + b)\, 2 \cdot h + a \cdot b \cdot 2$
$V = a \cdot b \cdot h$

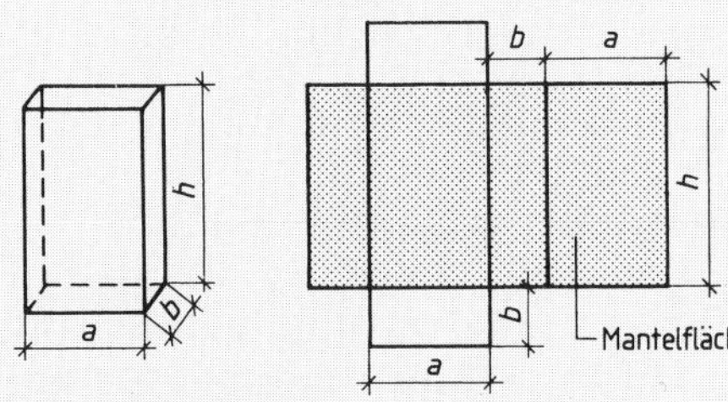

3.6 Rechtecksäule mit Mantelfläche

Dreiecksäule (**Prisma, 3.**7). Grundfläche ist ein Dreieck, die 3 rechteckigen Mantelflächen sind bei gleichseitigem Dreieck gleichgroß.

$$M = (a + b + c) \cdot h_2$$
$$O = (a + b + c) \cdot h_2 + \frac{a \cdot h_1}{2} \cdot 2$$
$$V = \frac{a \cdot h_1}{2} \cdot h_2$$

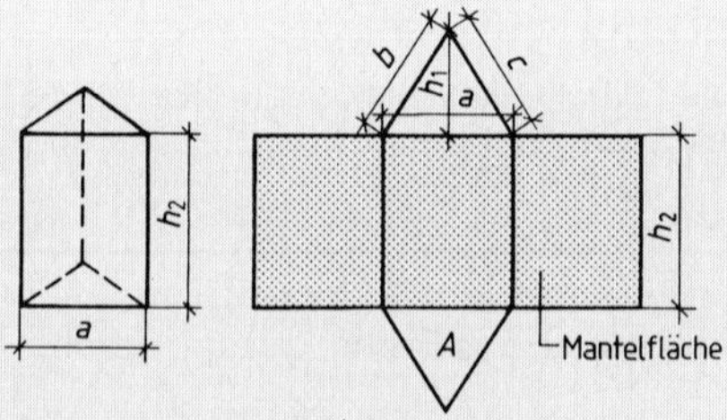

3.7 Prisma mit Mantelfläche

Rundsäule (**Zylinder, 3.**8). Grundfläche ist ein Kreis. Trennt man den Mantel auf, erhält man ein Rechteck. Dessen Grundlinie ist der Umfang des Zylinders.

$$M = d \cdot 3{,}14 \cdot h$$
$$O = d \cdot 3{,}14 \cdot h + 2 \cdot \frac{d}{2} \cdot \frac{d}{2} \cdot 3{,}14$$
$$V = \frac{d}{2} \cdot \frac{d}{2} \cdot 3{,}14 \cdot h$$

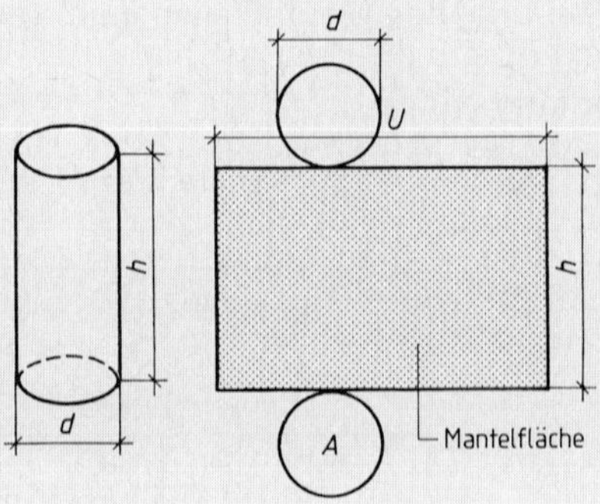

3.8 Zylinder mit Mantelfläche

Aufgaben

1. Ein Würfel hat 85 cm Kantenlänge. Berechnen Sie die Mantelfläche und die Oberfläche.
2. Ein Würfel hat 2,89 m^2 Mantelfläche. Wie groß ist seine Kantenlänge?
3. Fünf flache Rechteckbehälter mit Deckel nach Bild **3.**9 sollen allseitig beschichtet werden. Wieviel m^2 sind zu berechnen?

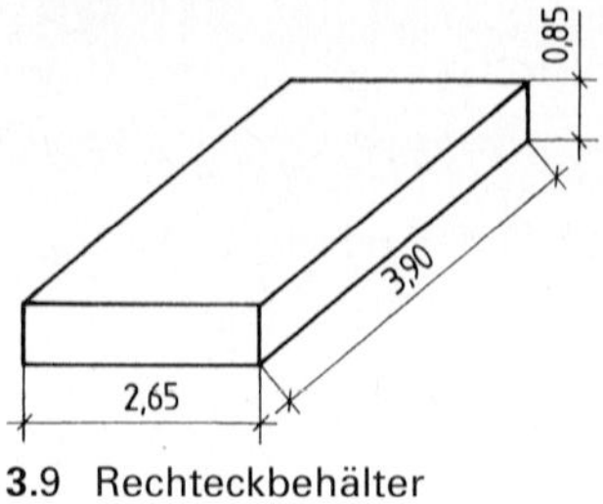

3.9 Rechteckbehälter

4. Zwei Podeste nach Bild **3.**10 sollen mit einer Lackfolie beklebt werden. Die quadratische Rückseite und die Bodenfläche bleiben frei. Wieviel m^2 Folie brauchen Sie bei 10 % Verschnitt?

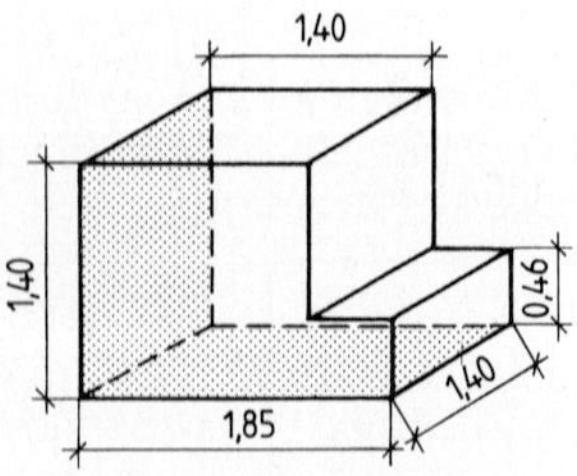

3.10 Podest

5. Sechs Schränke (**3.**11) sollen eine Naturlackierung bekommen. Deckfläche, Untersicht und Rückwand werden nur grundiert. a) Berechnen Sie die zu lackierenden Flächen. b) Wieviel m^2 sind zu grundieren?

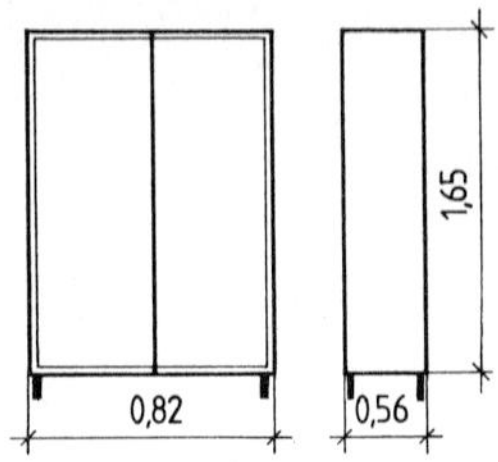

3.11 Schrank

6. Drei prismatische Stahlkörper nach Bild **3**.12 sind allseitig zu beschichten. Wieviel m^2 Beschichtungsflächen sind das?

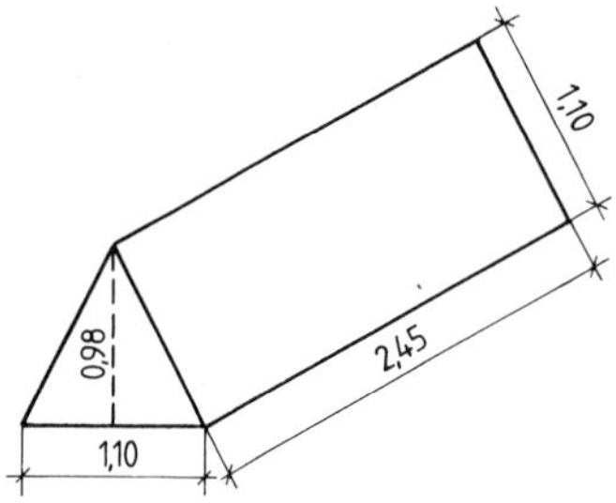

3.12 Prisma

7. Zehn Behälter wie Bild **3**.13, ohne Deckel, sind innen und außen zu beschichten. Berechnen Sie die Gesamtflächen.

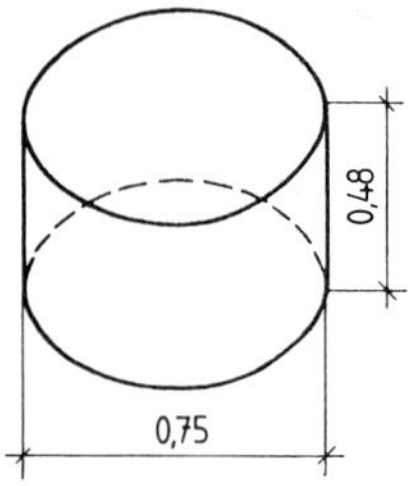

3.13 Behälter

8. Der Tank **3**.14 ist von außen (ohne Boden) mit einem Korrosionsschutz und einem Decklack zu beschichten.
   a) Wieviel m^2 ergeben sich?
   b) Im unteren Bereich ist nachträglich ein Schutzstreifen auf die Beschichtung aufzubringen. Wieviel m^2 Fläche hat dieser Streifen?

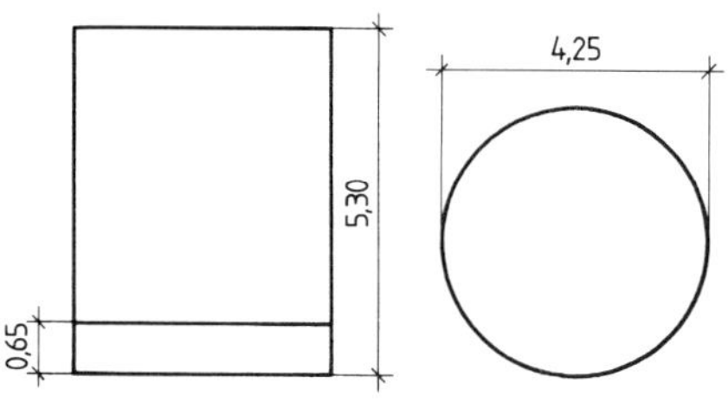

3.14 Tank

9. Ein Möbelwagenanhänger wie **3**.15 ist einschließlich Dach, aber ohne Unterboden von außen zu beschichten. Berechnen Sie die Beschichtungsfläche.

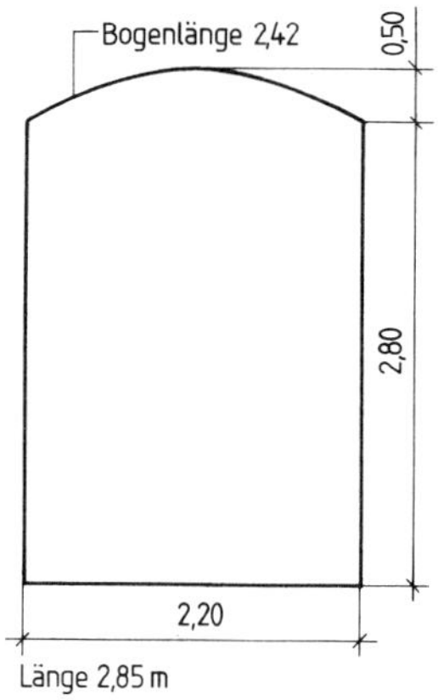

3.15 Möbelwagenanhänger
Länge 2,85 m

10. Ein Satz Ausstellungssäulen besteht aus je einer Quadratsäule mit abnehmbarem Zylinderaufsatz wie Bild **3**.16. Der Auftraggeber läßt vier Sätze beschichten (mit Deckel, aber ohne Böden). Wieviel m^2 sind zu beschichten?

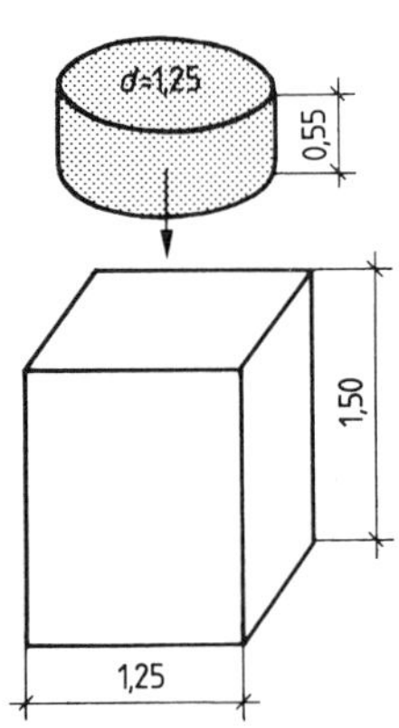

3.16 Ausstellungssäule

3.3 Spitze Körper

Hierzu gehören Pyramiden und Kegel. Ihr gemeinsames Merkmal ist die fehlende Deckfläche, denn ihre Mantelflächen laufen in einer Spitze zusammen. In der Praxis begegnen uns vor allem Pyramiden mit eckiger Grundfläche bei Dächern und Dachaufbauten.

> Spitze Körper laufen in ihren Mantelflächen geradlinig in einer Spitze zusammen. Die Grundfläche kann bei Pyramiden ein Dreieck, Viereck oder Vieleck sein; beim Kegel ist sie rund.

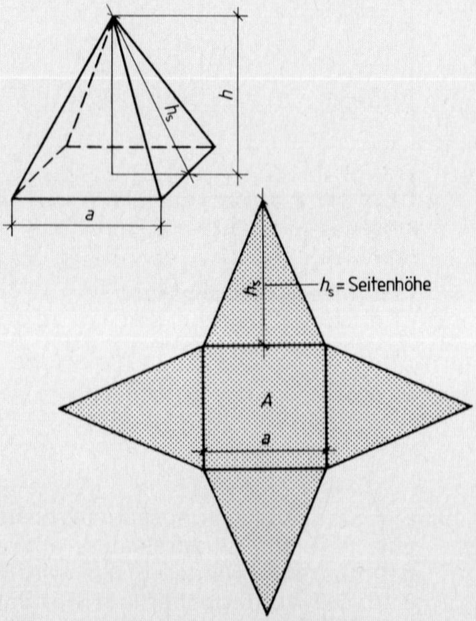

3.17 Pyramide mit Mantelfläche

Pyramide (3.17). Am häufigsten mit quadratischer Grundfläche und daher 4 gleichlangen Seiten

Mantelfläche = Summe aller Dreieckflächen (meist gleiche Seitendreiecke)

Volumen = 1/3 Volumen eines Würfels oder Quaders gleicher Grundfläche

$$M = \frac{a \cdot h_s}{2} \cdot 4 = \frac{U \cdot h_s}{2}$$

$$O = \frac{a \cdot h_s}{2} \cdot 4 \cdot a \cdot a$$

U = Umfang der Grundseiten a

$$V = \frac{a \cdot a \cdot h}{3} = \frac{A \cdot h}{3}$$

Kegel (3.18). Grundfläche ist ein Kreis. Trennt man den Mantel auf und drückt ihn flach, bekommt man einen Kreisausschnitt mit der Formel $A = \frac{r \cdot b}{2}$, wobei b = Bogenlänge = Umfang der Grundfläche A und h_s = Seitenhöhe sind.

$$M = \frac{d \cdot 3{,}14 \cdot h_s}{2} = \frac{U \cdot h_s}{2}$$

$$O = \frac{d \cdot 3{,}14 \cdot h_s}{2} + \frac{d}{2} \cdot \frac{d}{2} \cdot 3{,}14$$

$$V = \frac{\frac{d}{2} \cdot \frac{d}{2} \cdot 3{,}14 \cdot h}{3} = \frac{A \cdot h}{3}$$

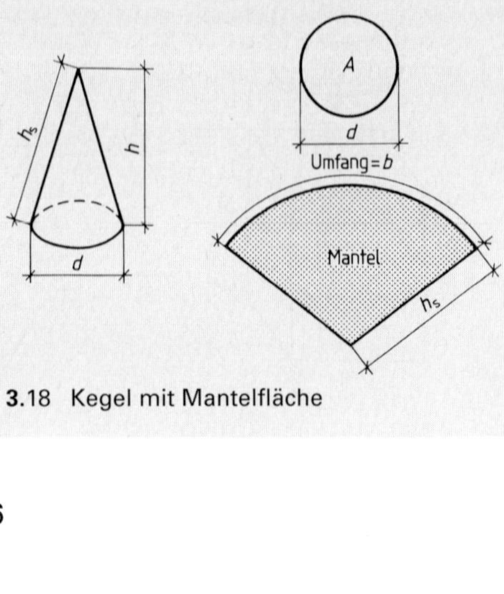

3.18 Kegel mit Mantelfläche

Warum ist die Volumenformel für Pyramide und Kegel gleich?

Aufgaben

1. Berechnen Sie Mantel und Oberfläche einer Pyramide mit $a = 3{,}50$ m, $h_s = 2{,}11$ m, $h = 1{,}18$ m.

2. Das Blechdach **3**.19 ist mit einem korrosionsbeständigen Werkstoff zu beschichten.
   Berechnen Sie die Beschichtungsfläche in m².

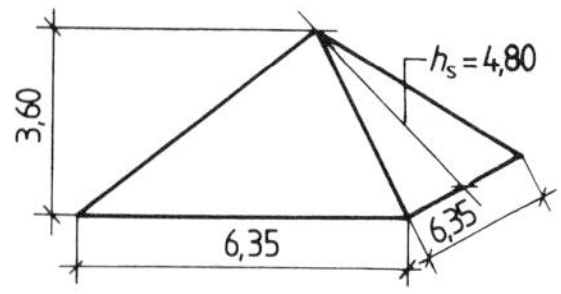

3.19 Blechdach

3. Der Dachaufbau **3**.20 soll einschließlich des umgebenden Rands beschichtet werden. Wieviel m² sind zu berechnen?

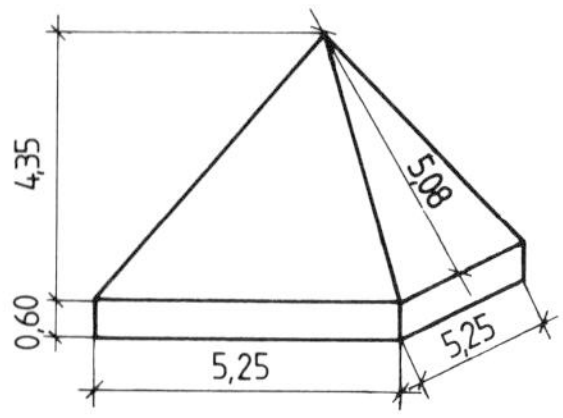

3.20 Dachaufbau

4. Der Kegel **3**.21 soll in der Oberfläche berechnet werden.
   Welcher Ansatz ist richtig?

   a) $1{,}10 \cdot 1{,}10 \cdot 3{,}14 + \dfrac{1{,}10 \cdot 3{,}14 \cdot 1{,}35}{2}$

   b) $\dfrac{1{,}10}{2} \cdot \dfrac{1{,}10}{2} \cdot 3{,}14 + \dfrac{1{,}10 \cdot 3{,}14 \cdot 1{,}35}{2}$

   c) $\dfrac{1{,}10}{2} \cdot \dfrac{1{,}10}{2} \cdot 3{,}14 + \dfrac{1{,}10 \cdot 3{,}14 \cdot 1{,}03}{2}$

5. Berechnen Sie die Beschichtungsfläche des Silos **3**.22. Das Silo wird außen allseitig (oben offen) beschichtet.

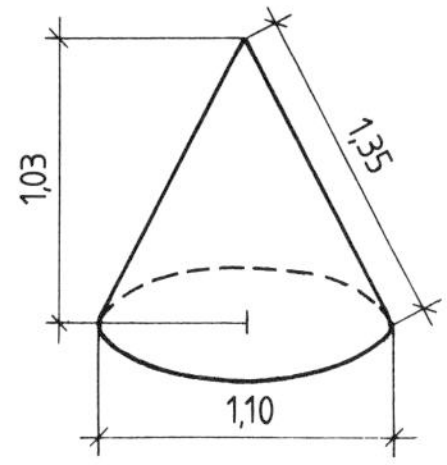

3.21 Kegel

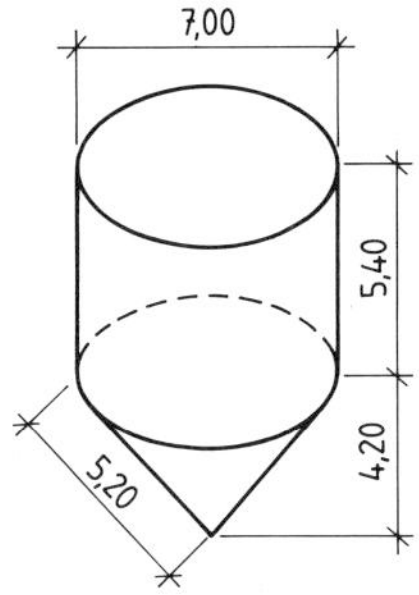

3.22 Silo

6. Fünf Pyramiden wie **3**.23 sollen so in den Mantelflächen beschichtet werden, daß die gegenüberliegenden Seiten immer weiß bzw. schwarz sind (ohne Boden).
   a) Wieviel m² sind weiß,
   b) wieviel m² schwarz zu beschichten?

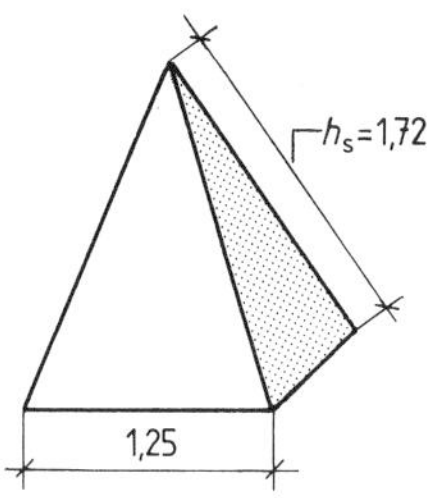

3.23 Zweifarbige Pyramide

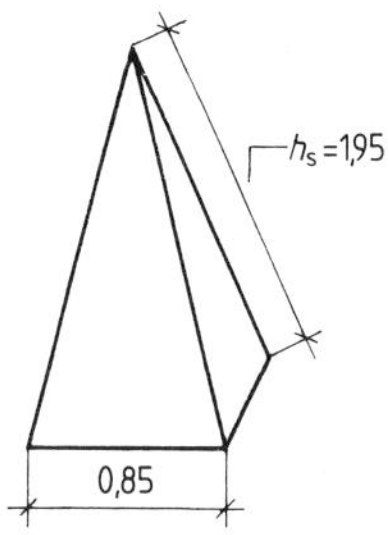

3.24 Pyramide

7. Ein Pyramidenkörper wie Bild **3**.24 ist mit einem Textilbelag zu belegen (ohne Boden). Wieviel m² Belag werden bei 10 % Verschnitt verarbeitet?

8. Ein Kegel hat folgende Maße: $d = 0{,}84$, $h_s = 1{,}10$. Welcher Ansatz ist für den Mantel richtig?

   a) $\dfrac{0{,}42 \cdot 3{,}14 \cdot 1{,}10}{2}$

   b) $0{,}84 \cdot 3{,}14 \cdot 1{,}10$

   c) $\dfrac{0{,}84 \cdot 3{,}14 \cdot 1{,}10}{2}$

9. Vergleichen Sie die beiden Ansätze:

a) $\frac{1{,}10 \cdot 1{,}50}{2} \cdot 4$

b) $\frac{1{,}10 \cdot 3{,}14 \cdot 1{,}50}{2}$

Was stellen a) und b) dar?

10. Eine Pyramide hat eine dreieckige Grundfläche: $a = 0{,}84$ m, $h = 0{,}73$ m. Die Seitenhöhe h_s ist 1,05 m. Stellen Sie den Ansatz

a) für die Grundfläche,

b) für den Mantel auf.

3.4 Stumpfe Körper

Schneiden wir eine Pyramide parallel zur Grundfläche ab, bekommen wir einen Pyramidenstumpf. Die abgeschnittene Spitze bildet eine kleinere Pyramide und heißt Ergänzungspyramide (-körper). Wird ein Kegel in gleicher Weise abgeschnitten, erhalten wir einen Kegelstumpf und einen Ergänzungskegel (-körper). Kegelstümpfe mit der kleinen Grundfläche nach unten begegnen uns häufig als Werkstoffbehälter.

Trennt man die Pyramide oder einen Kegel parallel zur Grundfläche, erhält man einen Pyramidenstumpf und eine Ergänzungspyramide bzw. einen Kegelstumpf und einen Ergänzungskegel.

Der Pyramidenstumpf auf quadratischer Grundfläche A_1 ist am häufigsten. Seine kleinere Grundfläche A_2 ist ebenfalls quadratisch, sein Mantel besteht aus 4 trapezförmigen Seitenflächen.

Der Kegelstumpf hat eine kreisförmige Grundfläche A_1 und eine ebenfalls kreisförmige (kleinere) Deckfläche A_2.

Berechnung. Mantel- und Oberfläche werden mit der Seitenhöhe h_s, das Volumen mit der Höhe h berechnet.

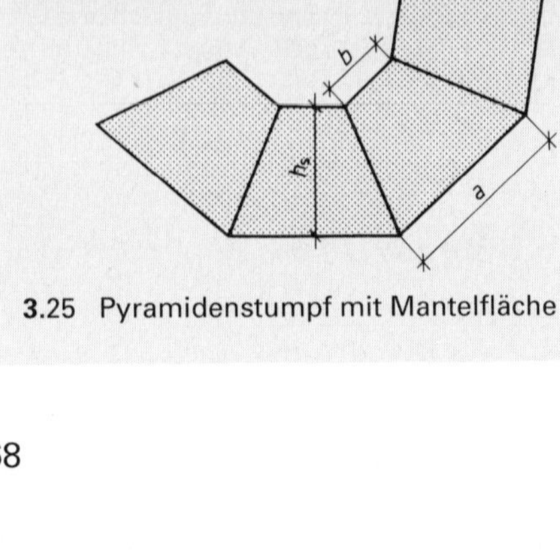

3.25 Pyramidenstumpf mit Mantelfläche

Pyramidenstumpf (3.25). Mantelfläche = Summe der Seitentrapeze (bei quadratischer Grundfläche mal 4)

Das Volumen ermittelt man für die Praxis nur annäherungsweise.

$$M = \frac{a+b}{2} \cdot h_s \cdot 4$$

$$O = \frac{a+b}{2} \cdot h_s \cdot 4 + a \cdot a + b \cdot b$$

$$V \approx \frac{A_1 + A_2}{2} \cdot h = \frac{a \cdot a + b \cdot b}{2} \cdot h$$

Kegelstumpf (**3**.26). Der aufgeschnittene Mantel ist gebogen, der untere Umfang *U* größer als der obere *u*. Beide werden durch die Kreisdurchmesser *D* bzw. *d* bestimmt.

$$M = \frac{D+D}{2} \cdot 3{,}14 \cdot h_s$$

$$O = \frac{D+d}{2} \cdot 3{,}14 \cdot h_s + \frac{D}{2} \cdot \frac{D}{2} \cdot 3{,}14 + \frac{d}{2} \cdot \frac{d}{2} \cdot 3{,}14$$

$$V \approx \frac{\frac{D}{2} \cdot \frac{D}{2} \cdot 3{,}14 + \frac{d}{2} \cdot \frac{d}{2} \cdot 3{,}14}{2} \cdot h$$

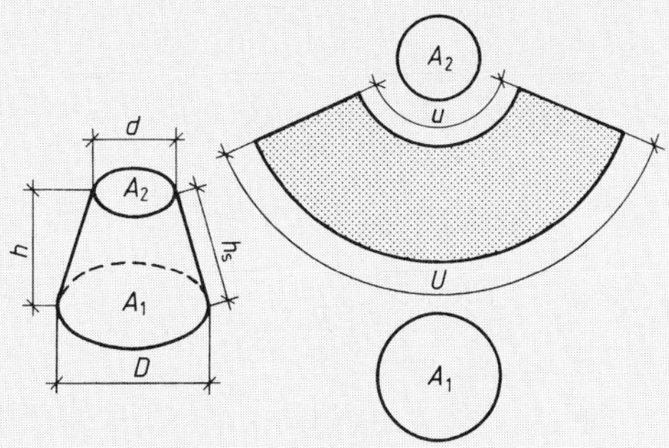

3.26 Kegelstumpf mit Mantelfläche

Aufgaben

1. Berechnen Sie den Mantel eines Pyramidenstumpfs mit $a = 60$ cm, $b = 45$ cm, $h_s = 58$ cm.
2. Vier Behälter wie Bild **3**.27 ohne Deckel sollen innen und außen beschichtet werden. Wieviel m^2 sind zu berechnen? (Ø = Durchmesser)

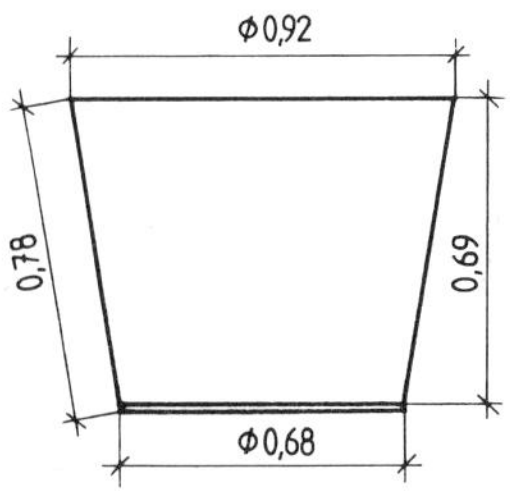

3.27 Behälter

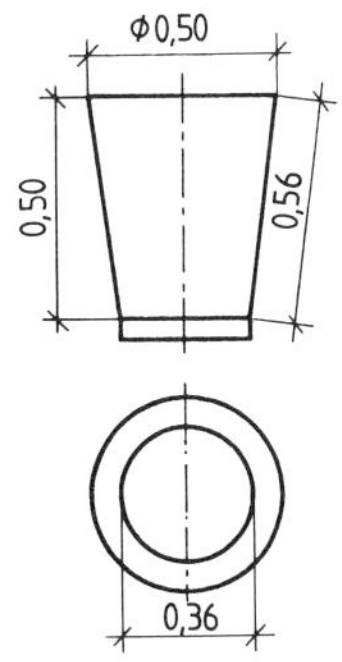

3.28 Behälter

3. Berechnen Sie vom Behälter **3**.28 a) die Mantelfläche, b) die Oberfläche mit Deckel, und geben Sie c) an, wieviel Liter Wasser er faßt.
4. Ein Farbbehälter hat die Maße R = 22 cm, r = 16 cm, h = 42 cm.
   a) Wieviel Liter Farbe faßt er?
   b) Ein Großbehälter mit dieser Farbe hat 0,480 m^3. Wie oft muß man mit dem kleinen Behälter Farbe umfüllen?
5. 20 Blumenkübel (ohne Deckel) wie **3**.29 sind allseitig zu beschichten. Der Unterschied zwischen Innen- und Außenmaßen sowie der obere Rand sind nicht zu beachten. Wieviel m^2 Beschichtungsfläche sind es insgesamt?

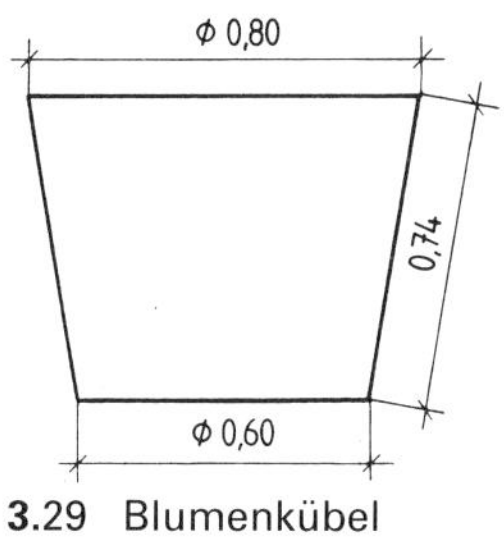

3.29 Blumenkübel

6. Ein Spezialtank **3**.30 soll außen einschließlich der beiden Böden beschichtet werden. Berechnen Sie die zu beschichtenden Flächen.

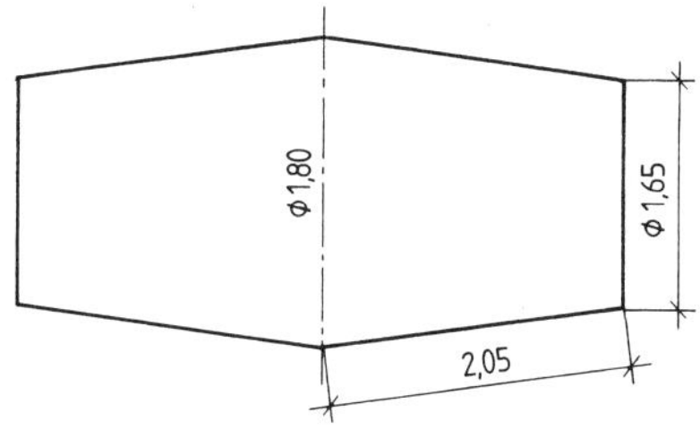

3.30 Spezialtank (Höhe 2,00 m)

7. Der Körper **3**.31 soll außen allseitig (ohne Boden, mit Deckel) gespritzt werden. Welcher Ansatz ist richtig?

a) $1{,}20 \cdot 4 \cdot 1{,}05 + \frac{1{,}20 + 0{,}60}{2} \cdot 0{,}75 \cdot 4 + 0{,}60 \cdot 0{,}60$

b) $1{,}20 \cdot 1{,}05 \cdot 4 + \frac{1{,}20 + 0{,}60}{2} \cdot 0{,}75 \cdot 4 + 1{,}20 + 1{,}20$

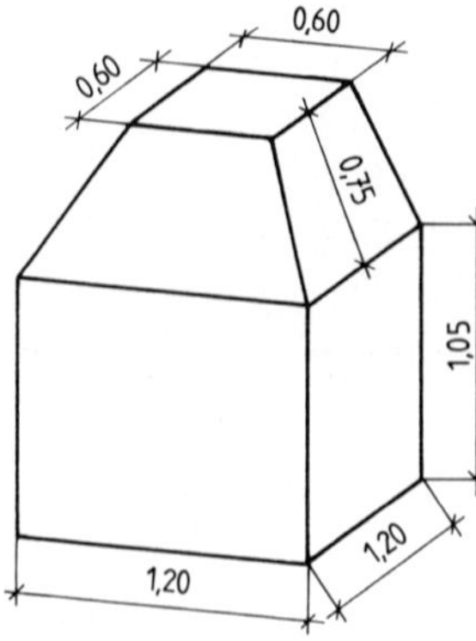

3.31 Körper

8. Der Behälter **3**.32 ist dreiviertel voll mit Farbe gefüllt. Wieviel Liter sind es?

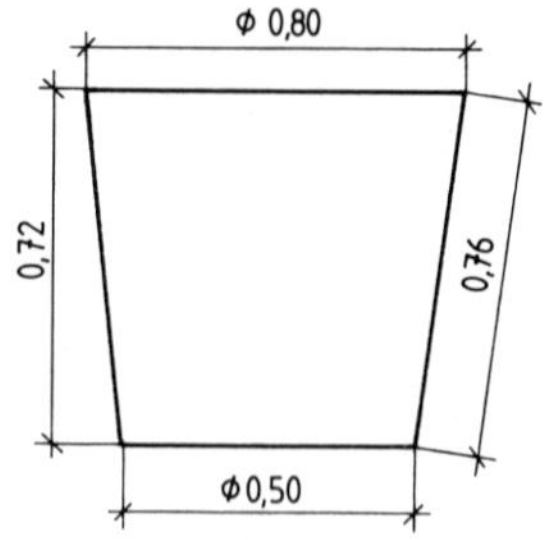

3.32 Behälter

9. Für welchen Körper gilt der folgende Ansatz, und was wird hier berechnet?

$$\left(\frac{0{,}80 \cdot 0{,}80 \cdot 3{,}14}{2} + \frac{0{,}60 \cdot 0{,}60 \cdot 3{,}14}{2}\right) \cdot 0{,}72$$

10. Rechnen Sie den Ansatz Aufgabe 9 aus. Welche Einheiten können Sie beim Ergebnis einsetzen: cm^2, dm^2, m^2 oder cm^3, dm^3, m^3?

3.5 Kugeln

Kugeln und Halbkugeln begegnen uns in der Berufspraxis selten als Aufmaßobjekt. Vergoldete Kugeln finden wir auf Türmen oder als ähnliche Zierformen, andere auch als Behälter. Halbkugeln kommen in historischen Gebäuden als Deckengewölbe vor.

Die Kugel ist dem Kreis verwandt. Deshalb finden wir auch die Begriffe *D*, *d* und π in den Berechnungsformeln, denn das Verhältnis Durchmesser : Umfang ist 1 : 3,14 (π).

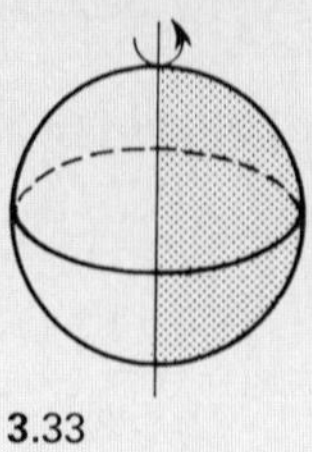
3.33

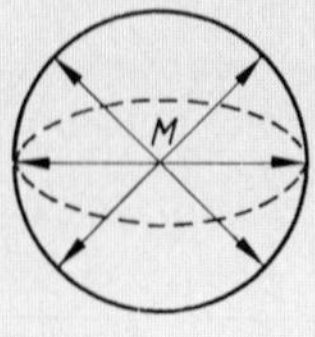

3.34

Dreht man einen Halbkreis um seinen Durchmesser, entsteht eine Kugel (**3**.33). Alle geraden Schnitte durch die Kugel geben in der Schnittfläche einen Kreis. Alle Punkte der Oberfläche sind gleich weit vom Kugelmittelpunkt *M* entfernt (**3**.34). Die Kugel ist der regelmäßigste Körper. Sie hat keine Mantelflächen.

Die Kugel ist der regelmäßigste Körper. Alle Punkte auf ihrer Oberfläche sind gleich weit vom Mittelpunkt entfernt (Radius).

Berechnung. Die Oberfläche einer Kugel ist viermal so groß wie die Schnittfläche durch ihren Mittelpunkt M.

$$O = d \cdot d \cdot 3{,}14 \qquad V = \frac{4 \cdot 3{,}14 \cdot r \cdot r \cdot r}{3} = \frac{4}{3} \cdot 3{,}14 \cdot r^3$$

Für die Halbkugel gelten entsprechend die Hälften dieser Werte:

$$O = \frac{d \cdot d \cdot 3{,}14}{2} \qquad V = \frac{4}{3 \cdot 2} \cdot 3{,}14 \cdot r^3$$

Die Oberfläche einer Halbkugel mit kreisförmiger Schnittfläche berechnen wir nach der Formel

$$O = \frac{d \cdot d \cdot 3{,}14}{2} + \frac{d}{2} \cdot \frac{d}{2} \cdot 3{,}14.$$

Aufgaben

1. Ein kugelförmiger Gasbehälter (Ø 2,54 m) soll von außen beschichtet werden. Berechnen Sie die Fläche in m^2.
2. Ein Chemiewerk läßt 6 kugelförmige Behälter (Ø 1,45 m) von außen mit Epoxidharz-Lackfarbe beschichten. Wieviel m^2 sind insgesamt zu beschichten?
3. Eine Kugel mit d = 0,46 m soll vergoldet werden.
   a) Wieviel m^2 sind zu vergolden?
   b) Das Blattgold hat die Maße 8 cm · 8 cm. Berechnen Sie den Bedarf mit 6 % Verschnitt.
4. Eine halbkugelförmige Decke in einer Kapelle hat einen Durchmesser von 6,25 m.
   a) Wie groß ist die Fläche für die geplante Mineralfarbenbeschichtung?
   b) Der Umfang soll mit einem Band eingefaßt werden. Wieviel m sind das?

3.6 Zusammengesetzte Körper

Wie es zusammengesetzte Flächen gibt, kommen auch zusammengesetzte Körper vor. Zum Berechnen werden sie ebenfalls in Einzelkörper zerlegt, einzeln berechnet und addiert. Ganz oder teilweise verdeckte Flächen an den Schnittstellen sind abzuziehen.

Zusammengesetzte Körper werden in berechenbare Einzelkörper zerlegt und einzeln berechnet. Die Ergebnisse werden addiert.

Aufgaben

1. Der Körper **3**.35 soll allseitig beschichtet werden. Wieviel m^2 sind zu berechnen?

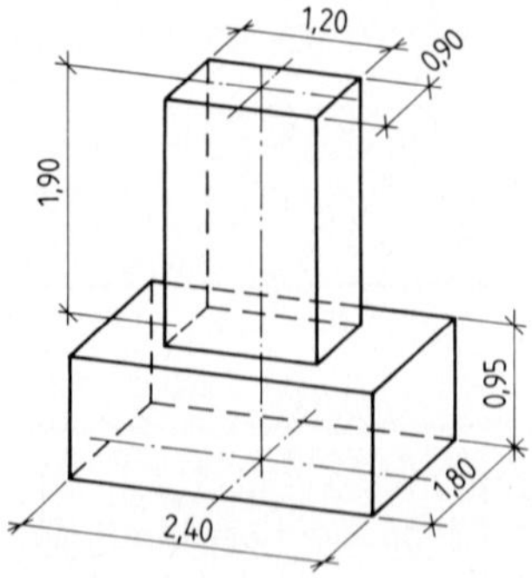

3.35 Körper

2. Die Oberfläche des Körpers **3**.36 ist ohne Boden zu berechnen. Quader und Pyramidenstumpf sind aus einem Stück.

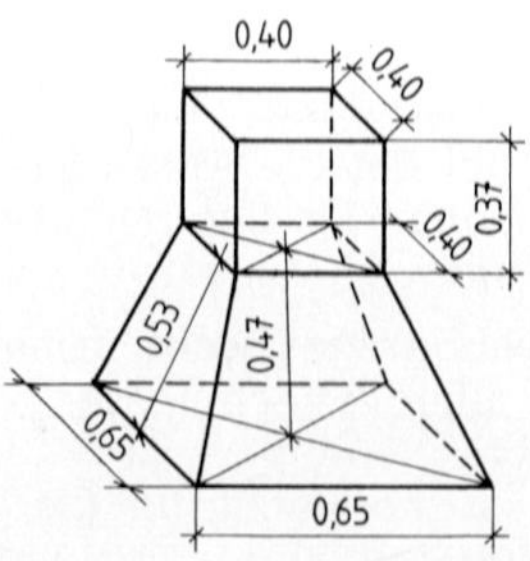

3.36 Körper

3. Ein Öltank soll von außen beschichtet werden, der Boden entfällt, der obere Abschluß gehört dazu (**3**.37). Wieviel Fläche berechnet der Meister?

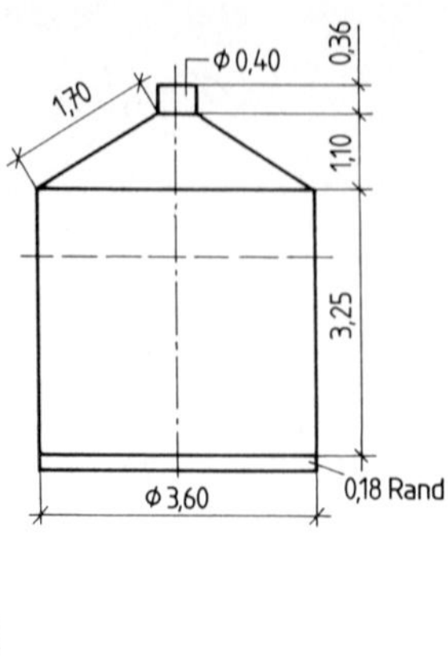

3.37 Öltank

4. Ein Zementwerk läßt vier Silos beschichten. Berechnen Sie die Außenflächen nach Bild **3**.38.

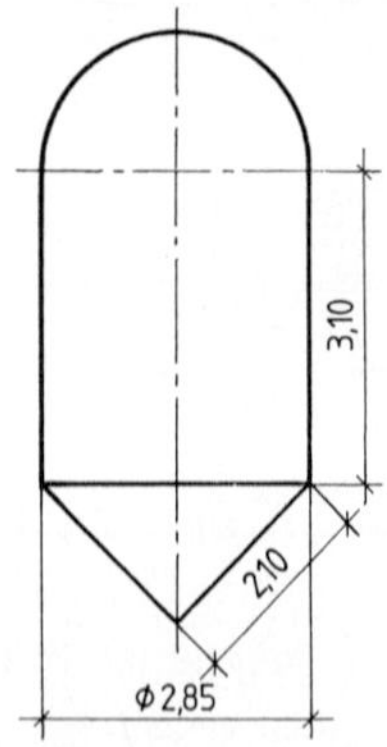

3.38 Silo

5. Berechnen Sie den allseitig zu beschichtenden Körper nach Bild **3**.39.

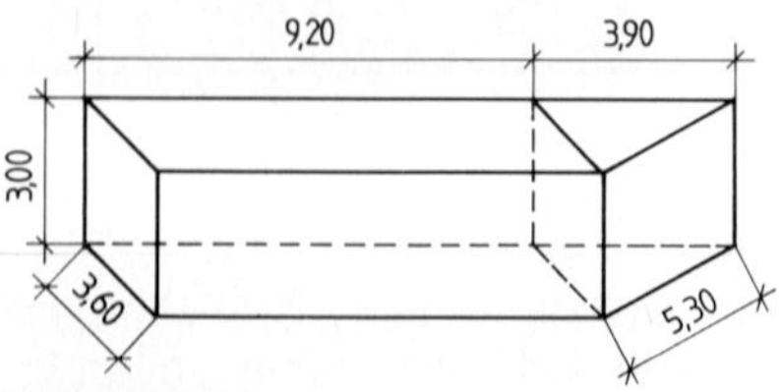

3.39 Körper

6. Der Leuchtturm **3**.40 soll wie folgt farbig beschichtet werden: Hauptkörper 1, Zwischenkörper 3 und 5 weiß, die Körper 2 (einschl. Untersicht), 4 und 6 rot. Schreiben Sie nur die Ansätze getrennt nach weißer und roter Beschichtung.

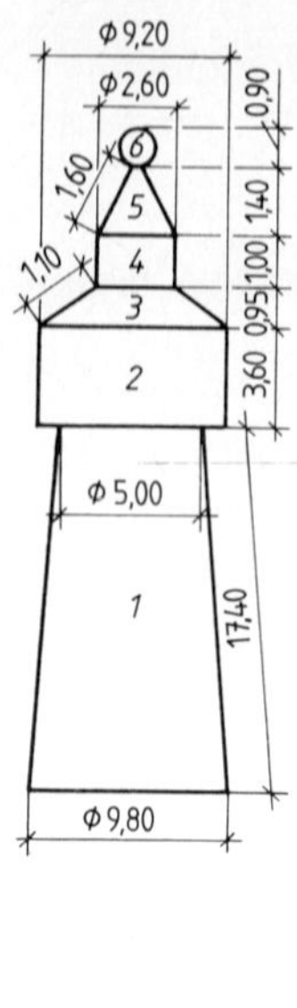

3.40 Leuchtturm

7. Ein Ausstellungspodest wie **3**.41, bei dem nur der Zylinder abmontiert werden kann, ist ohne Boden allseitig zu bekleben. Wieviel m^2 Fläche sind es?

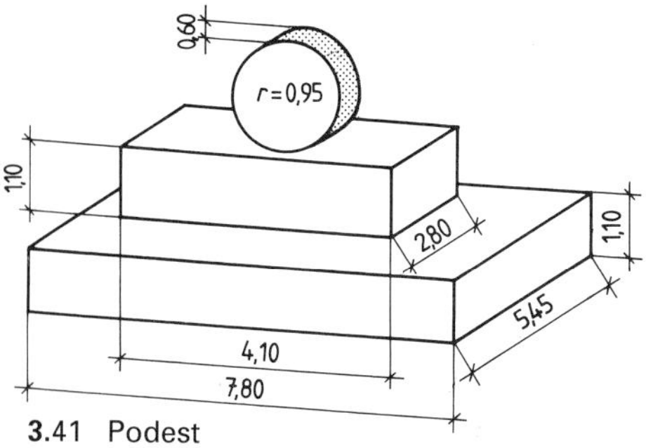

3.41 Podest

8. Der Körper **3**.42 ist nicht auseinandernehmbar und allseitig (ohne Boden) hellgrau zu beschichten. Die Kugel als Firmenzeichen wird rot beschichtet.
   a) Wieviel m^2 sind hellgrau,
   b) wieviel sind rot zu beschichten?

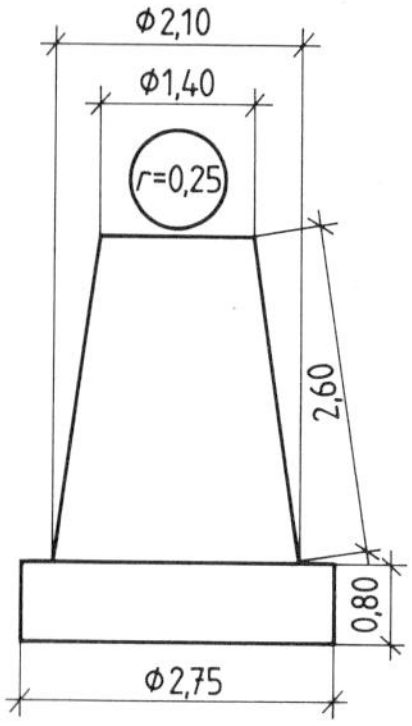

3.42 Körper

9. Der Behälter eines Betontransportfahrzeugs **3**.43 ist außen zu beschichten. Berechnen Sie die zu beschichtende Fläche ohne Einfüllloch.

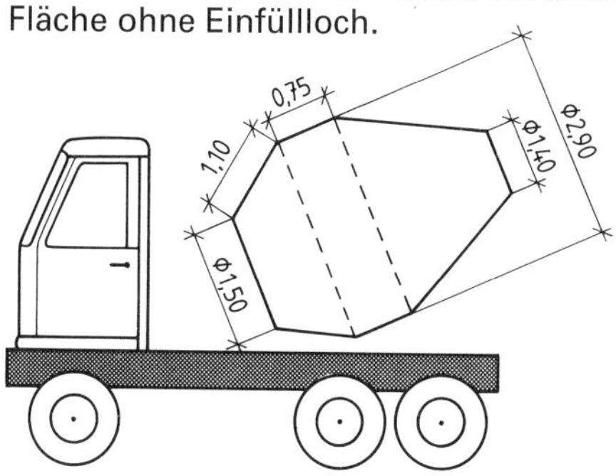

3.43 Betontransportfahrzeug

10. Fünf Körper wie **3**.44 sind allseitig zu spritzen. Die auf zwei Seiten befindliche Kreisfläche wird abgedeckt und ist vom Ergebnis abzuziehen. Wieviel m^2 sind zu spritzen?

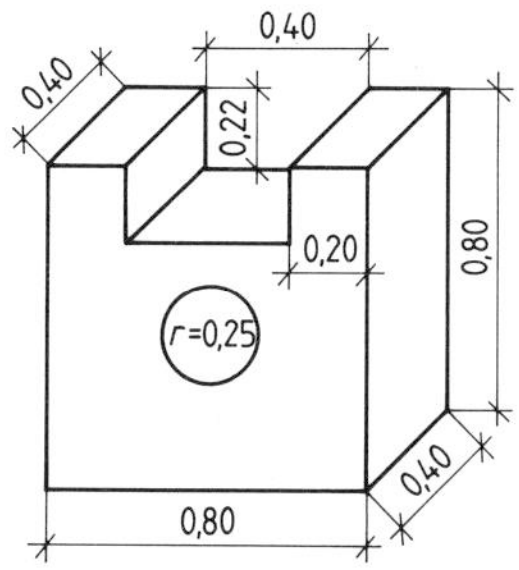

3.44 Körper

11. Der Kofferaufbau des Fahrzeugs **3**.45 ist zu beschichten. Berechnen Sie die Gesamtfläche der vier Seiten und des Daches.

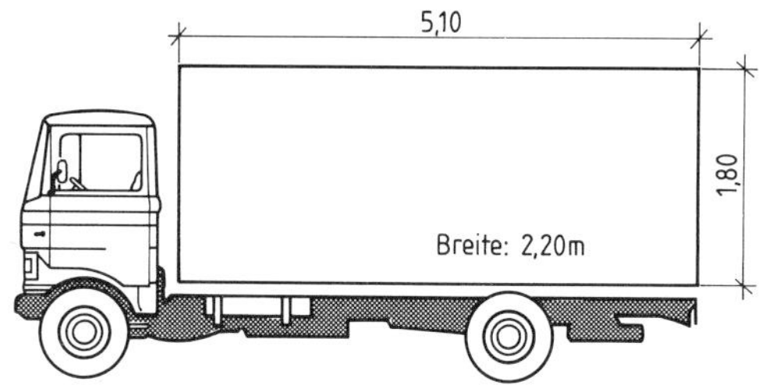

3.45 Lastkraftwagen

12. Der Lkw-Aufbau **3**.46 soll beschichtet werden (Mantel und Dach einschließlich der Schrägen). Berechnen Sie die Fläche.

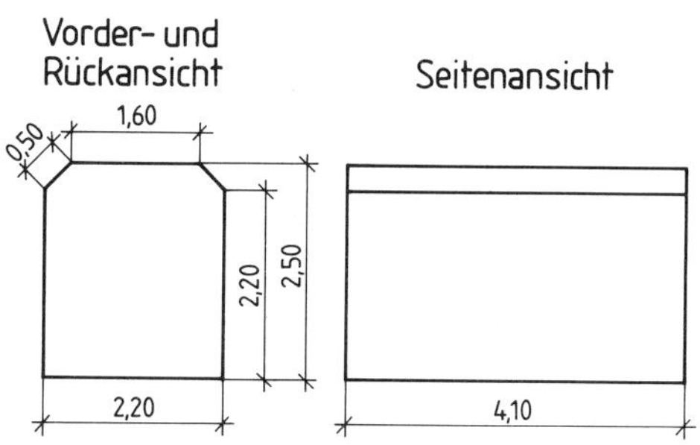

3.46 Lkw-Aufbau

4 Werkstoffe

Werkstoffe werden in den meisten Betrieben vor dem Transport zur Arbeitsstelle abgewogen bzw. die Mengen voller Gebinde abgezählt. In die Werkstatt zurückkommende Reste werden ebenfalls gewogen bzw. gezählt. Beide Mengenangaben werden notiert. Warum? Auf Gebinden und Technischen Merkblättern ist der Verbrauch je m^2 angegeben. Mit diesen Angaben müssen Sie rechnen können, um z. B. den ungefähren Verbrauch für eine bestimmte Fläche oder Körperanzahl zu wissen.

4.1 Massenberechnungen

Für Werkstoffberechnungen müssen wir zunächst einige Begriffe aus der Fachkunde (Physik) wiederholen.

Masse ist das Beharrungsvermögen eines Körpers, d. h., er bleibt im Ruhezustand oder in gleichförmiger Bewegung, wenn keine Kraft auf ihn einwirkt.

Masse = m, Einheit ist das kg.

Dichte. 1 cm^3 Holz ist leichter als 1 cm^3 Blei. Die Körper haben bei gleichem Volumen (V) verschiedenes Gewicht = verschiedene Dichte.

Dichte = ρ (rho, griech. Buchstabe), Einheiten: t/m^3, **kg/dm^3**, g/cm^3.

$$\text{Dichte} = \frac{\text{Masse}}{\text{Volumen}} \qquad \rho = \frac{m}{V}$$

ρ = Dichte
m = Masse
V = Volumen

$$m = \rho \cdot V \qquad V = \frac{m}{\rho}$$

Beispiel Ein Behälter hat ein Volumen von 10 dm^3. Wieviel kg Lackfarbe der Dichte $\rho = 1{,}5$ sind im Behälter?

$$m = \rho \cdot V = 1{,}5\ \frac{kg}{dm^3} \cdot 10\ dm^3 = \mathbf{15\ kg}$$

Umrechnungen. Beschichtungsstoffe werden überwiegend in l angeboten, Spachtelmassen, Edelputze und andere Erzeugnisse dagegen in kg. Bei Abgabe von Beschichtungsstoffen in kg muß man umrechnen. Dazu brauchen wir die Dichte.

Beispiel 2,5 kg Kunstharzlacke sind in l umzurechnen. Dichte $\rho = 1{,}25$

$$V = \frac{m}{\rho} = \frac{2{,}500\ kg \cdot dm^3}{1{,}250\ kg} = \mathbf{2{,}000\ dm^3 = 2{,}000\ l}$$

Liter- bzw. Kilopreise können nach den folgenden Formeln ebenfalls umgerechnet werden.

$$\textbf{Literpreis} = \text{Kilopreis} \cdot \text{Dichte} \qquad \textbf{Kilopreis} = \frac{\text{Literpreis}}{\text{Dichte}}$$

Beispiel		
Literpreis 12,– DM		Literpreis = 10 DM · 1,2 = 12,– DM/l
Kilopreis 10,– DM		
Dichte 1,2		Kilopreis $= \frac{12\ \text{DM}}{1{,}2} =$ **10,– DM/kg**

Für Massenberechnungen und Umrechnungen mit kg und l brauchen Sie die Dichte des Werkstoffs. Sie finden sie in Technischen Merkblättern, oft auch auf den Gebindeetiketten.

Aufgaben

1. Ein Behälter mit Streichputz wiegt 17,6 kg. Das Behältervolumen ist 2 dm^3. Berechnen Sie die Dichte ρ.
2. Ein Blechkanister mit Testbenzin wiegt 3,915 kg. Das Behältervolumen ist 4,5 dm^3. Berechnen Sie ρ.
3. Wie schwer ist ein Karton Füllstoff (Dichte $\rho = 2{,}8$) mit einer Kantenlänge von 15 cm?
4. Ein kg Alkydharzlack hat die Dichte $\rho = 1{,}4$. Wieviel geht davon
   a) in ein Gebinde von 2 dm^3 Volumen?
   b) in ein Gebinde von 7,5 dm^3 Volumen?
5. Welches Volumen hat 10,5 kg Leinöl ($\rho = 0{,}9$)?
6. 5 kg Lackfarbe (Dichte $\rho = 1{,}45$) sind in l umzurechnen.
7. 7,5 l Benzin (Dichte $\rho = 0{,}7$) sind ? kg.
8. Der kg-Preis eines Klebstoffs beträgt 5,75 DM, $\rho = 1{,}3$. Berechnen Sie den Literpreis.
9. Ein Liter Kunstharzlack kostet 12,50 DM, $\rho = 1{,}45$. Berechnen Sie den kg-Preis.
10. Der Literpreis für 2K-Tagesleuchtlack, $\rho = 1{,}5$, beträgt 58,20 DM. Berechnen Sie den kg-Preis.

Werkstoffe werden auf verschiedene Art verpackt, je nachdem, ob sie trocken (pulverförmig), flüssig oder pastenförmig angeliefert werden. Die darauf abgestimmten Packungen (z. B. Kartons, Dosen, Eimer, Kanister, Fässer) haben ein unterschiedliches Fassungsvermögen. Bei größeren Aufträgen nimmt man Großpackungen, Behälter usw. Kleine Werkstoffbehälter sind bei Kleinaufträgen praktischer und bringen auch einen geringeren Verlust an Werkstoffen, z. B. durch Eintrocknen (= Schütt- und Schwundverlust).

Brutto – Netto – Tara. Beim Gewicht der Werkstoffe unterscheidet man drei Begriffe:

4.1 Brutto/Netto/Tara

Bruttogewicht
= Gesamtgewicht einschließlich Verpackung (Nettogewicht + Tara)

Nettogewicht
= Werkstoffgewicht (Bruttogewicht – Tara)

Tara
= Verpackungsgewicht (Bruttogewicht – Nettogewicht

Die heute seltene bfn-Berechnung bedeutet: bfn = brutto für netto = Preis für das Bruttogewicht der Ware.

Aufgaben

11. Ein l Acryl-Füller weiß kostet 22,75 DM. Was kosten 3,5 l?

12. 10 kg Spachtelmasse netto sind in einem Behälter, Tara 1850 g, verpackt. Berechnen Sie das Bruttogewicht.

13. Fünf kg Grundfüller werden für 112,00 DM brutto angeboten. Die Tara beträgt 350 g. Berechnen Sie
    a) das Nettogewicht,
    b) den Nettopreis.

14. 30 kg Kfz-Grundierung netto sind in sechs 5-kg-Behältern verpackt. Tara je Behälter 780 g. Berechnen Sie das Gesamtbruttogewicht.

15. 30 kg Zinkchromatgrund werden für bfn-Berechnung gekauft. Die Tara beträgt 2 750 g. Berechnen Sie das Nettogewicht.

16. Das Bruttogewicht einer Lieferung beträgt 240 kg, die Tara 16 kg.
    a) Berechnen Sie das Nettogewicht.
    b) Wieviel Prozent beträgt das Taragewicht?

17. Ein 200-l-Faß mit Testbenzin, Dichte 0,87, wird angeliefert. Die Tara beträgt 37,50 kg. Wie groß ist das Bruttogewicht?

18. Fünf Behälter mit Dispersionsplastik werden angeliefert, ein Behälter hat 12 l Inhalt, $\rho = 2{,}4$.
    a) Wieviel l sind es insgesamt?
    b) Wieviel kg sind es?

18. Die Kalkgrube eines Restaurators hat die Maße 4,50 m · 2,25 m, Tiefe 1,50 m. Dichte ρ des Kalks 2,5.
    a) Wieviel m^3 faßt die gefüllte Grube?
    b) Wieviel kg sind das?
    c) Die Grube wird mit 10-l-Eimern ausgefüllt. Wieviel Eimer können gefüllt werden?

20. 50 kg Edelputz werden bfn angeboten, Tara 6,255 kg. Berechnen Sie das Nettogewicht.

4.2 Werkstoffpreise

Das Berechnen von Werkstoffpreisen ist eine gute Wiederholung der Grundrechenarten. Dabei können Sie auch sehen, wie teuer die Ihnen anvertrauten Werkstoffe sind. Die folgenden Aufgaben beziehen sich auf Einkaufspreise.

Aufgaben

1. Sie sollen die unten aufgeführten Werkstoffe bestellen.
   a) Berechnen Sie die Kosten der einzelnen Werkstoffe.
   b) Wieviel ist zu zahlen, wenn auf den Gesamtbetrag 2,5 % Skonto gewährt wird?

Werkstoff	Packung l	Karton-inhalt Stück	Einkaufs-preis DM/l
Zinkhaftgrund	0,500	6	14,51
Spezialverdünnung	1,000	6	9,55
Vorlack	2,500	4	11,60
Holzgrund	0,750	4	7,37

2. Ein 0,250-l-Gebinde Heizkörpervorlack kostet 4,14 DM, ein gleiches mit 0,750 l kostet 8,48 DM.
   a) Wieviel DM kann man sparen, wenn man gleich ein großes Gebinde kauft?
   b) Wieviel Prozent erspart man?

3. Holzschutz-Lasur kostet im 25-l-Gebinde 181,50 DM.
   a) Wieviel teurer ist ein 5-l-Gebinde beim Literpreis von 7,95 DM/l?
   b) Wieviel Prozent ist das kleinere Gebinde teurer?

4. Eine Abdeckplane 8,00 m · 4,00 m kostet 58,35 DM. Was kostet ein m^2 davon?

5. 1 Liter Perlmutt-Effektlack kostet Sie 74,80 DM. Diamant-Effektlack kostet nur 66,80 DM/l. Wieviel Prozent ist der Diamant-Effektlack billiger?

6. Kunstharzspachtel grau kostet 12,40 DM/kg. Spritzspachtel beige kostet beim selben Hersteller 14,80 DM/kg. Wieviel Prozent ist der Spritzspachtel teurer?

7. 5,5 l Zweischicht-Metalliclack kosten 241,72 DM.
   a) Was kostet ein Liter?
   b) Bei einer Nachbestellung zahlt der Meister 48,50 DM/l. Um wieviel Prozent war der nachbestellte Lack teurer?

8. Für eine Silikatfarbe braucht man lt. Technischem Merkblatt für 2 Beschichtungen bei glattem Putz ≈ 0,550 l/m^2, bei rauhem Putz ≈ 0,850 l/m^2. Wieviel Prozent höher liegt der Verbrauch bei rauhem Putz?

9. Eine Reinacrylfarbe hat bei zwei Beschichtungen auf Schwerbeton ≈ 0,400 l/m^2 Verbrauch, bei rauhem Putz ≈ 0,850 l/m^2.
   a) Wieviel l brauchen Sie für 65,00 m^2 Schwerbetonflächen?
   b) Wieviel m^2 rauhen Putz können Sie mit 6 Gebinden von je 15 l streichen?

10. Für die Stoßfugenverklebung von Hartschaum-Isolierplatten braucht man ≈ 400 g/m^2 Klebemörtel. Wieviel Klebemörtel erfordert eine Fassade von 82,50 m^2 Fläche?

5 Aufmaß

5.1 Grundlagen

Das Messen mit dem Metermaß und das sofortige Aufschreiben der Maße nennt man Aufmessen. Die nach den mathematischen Regeln niedergeschriebenen Längen- und Flächenmaße, Stückzahlen usw. sind das Aufmaß. Es muß unmißverständlich und auch später noch nachvollziehbar sein. Zusammen mit den Preisen je Einheit ist das Aufmaß wichtiger Bestandteil des Angebots. Die gemessenen m, m^2, Stück usw. (Massen) werden mit den Preisen multipliziert. In derselben klaren Schreibweise wird das Aufmaß auch für die Rechnung verwendet.

> Durch das Aufmessen bekommen Sie ein besseres Vorstellungsvermögen für Längen und Flächen. Sie lernen dadurch räumlich denken, d. h. einen Raum mit seinen Elementen (Einzelteilen) erfassen und wiedergeben.

Aufmaßregeln. Einige Regeln zum Erstellen des Aufmaßes wurden schon erwähnt:

- das Setzen der Klammern (s. Abschn. 1.3),
- das Schreiben der Längenmaße (s. Abschn. 2.1),
- das Aufmaßschreiben bei vertikalen, horizontalen und anderen Flächen (s. Abschn. 2.4),
- die direkte und indirekte Stückzahl (s. Abschn. 2.4.1),
- berechnete Werte dürfen im Aufmaß nicht geschrieben werden (s. Abschn. 2.7).

Schreiben der Faktoren. Im Gegensatz zu den mit m, m^2 usw. benannten Größen haben die Faktoren (z. B. die erwähnte Stückzahl, aber auch 1/2, 1 1/4 usw.) keine Benennung. Solche Brüche müssen als echte Brüche geschrieben werden. Als Dezimalbrüche könnten sie nämlich mit Größen verwechselt werden – z. B. 1 $^1/_4$ = 1,25 mit 1,25 m.

Reihenfolge der Maße in Räumen (5.1). Neben der erwähnten Maßschreibweise bei vertikalen und horizontalen Einzelflächen gibt es für Raumberechnungen weitere Regeln.

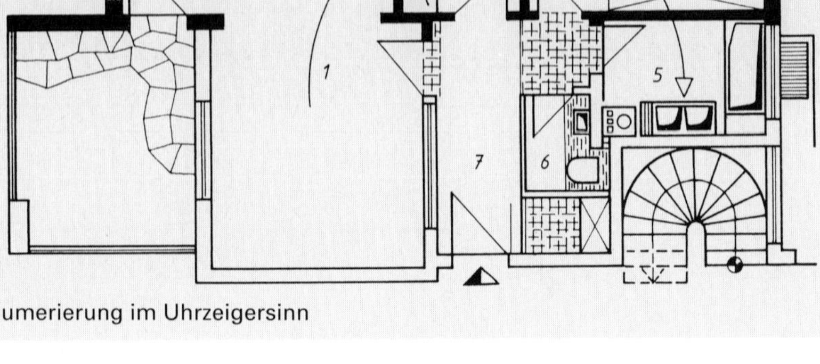

5.1 Numerierung im Uhrzeigersinn

In Neubauten liegt nicht immer gleich fest, für welche Zwecke die Räume später benutzt werden (z. B. Wohnzimmer, Kinderzimmer). Man versieht die Räume deshalb mit Ziffern, wobei man im ersten Raum links vom Flur beginnt und im Uhrzeigersinn weiter zählt, die Diele zuletzt.

Um beim Aufmaß die Lage der Räume einheitlich zu erkennen, schreibt man die Grundrißmaße von Böden (und Decken) nicht als Breite und Länge. Man richtet sich dabei nach der Lage zur Straßenseite (evtl. auch Fensterseite) und schreibt dieses Maß zuerst (**5**.2).

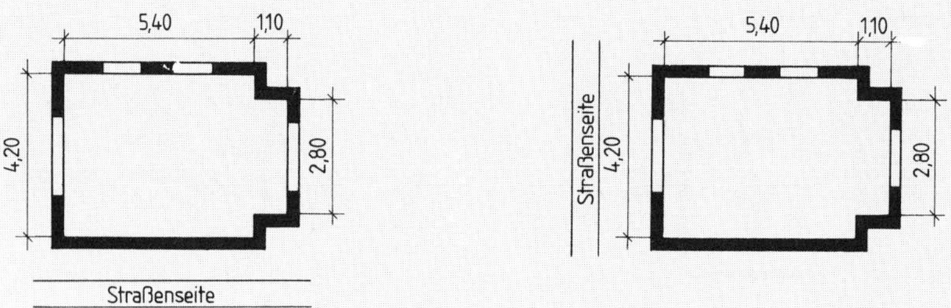

5.2 Raumlage zur Straßenseite. Das Maß zur Straßenseite wird zuerst geschrieben:

5,40 · 4,20 + 1,10 · 2,80 **4,20** · 5,40 + 2,80 · 1,10

Daraus ist auch die Lage des Erkers zur Straßenseite ersichtlich.

Beispiele a) Ausrechnung nach Bild **5**.2

$5{,}40 \cdot 4{,}20 + 1{,}10 \cdot 2{,}80$

$22{,}68\ m^2 + 3{,}08\ m^2 = \mathbf{25{,}76\ m^2}$

b) Aufmaß nach Bild **5**.3

Ansatz $\frac{6{,}95 + 8{,}20}{2} \cdot 5{,}10 = \mathbf{38{,}63\ m^2}$

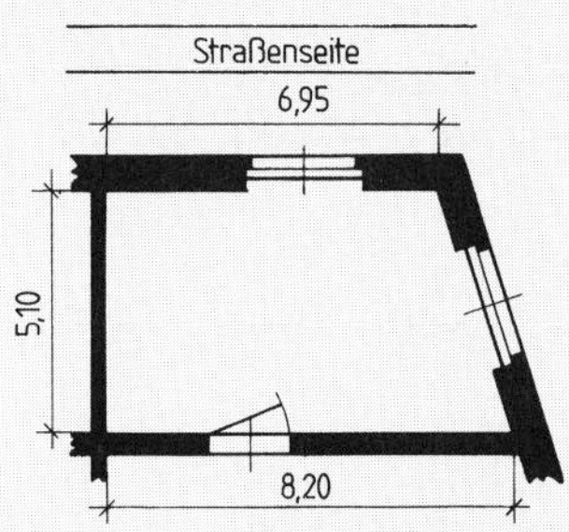

5.3 Raumlage zur Straßenseite

Aufgaben

1. Der Parkettboden **5**.4 ist zu versiegeln.
   a) Stellen Sie den Ansatz auf.
   b) Wieviel m^2 sind zu versiegeln?
   c) Wieviel m Fußleiste sind zu bearbeiten?

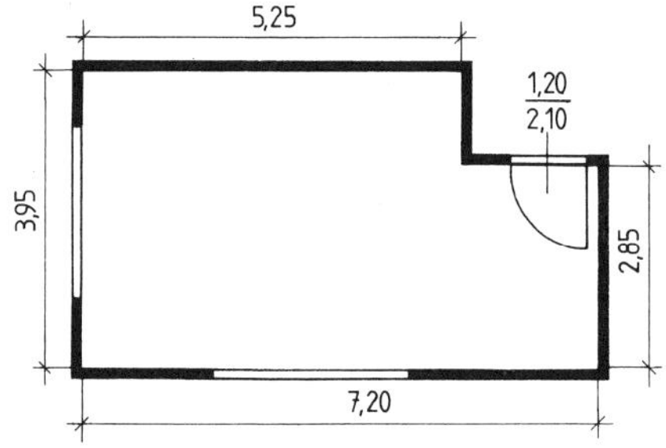

5.4 Parkettboden

2. Der Boden **5**.5 wird mit PVC-Belag ausgelegt.
   a) Stellen Sie den Ansatz auf.
   b) Wieviel Belag bestellen Sie, wenn 8 % Verschnitt einzukalkulieren sind?
   c) Wieviel m Sockelleiste sind zu setzen?

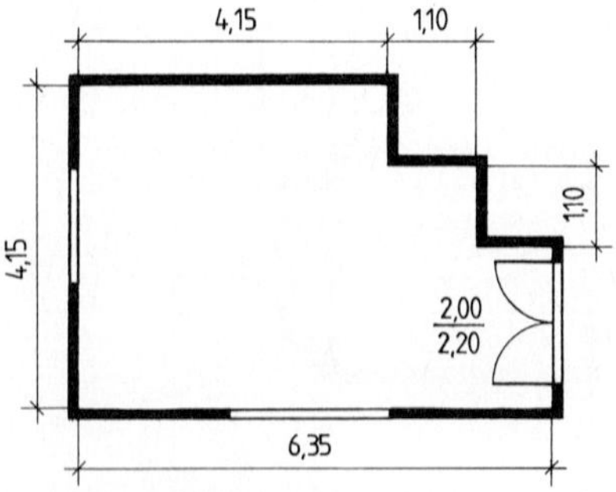

5.5 PVC-Bodenbelag

3. Sechs Türen nach Bild **5**.6 sind beidseitig zu beschichten.
   a) Stellen Sie den Ansatz auf.
   b) Berechnen Sie die Gesamtfläche.

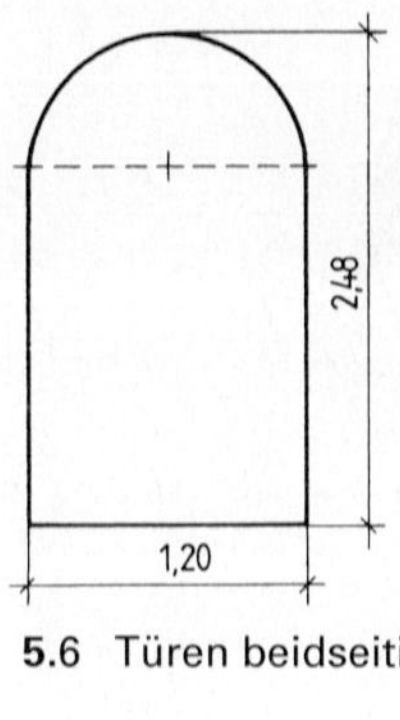

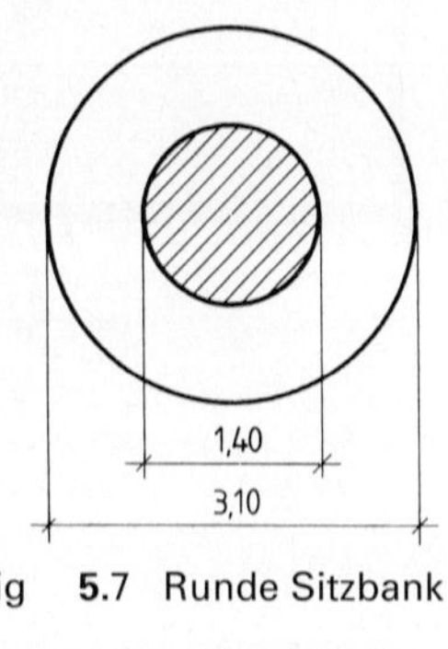

5.6 Türen beidseitig **5**.7 Runde Sitzbank

4. Drei runde Sitzbänke (**5**.7) sind allseitig in Klarlacktechnik zu behandeln. Kantenmaß 18 mm.
   a) Stellen Sie den Ansatz auf.
   b) Berechnen Sie die Fläche.
   c) Der Verbrauch beträgt 0,180 l/m^2. Wieviel Farbe brauchen Sie insgesamt?

5. Die Giebelwand **5**.8 ist mit Mineralfarbe zu beschichten.
   a) Stellen Sie den Ansatz auf.
   b) Berechnen Sie die Fläche.
   c) Der Verbrauch beträgt 0,420 l/m^2. Wieviel Farbe brauchen Sie insgesamt?

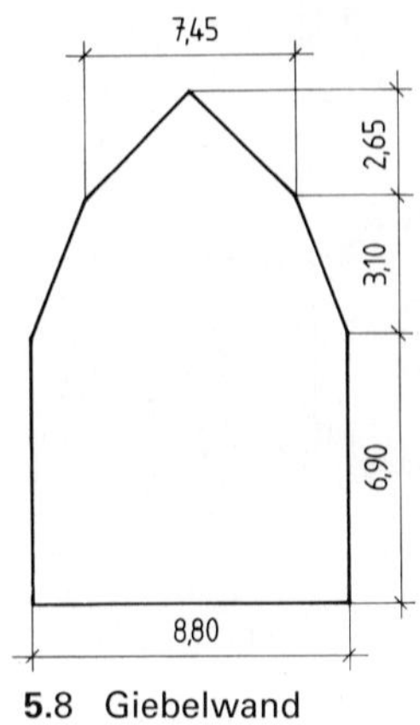

5.8 Giebelwand

   d) Nachträglich wird auf dem Giebel eine Werbefläche 3,15 · 1,15 m farbig angelegt. Der Farbverbrauch liegt bei 0,180 l/m^2 je Beschichtung. Wieviel l brauchen Sie für zwei Beschichtungen?

6. Die beiden gegenüberliegenden Wände einer Werkshalle sind zu beschichten (**5**.9).
   a) Stellen Sie den Ansatz auf.
   b) Wieviel m^2 sind zu beschichten?
   c) Wieviel Dispersionsfarbe brauchen Sie bei einem Verbrauch von 0,460 l je m^2?

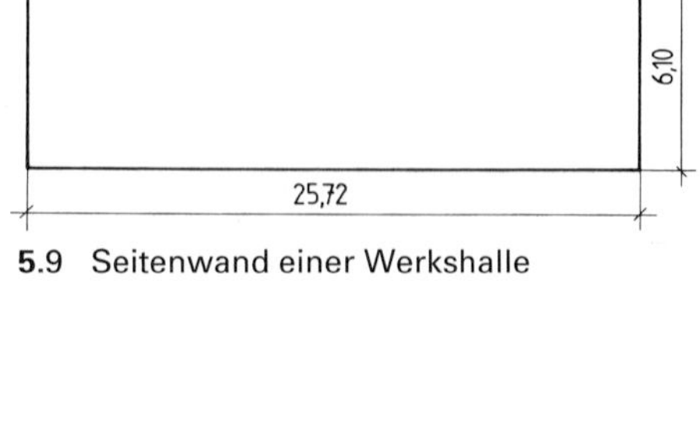

5.9 Seitenwand einer Werkshalle

7. Die Decke einer Kapelle ist zu renovieren (**5**.10).

a) Stellen Sie den Ansatz auf.

b) Berechnen Sie die Fläche.

c) Für die zweimalige Beschichtung brauchen Sie 0,560 l/m^2 Silikatfarbe. Wieviel l Farbe verarbeiten Sie insgesamt?

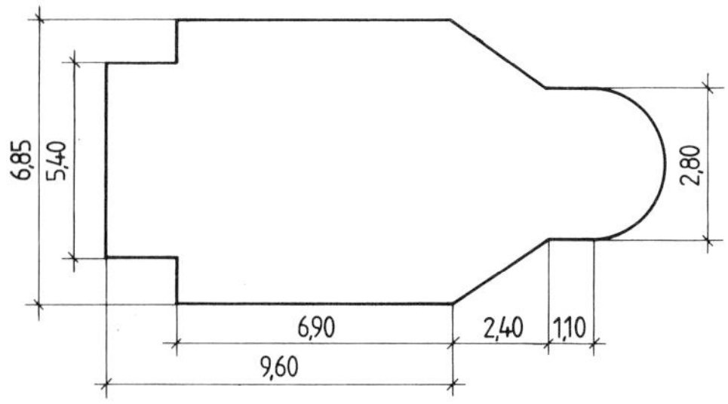

5.10 Decke einer Kapelle

8. Die fensterlose Fassade **5**.11 ist zu beschichten.

a) Stellen Sie den Ansatz auf.

b) Berechnen Sie die Fassade.

c) Wieviel l Fassadenfarbe wird gebraucht, wenn 1,00 m^2 = 0,650 l erfordert?

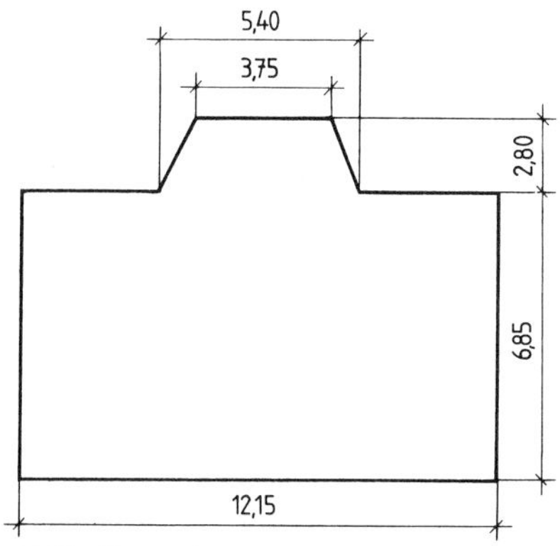

5.11 Fassade

9. Der Boden **5**.12 ist zu versiegeln.

a) Stellen Sie den Ansatz auf.

b) Wieviel m^2 sind zu versiegeln?

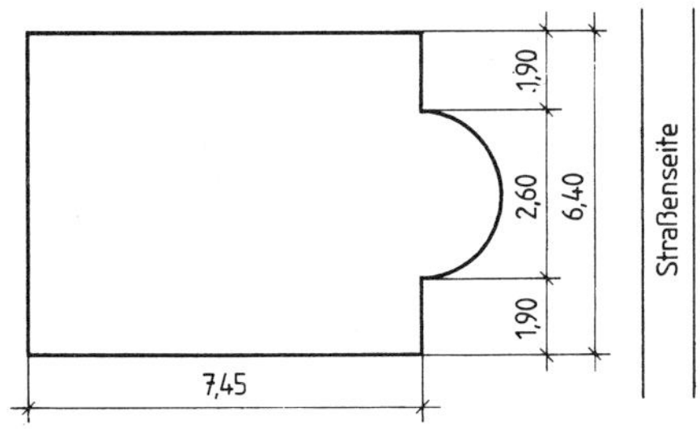

5.12 Bodenfläche

10. Zehn Metallplatten (**5**.13) sind beidseitig zu beschichten. Welcher Ansatz ist richtig?

a) $10\,(1{,}10 \cdot 0{,}80) + \dfrac{0{,}25 \cdot 0{,}25 \cdot 3{,}14}{2}$

b) $10 \left(\dfrac{1{,}10 + 0{,}85}{2} \cdot 0{,}50 + \dfrac{0{,}50}{2} \cdot \dfrac{0{,}50}{2} \cdot \dfrac{3{,}14}{2} \right) 2$

c) $\dfrac{1{,}10 + 0{,}85}{2} + \dfrac{0{,}25 \cdot 0{,}25 \cdot 3{,}14}{2}$

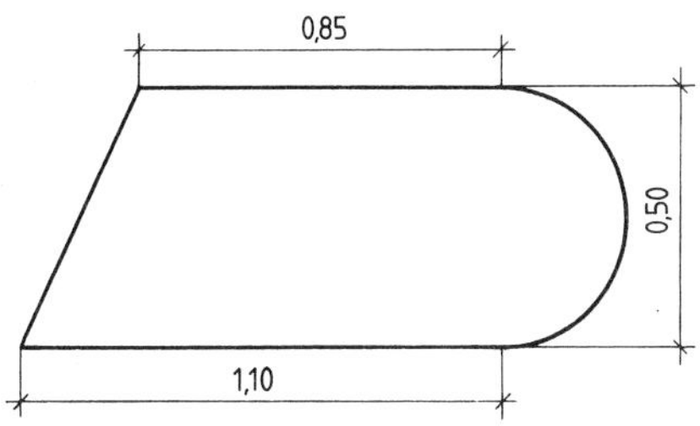

5.13 Metallplatten

11. Für die zweimalige Beschichtung einer Fassade von 153,00 m^2 hat der Meister 160,00 l (netto) Dispersionsfarbe, weiß, bereitgestellt. 32,00 l gingen in die Werkstatt zurück. Wie hoch war der Verbrauch in ml/m^2 für eine Beschichtung?

12. Wieviel m^2 Beschichtungsfläche ergibt sich aus dem folgenden Aufmaß?

$$6{,}20 \cdot 5{,}50 + \frac{3{,}20 \cdot 3{,}20 \cdot 3{,}14}{8}$$
$$+ [(6{,}20 + 5{,}50) \cdot 2 + \frac{3{,}20 \cdot 3{,}14}{2}$$
$$- 3{,}20] \cdot 2{,}50 - (3{,}40 \cdot 1{,}60 + 0{,}98 \cdot 2{,}10)$$

5.2 Abwicklungen beim Aufmaß

Bei den Körperberechnungen haben wir den Mantel der Körper kennengelernt. Legen wir z. B. um eine Rechtecksäule (s. Abschn. 3.2) im Verlauf des Mantels einen Bindfaden, nehmen den Faden ab und messen die umgelegte Länge, haben wir den Mantelumfang abgewickelt. Das gleiche könnten wir auch in einem Raum mit dem Rollbandmaß machen. Doch nimmt der Meister beim Aufmaß z. B. den Gliedermaßstab (Zollstock) und mißt in der Regel nur je eine der gegenüberliegenden Seiten.

5.2.1 Abwicklung von Flächen

Wir haben bei dem Beispiel mit dem Bindfaden „abgewickelt" und könnten das auch im Raum mit dem Bandmaß tun. Doch eignet sich nicht jeder Raum für diese Raumabwicklung. Räume, Fassaden und andere Aufmaßobjekte bilden oft eine Folge aneinandergereihter bzw. übereinander geordneter Einzelflächen. Deshalb sprechen wir von Flächengebilden.

Ein Flächengebilde muß abgewickelt werden, wenn

- es aus mehreren gleichen oder gleichartigen, zuammenhängenden Einzelflächen besteht,
- diese Flächen ein gemeinsames Maß haben (z. B. Höhe, Breite, Tiefe),
- die Einzelflächen in derselben Technik behandelt werden (z. B. gleiche Beschichtungstechnik).

Vom Mantel der Rechtecksäule her ist bekannt, daß zwei gegenüberliegende Seiten gleich sind, d. h. gemeinsame Grundlinie und Höhe haben. So verhält es sich auch mit den gegenüberliegenden Wänden der meisten Räume auf rechteckiger Grundfläche = Boden. Nur befinden wir uns beim Raum gewissermaßen in der Rechtecksäule (**5.14**).

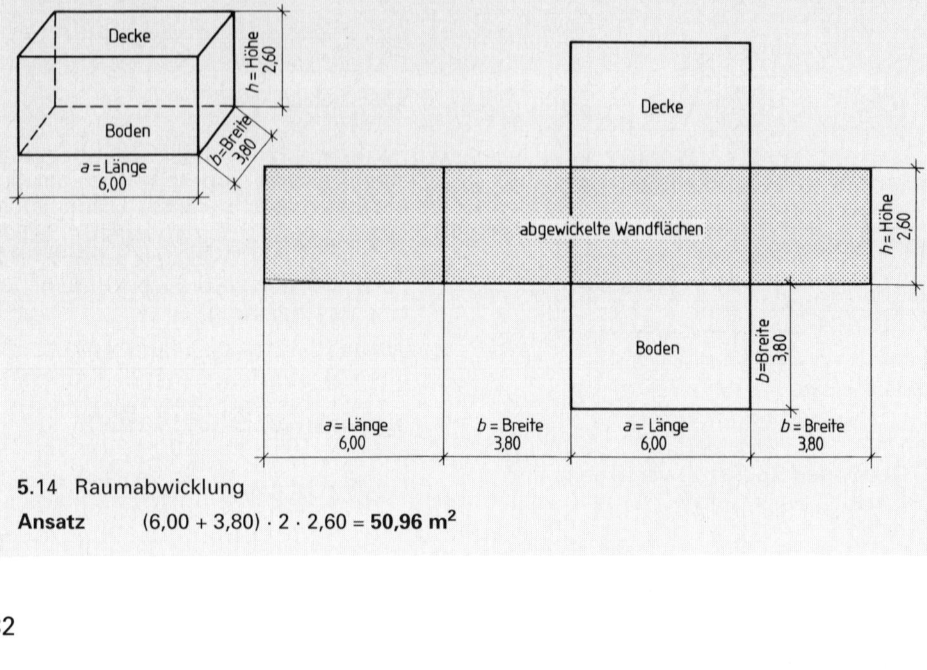

5.14 Raumabwicklung

Ansatz $(6{,}00 + 3{,}80) \cdot 2 \cdot 2{,}60 = \mathbf{50{,}96\ m^2}$

Hier gilt der Ansatz für raumhohe Flächen, d. h. nach der VOB DIN 18 363 „Maler- und Lackiererarbeiten“: Rohbaumaße = Maße, der die Baukonstruktion tragenden, unverputzten und unverkleideten Bauteile (Konstruktionsmaße im Gegensatz zu den Fertigmaßen = Maße der sichtbaren Flächen und Längen, die überwiegend durch Aufmaß ermittelt werden.) Doch gibt es auch Wände, die im oberen bzw. unteren Bereich eine Unterteilung (Fries oder Sockel) haben.

Der Fries ist eine Unterteilung im oberen Wandbereich. Er kommt vor allem in höheren Altbauten vor und gehört meist beschichtungstechnisch zur Decke (**5**.15).

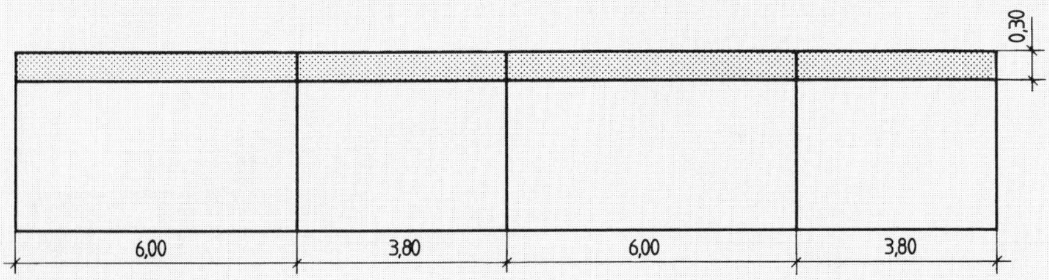

5.15 Wände mit Fries

Ansatz $(6{,}00 + 3{,}80) \cdot 2 \cdot 0{,}30 = 5{,}88\ m^2$

Der Sockel ist eine Teilung des unteren Wandbereichs. Im Gegensatz zu den Oberwänden kann er beschichtungstechnisch mit anderen Werkstoffen (z. B. Lack) bearbeitet, mit keramischen Belägen oder anderen Werkstoffen verkleidet werden. Beschichtete Sockel sind in der betreffenden Technik gesondert zu berechnen (**5**.16).

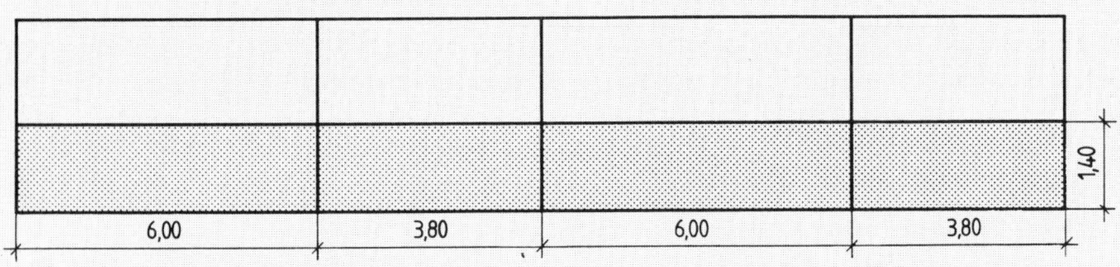

5.16 Wände mit Sockel

Ansatz $(6{,}00 + 3{,}80) \cdot 2 \cdot 1{,}40 = 27{,}44\ m^2$

Eine Abwicklung ist auch angebracht, wenn die gegenüberliegenden Wandflächen nicht gleich sind. Ein gemeinsames Maß und eine gemeinsame Beschichtungstechnik erfüllen die Forderung nach einer Abwicklung.

Beispiel Raum **5**.17 mit Erker. Man kann die durch den Erker unterbrochene kurze Wand als eine Wand ansehen: $1{,}80 + 1{,}00 \cdot 2 = 3{,}80$. Dann bleiben noch die Seitenwände des Erkers: $1{,}10 \cdot 2 = 2{,}20$.

Ansatz $(5{,}10 + 1{,}10 + 3{,}80) \cdot 2 \cdot 2{,}60 =$ $\mathbf{= 52{,}00\ m^2}$

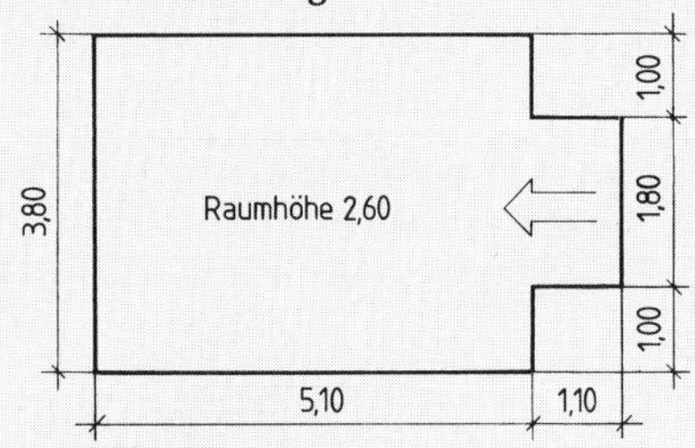

5.17 Erkerwand

Eine runde Erkerwand kann ebenfalls abgewickelt werden: Halbkreis + beide gerade Wandteile links und rechts neben der halbrunden Wand.

Beispiel Raum **5**.18

Ansatz $5{,}60 \cdot 2 + 4{,}80 + 1{,}10 \cdot 2 + \frac{2{,}60 \cdot 3{,}14}{2} = 22{,}28$ m

Bei einer mit 2,55 m angenommenen Raumhöhe ergibt dies

22,28 m · 2,55 m = **56,81 m²**.

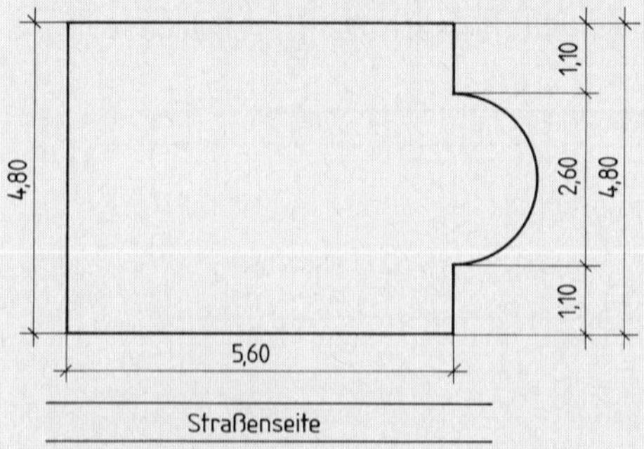

5.18 Raum

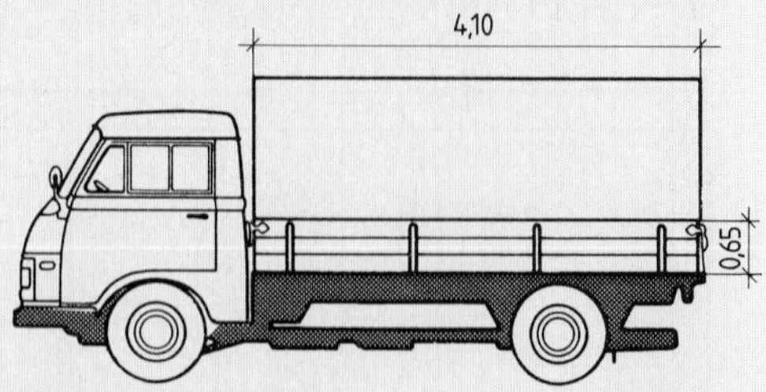

5.19 Pritschenwagen
Maße: Länge = 4,10, Breite = 2,15, Höhe = 0,65
Ansatz: (4,10 + 2,15) · 2 · 0,65

Raumumfassende Abschlüsse (z. B. Tapetenleisten, Borten, Stuckprofile, Sockelleisten) werden in gleicher Weise als Längen in Meter abgewickelt. Grundlage ist die Formel des Mantelumfangs einer Rechtecksäule: $(a + b) \cdot 2$. Bei Sockelleisten sind die Unterbrechungen (z. B. Türen) > 1,00 m Einzellänge abzuziehen.

Fahrzeuge. Auch Pritschenwagen und Aufbauten bei Großraumwagen lassen sich abwickeln; denn die gegenüberliegenden Seiten haben gleiche Maße, alle Seiten werden in gleicher Technik behandelt (**5**.19).

5.2.2 Abwicklungen von Futter und Leibung

Türfutter und Leibungen bei Fenstern und Durchgängen erfüllen ebenfalls Voraussetzungen für eine Abwicklung.

Türfutter. Zur Abwicklung brauchen wir die Maße lichte Breite, lichte Höhe und die Futtertiefe.

Beispiel **Türfutter** 5.20. Die lichte Breite und die beiden lichten Höhen des Futters kann man zu einer Länge addieren:

Öffnungsabwicklung: 1,00 + 2,00 · 2 = 5,00 m

Wir multiplizieren sie mit der Futtertiefe 0,20 zu einer Fläche:
5,00 · 0,20 = **1,00 m²**

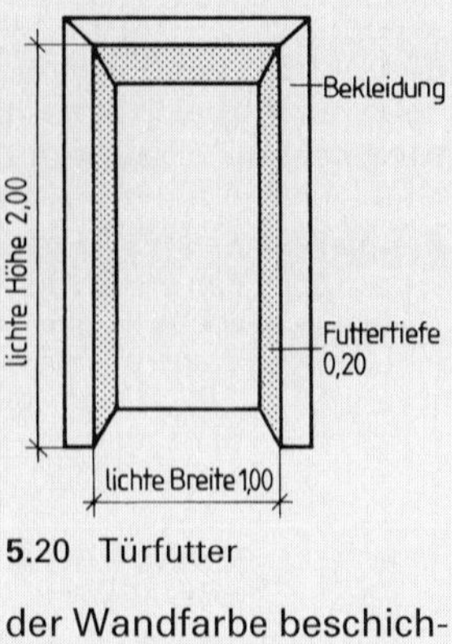

5.20 Türfutter

Fensterleibungen werden bei beschichteten Wänden mit der Wandfarbe beschichtet. Wie bei der Tür die Schwelle entfällt, gibt es beim Fenster keinen unteren Leibungsteil; dort ist die Fensterbank (**5**.21).

Durchgänge zwischen zwei Räumen haben eine Leibung, deren Tiefe die Wanddicke ist. Bei Wandbeschichtungen sind die Leibung mitzuberechnen und die Öffnung abzuziehen, wenn die Öffnung > 2,50 m² ist (**5**.22).

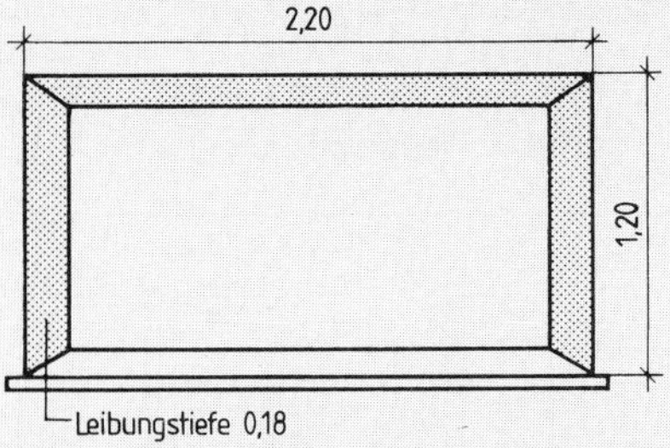

5.21 Fensterleibung
Ansatz (2,20 + 1,20 · 2) · 0,18 = 0,83 m²

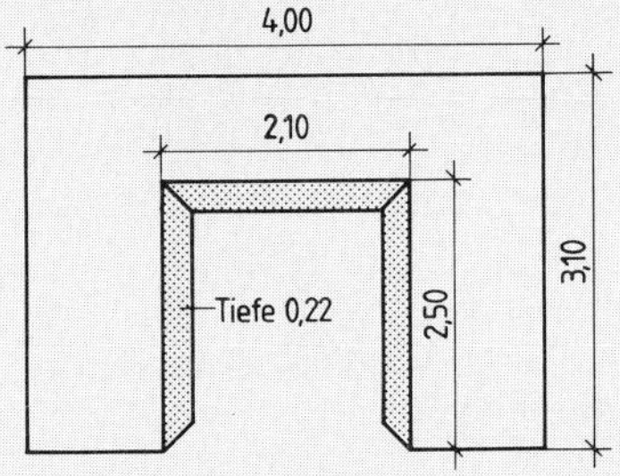

5.22 Leibung Wanddurchgang
Ansatz (2,10 + 2,50 · 2) · 0,22 = 1,56 m²

Aufgaben

1. a) Erstellen Sie für den Raum **5**.23 den Ansatz für Wände, Decke und Boden.
   b) Berechnen Sie alle Positionen getrennt.

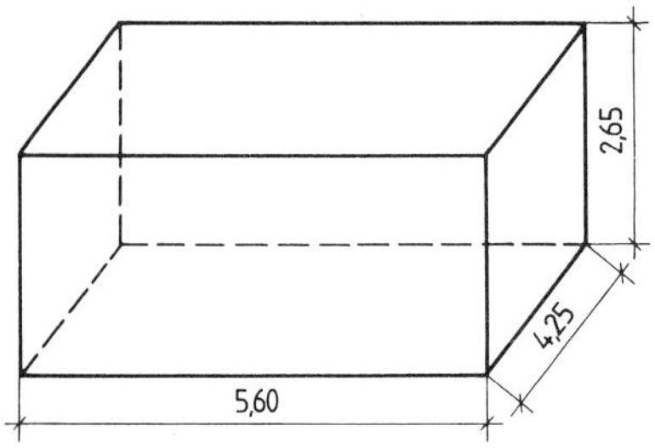

5.23 Raumabwicklungen

2. a) Stellen Sie den Ansatz für die Wandflächen des Raums **5**.24 auf.
   b) Berechnen Sie die Wände (ohne Fries). Höhe 2,80 m, Fries 0,30 m.
   c) Berechnen Sie die Fläche in m² für den Wandfries.

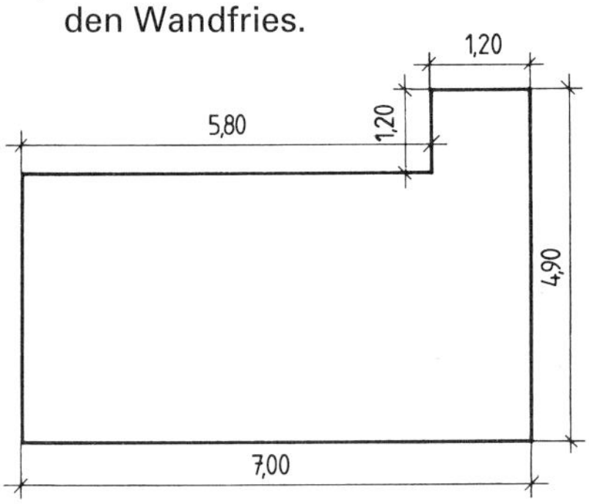

5.24 Grundrißabwicklung

3. Stellen Sie für das Zimmer **5**.25 folgende Ansätze auf: Decke mit Fries (0,30 m), Wände (ohne Öffnungen), Wandhöhe 2,60 m. Berechnen Sie dann die Fläche von Decke mit Fries.

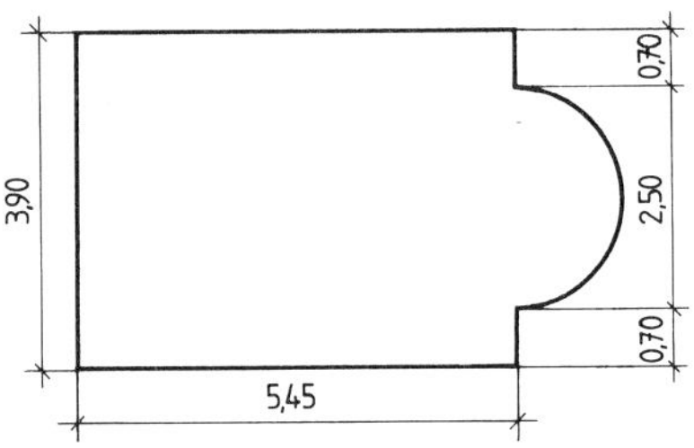

5.25 Zimmer mit Bogenerker

4. Die Wand **5**.26 hat einen bogenförmigen Durchgang. Wand und Leibungen sind von einer Seite zu beschichten.
   a) Stellen Sie den Ansatz auf (mit Abzug der lichten Fläche).
   b) Wieviel m² sind zu beschichten.

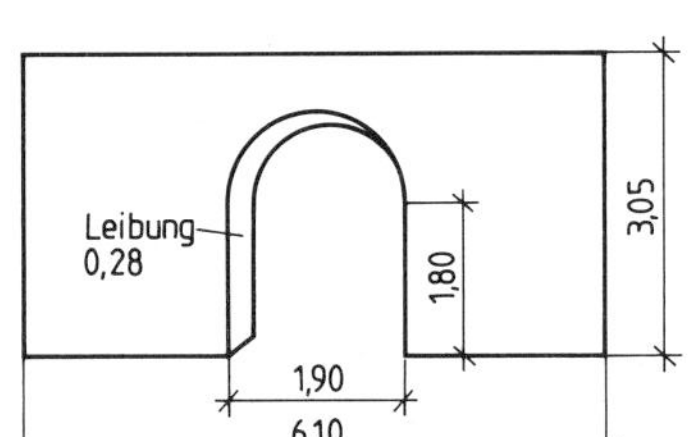

5.26 Wand mit Durchgang

5. Berechnen Sie die Türfutter **5**.20 nach folgenden Maßen:

	lichte Breite	lichte Höhe	Futtertiefe
a)	0,98	2,08	0,16
b)	1,02	2,12	0,18
c)	1,08	2,15	0,20
d)	1,10	2,20	0,22

6. Die Futter von drei bogenförmigen Türen (**5**.27) sollen für eine Beschichtung vorbereitet werden. Wieviel m² sind zu bearbeiten?

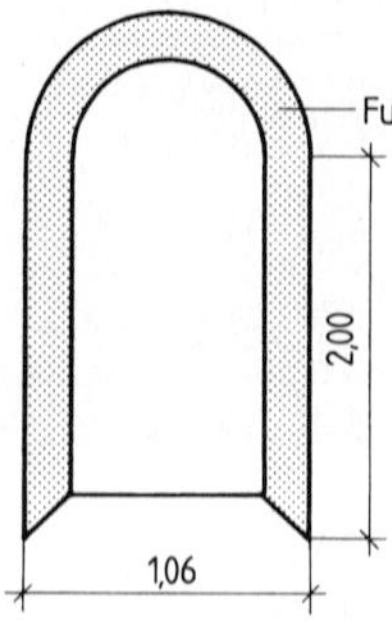

5.27 Bogenförmige Türfutter

7. Ein Fuhrunternehmen erwirbt fünf Lastwagen und läßt sie in seine „Hausfarben" umspritzen (**5**.28).

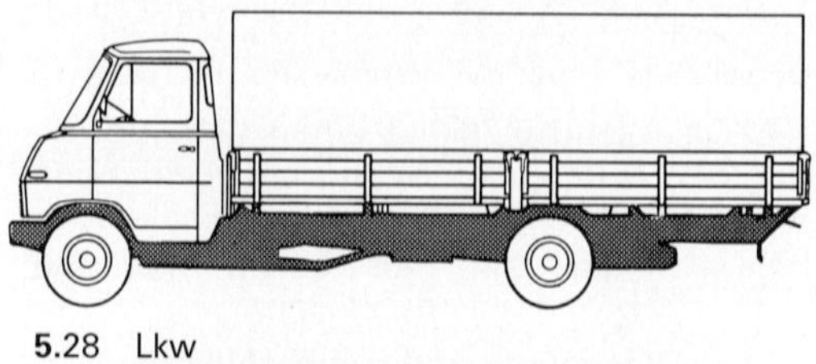

5.28 Lkw
Maße: Länge = 5,90, Breite = 2,20
Pritschenhöhe = 0,65, Planenhöhe = 1,30

a) Die Pritschen werden außen allseitig mit Kunstharzlack beschichtet. Verbrauch 0,150 l/m². Wieviel l Lack braucht man?

b) Die Planen werden außen allseitig (mit Dach) mit einem Speziallack beschichtet. Verbrauch 0,140 l/m². Wieviel l Lack sind dafür erforderlich?

8. Bei zwei Saaltüren **5**.29 ist die Bekleidung farbig einzufassen; die Türfutter sind für eine Gestaltung vorzubereiten.

a) Wieviel m Einfassung sind auszuführen?

b) Wieviel m² Beschichtungsfläche sind vorzubereiten?

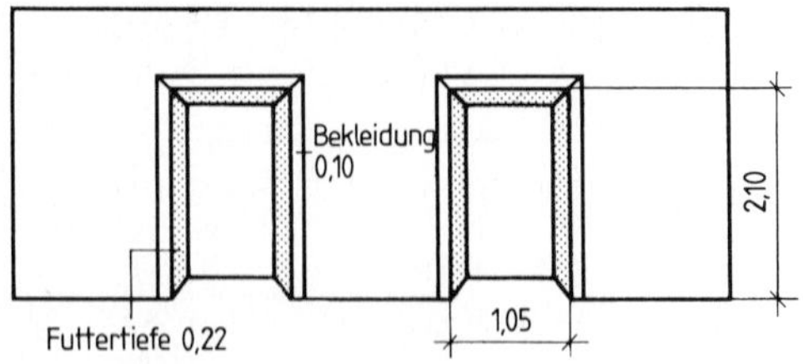

5.29 Saaltüren

9. Die Decke einer Kapelle (**5**.30) soll beschichtet werden.

a) Stellen Sie den Ansatz auf.

b) Wieviel m² sind zu beschichten?

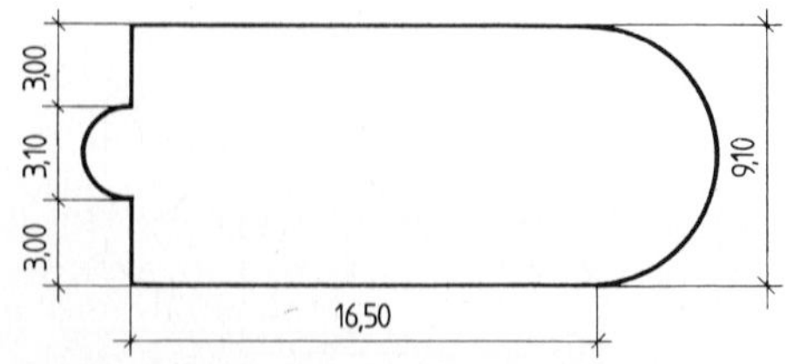

5.30 Kapelle

10. Der Vortragsraum **5**.31 soll in der Abwicklung (ohne Tür- und Fensteröffnungen) berechnet werden.

a) Stellen Sie den Ansatz für die Wandfläche auf.

b) Berechnen Sie die Wandfläche in m².

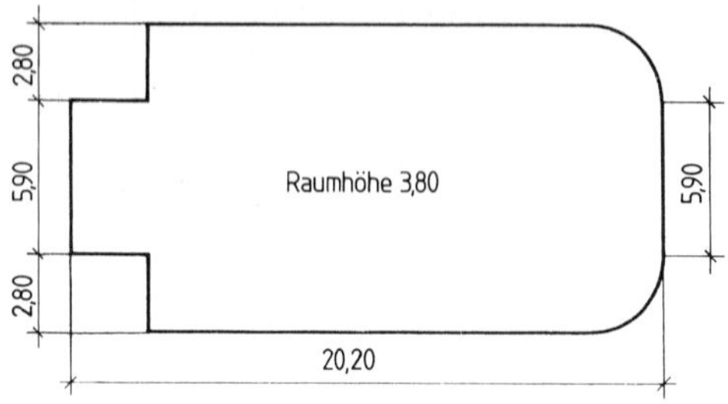

5.31 Vortragsraum

5.3 Zuzüge und Abzüge

Wir haben bisher bei den Aufgaben keine Abzüge z. B. für Fenster, Türen und Fußleisten berücksichtigt, die ja nicht mit Wandfarbe beschichtet werden. Ebenso war es bei den Fassadenbeispielen, obwohl auch Giebel Fensteröffnungen haben. Andererseits werden Leibungen bei gewissen Fenstergrößen der Wandbeschichtung hinzugerechnet. Es gäbe ein falsches Bild und damit einen ungerechten Preis, wenn wir ein großes Fenster nicht von der Wandfläche abzögen bzw. eine große, breite Leibung der Wandfläche nicht hinzurechneten.

VOB DIN 18 363 „Maler- und Lackiererarbeiten". Diese uns schon bekannten „Allgemeinen Technischen Vorschriften" regeln im Abschnitt 5 auch Zuzüge und Abzüge (**5**.32).

Tabelle **5**.32 **Zu- und Abzüge nach VOB DIN 18 363**

Regelung	Beispiel
Bis zu 2,50 m^2 große Öffnungen mit oder ohne beschichteten/unbeschichteten Leibungen werden nicht abgezogen, die Leibungen nicht berücksichtigt. **Beispiel** 2,00 · 1,20 = 2,40 m^2 **< 2,50 m^2**	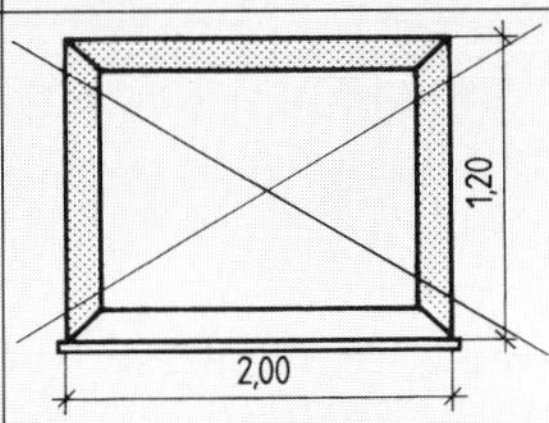 kein Abzug der Wandfläche keine Berücksichtigung der Leibungen
Über 2,50 m^2 große Öffnungen mit oder ohne beschichteten/unbeschichteten Leibungen sind mit ihrem lichten Konstruktionsmaß (= Rohbaumaß) abzuziehen, die Leibungen zu berücksichtigen. Für die Tiefe der Leibungen gibt es keine Begrenzungen. **Beispiel** 3,00 · 1,60 = 4,80 m^2 > 2,50 m^2 Leibung (3,00 + 1,60 · 2) · 0,22 Abzugsgrenze = 2,50 m^2	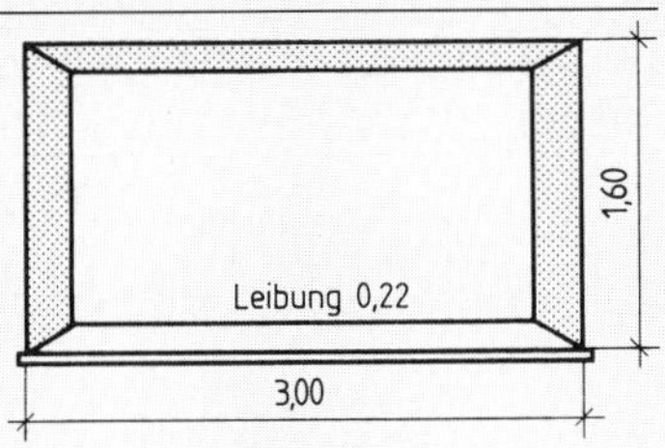 Öffnungen abziehen Leibungen hinzurechnen
Im Gegensatz zur bisherigen Regelung ist die Abzugsgröße von Öffnungen, Aussparungen und Nischen nicht mehr davon abhängig, ob diese mit Leibungen ausgestattet sind oder nicht. Entscheidend ist allein die Größe der Öffnung, Aussparung bzw. Nische. **Öffnungen** sind Durchbrechungen in Wänden und Decken, also Fenster und Türen. **Aussparungen** sind Teilflächen der Wand oder Decke, die nicht oder mit anderen Beschichtungsstoffen behandelt werden. **Nischen** sind Vertiefungen in der Wand, wobei die Nischentiefe nur durch die Wanddicke begrenzt ist. Die obere und untere Begrenzung kann durch die Decke bzw. den Fußboden gebildet sein. Dabei ist es gleichgültig, ob die Leibungen behandelt sind oder nicht.	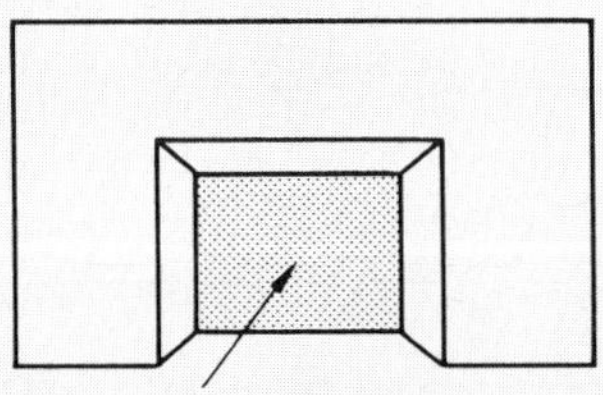 Beschichtete Rückflächen zusätzlich berechnen, sonst Behandlung wie Öffnungen

Tabelle 5.32, Fortsetzung

Regelung	Beispiel
Nischen werden bis 2,50 m² Einzelgröße übermessen (DIN 18 363, 5.1.5), Rückflächen von Nischen unabhängig von ihrer Einzelgröße und ihrem Maß gesondert gerechnet (DIN 18 363, 5.1.7). Die Leibungen werden erst dann gerechnet, wenn die Nische über 2,50 m² ist (DIN 18 363, 5.1.10).	s. S. 87

Sind bei einem Aufmaß Zuzüge und Abzüge durchzuführen, was sehr oft der Fall ist, gilt für die Reihenfolge:

Erst die Zuzüge, dann die Abzüge!

Mehrere gleiche Abzüge werden nicht in eine Klammer gesetzt.

Beispiel Wand mit drei Fenstern
15,95 · 2,65 – 3 · 2,10 · 1,40

Aufgaben

1. Die Wand **5**.33 wird mit Dispersionsfarbe beschichtet. Stellen Sie den Ansatz nach VOB auf und berechnen Sie die Leibungsfläche. Die Fensterbänke sind aus Marmor (Leibungstiefe 0,16).

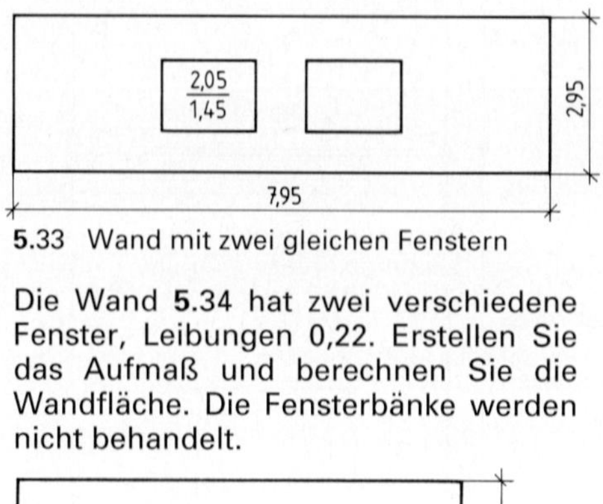

5.33 Wand mit zwei gleichen Fenstern

2. Die Wand **5**.34 hat zwei verschiedene Fenster, Leibungen 0,22. Erstellen Sie das Aufmaß und berechnen Sie die Wandfläche. Die Fensterbänke werden nicht behandelt.

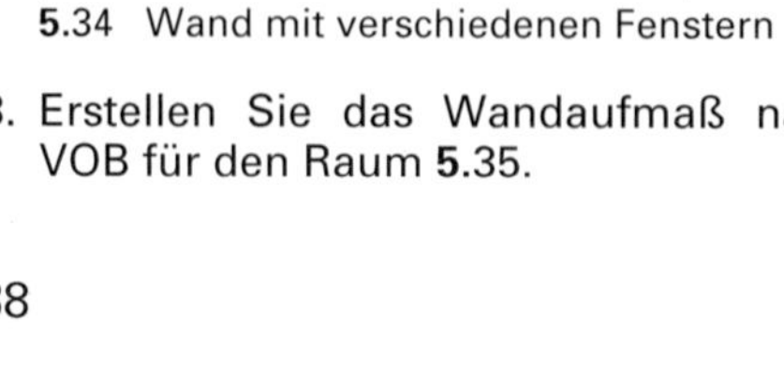

5.34 Wand mit verschiedenen Fenstern

3. Erstellen Sie das Wandaufmaß nach VOB für den Raum **5**.35.

5.35 Raum

4. Eine gestrichene Wand wie Bild **5**.36 ist nach Fertigmaßen (sichtbare Flächen und Längen) zu berechnen. Erstellen Sie das Aufmaß und berechnen Sie dann.

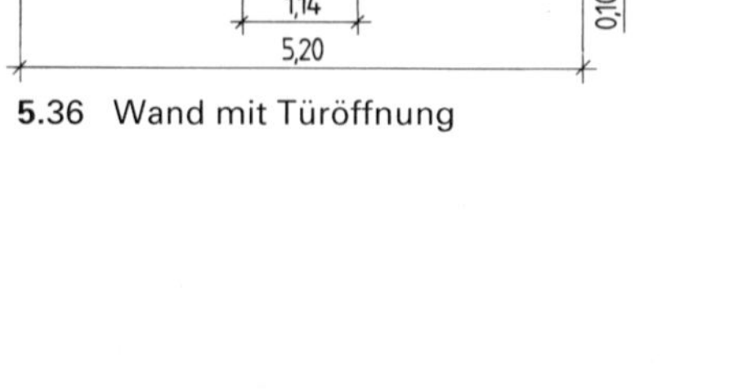

5.36 Wand mit Türöffnung

5. Die Saalwand **5**.37 hat zwei bogenförmige Eingangstüren (Leibungen 0,24). Berechnen Sie die zu beschichtende Wandfläche nach VOB.

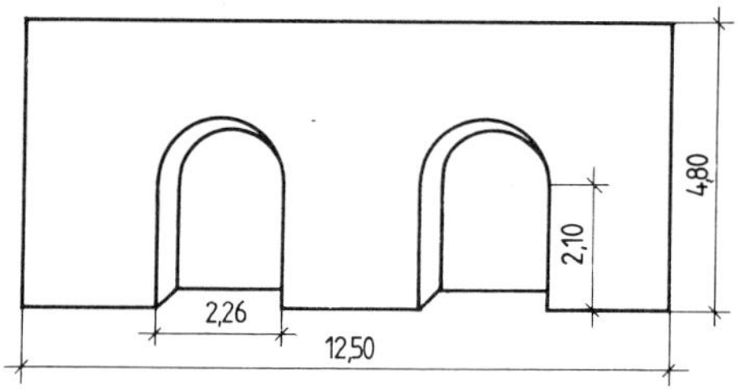

5.37 Saalwand

6. In der Wand **5**.38 ist eine Nische zusammen mit der Wand zu beschichten (Leibung 0,55).

Berechnen Sie die Beschichtungsfläche nach VOB.

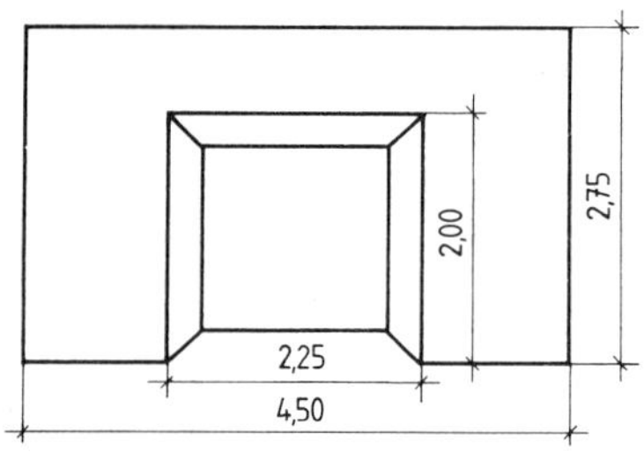

5.38 Wand mit Nische

7. Die Werkshallendecke **5**.39 hat zwei Oberlichtöffnungen mit je 0,50 Leibungstiefe.

Berechnen Sie die Decke nach VOB.

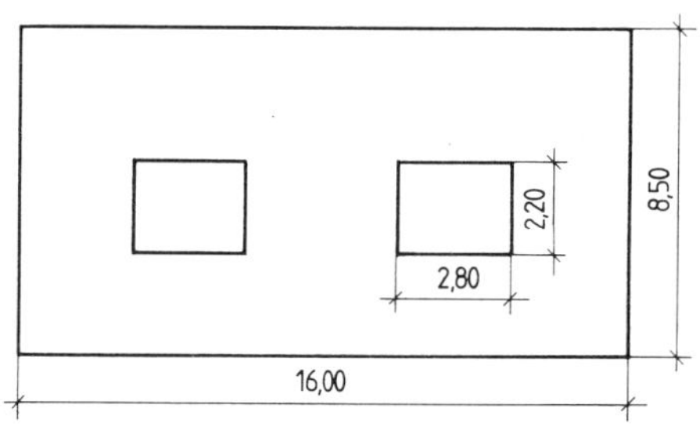

5.39 Decke mit Oberlichtern

8. Ein zu beschichtender Sockel wie Bild **5**.40 hat eine Fliesenfläche.

Wie groß ist die Beschichtungfläche nach VOB?

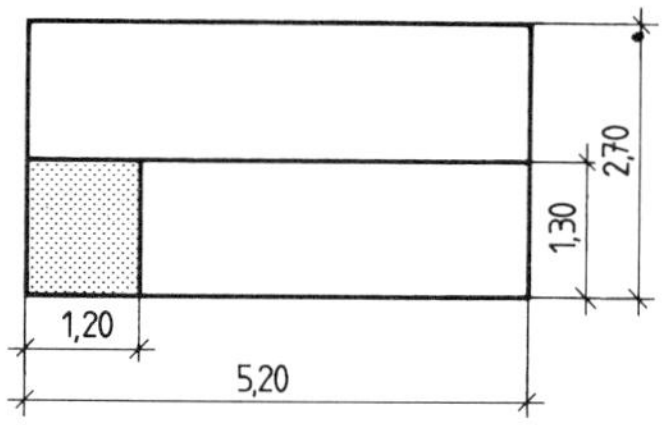

5.40 Sockel mit Aussparung

9. Zwei gleiche, gegenüberliegende Innengiebelflächen der Werkshalle **5**.41 sind nach VOB zu berechnen (Türleibung 0,44).

Wieviel m^2 ergeben sich?

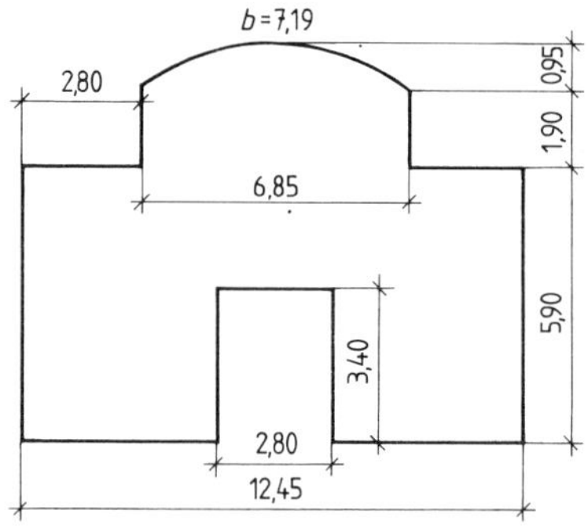

5.41 Werkshalle, Innengiebel

10. Zwei Seitenwände **5**.42 einer Halle sind gleich, die Fenster haben die allseitige Leibung 0,44.

Berechnen Sie die Wandflächen in m^2.

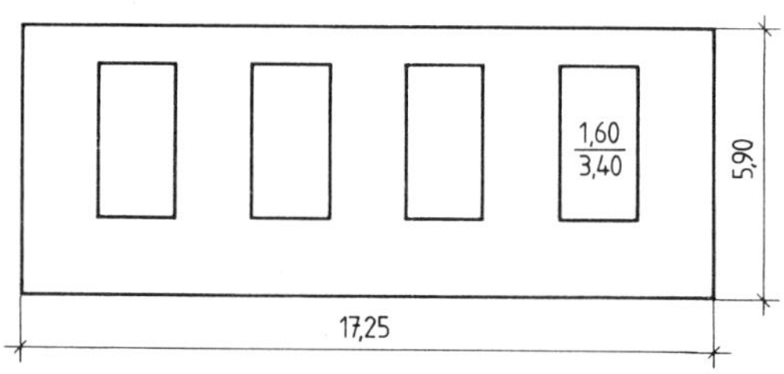

5.42 Werkshalle, Seitenwand

5.4 Aufmaß verschiedener Bauteile

Die VOB DIN 18 363 regelt neben den im Abschnitt 5.3 beschriebenen Bauteilen noch das Aufmaß anderer häufig vorkommender Bauteile, z. B. Türen, Fenster und Fensterläden, Trennwände und Metallteile.

5.4.1 Türen

Türen sind einmal ein beschichtungstechnisch aufzumessendes Objekt, zum anderen haben wir die von Türen eingenommene Fläche als Abzugsfläche (Öffnung) von beschichteten Wänden zu berücksichtigen (s. Abschn. 5.3). Die Türfutterabwicklung haben wir bei den Abwicklungen kennengelernt (**5**.20).

> Türen und Bekleidungen werden je beschichtete Seite nach Fläche gerechnet.
>
> Glasfüllungen, kunststoffbeschichtete Füllungen oder Füllmengen aus Naturholz und dgl. werden übermessen.
>
> Bei Türen und Blockzargen über 60 mm Dicke werden die Falze zusätzlich abgewickelt.

Zum Berechnen müssen wir die Teile einer Tür mit den feststehenden Benennungen kennen (**5**.43).

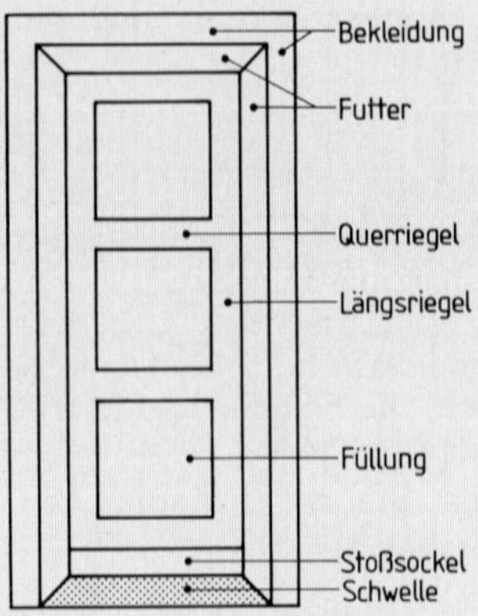

5.43 Benennungen der Tür

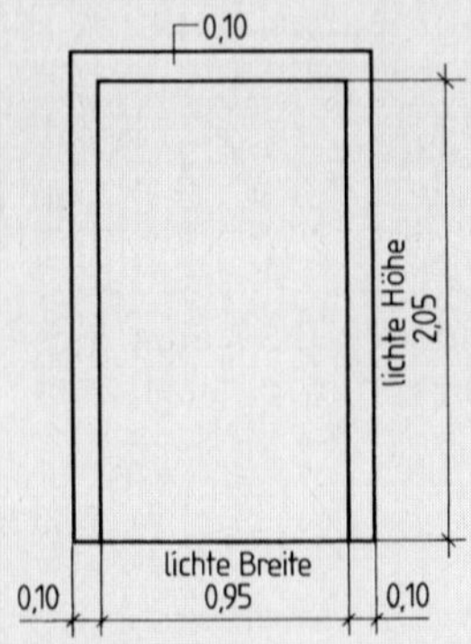

5.44 Tür

Berechnen nach Aufmaß

Türbreite = lichte Breite + linke und rechte Bekleidungsbreite

Türhöhe = lichte Höhe + obere Bekleidungsbreite

Beispiel Berechnen Sie die Tür **5.44**.

Ansatz $(0{,}95 + 0{,}10 \cdot 2)\ (2{,}05 + 0{,}10) = \mathbf{1{,}15 \cdot 2{,}15}$

Unter Berücksichtigung des Futters (im Beispiel 0,20) und der Tatsache, daß Türen überwiegend beidseitig beschichtet werden, kommen wir zu folgenden Ansätzen:

Tür einseitig ohne Futter	1,15 · 2,15 (größtes Ausbaumaß)
Tür einseitig mit Futter	1,15 · 2,15 + (0,95 + 2,05 · 2) · 0,20 (größtes Ausbaumaße + Futterabwicklung)
Tür beidseitig mit Futter (eine Seite ist immer mit Futter)	1,15 · 2,15 · 2 + (0,95 + 2,05 · 2) · 0,20 (größtes Ausbaumaß · 2 + Futterabwicklung)
2 Türen beidseitig	2 · [1,15 · 2,15 · 2 + (0,95 + 2,05 · 2) · 0,20]

> Bei mehreren Türen gleicher Ansätze wird die Gesamtfläche einer Tür berechnet und mit der direkten Stückzahl multipliziert.

Das Türblatt ist gelegentlich für sich allein zu beschichten (z. B. anderer Preis als Stahlzargen). Dann ist die Falzbreite an drei Seiten zu berücksichtigen, denn das Türblatt ist immer größer als die lichte Tür (Ausnahme: Pendeltüren).

Lichtes Maß 0,95 · 2,05
(+ 2 Falzbreiten je 0,02) → 0,99 · 2,07 ← (+ Falzbreite 0,02)

> Die Falzbreite dient nur zum Berechnen der Türblattmaße.
>
> Türfalze < 60 mm werden nicht abgewickelt. Ausnahme: Sonderausführungen, z. B. Schutzraum- oder Kühlraumtüren mit Dicken > 60 mm.

Bekleidung. Gelegentlich werden Bekleidungen farbig abgesetzt oder sind bei Glastüren der einzige Beschichtungsträger.

Regel größtes Ausbaumaß – lichtes Maß
1,15 · 2,15 – 0,95 · 2,05

Bekleidung mit Futter ist überwiegend anzutreffen (z. B. Stahlzargen).

Beispiel (1,15 · 2,15 – 0,95 · 2,05) · 2 + (0,95 + 2,05 · 2) · 0,20
Bekleidung + Futter

Berechnung nach Konstruktionsmaß (5.45)

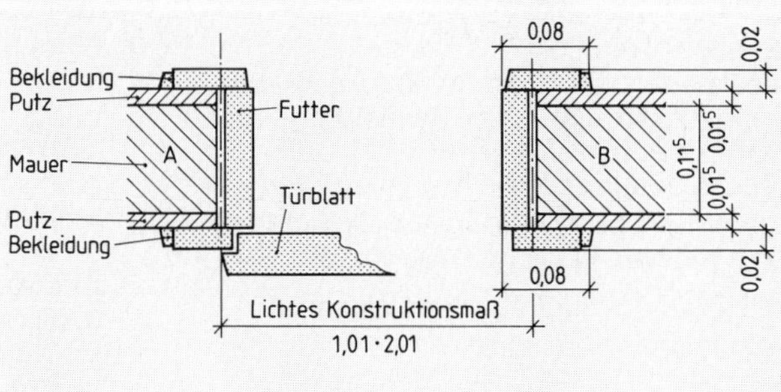

5.45
Schnitt einer Tür mit Futter und Bekleidung

Türblatt einseitig 1,01 · 2,01 · 2

Türblatt einseitig mit Bekleidung
1,01 · 2,01 + (1,01 + 2,01 · 2) · 0,12 Abw.
(Abwicklung = Bekl.-Breite 0,08 + Bekl.-Dicke 0,02 · 2 = 0,12)

Türblatt beidseitig mit Bekleidung und Futter
1,10 · 2,01 · 2 + (1,01 + 2,01 · 2) · $0{,}38^5$ Abw.
(Abwicklung = $0{,}11^5$ + $0{,}01^5$ · 2 + 0,08 · 2 + 0,02 · 4 = $0{,}38^5$)
Mauer Putzdicke Bekl.-Breite Bekl.-Dicke

Aufgaben

1. Berechnen Sie die Beschichtungsflächen der Türen nach dieser Tabelle:

Anzahl Seiten	lichtes Maß	Bekleidung	Futter
1 einseitig	0,90 · 2,00	0,10	
5 einseitig mit Futter	0,98 · 2,08	0,12	0,20
12 beidseitig mit Futter	1,00 · 2,10	0,15	0,22

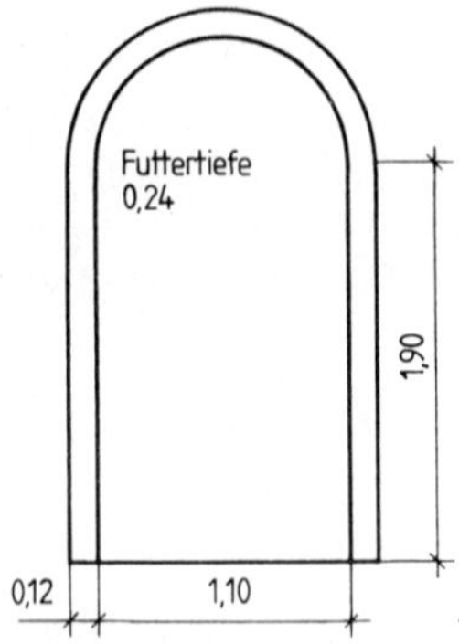

5.46 Bogenförmige Tür

5.47 Türen in zwei Techniken

2. In einer Wohnung sind folgende Türen beidseitig zu beschichten:
   8 Türen, größtes Ausbaumaß 1,25 · 2,25, Futter 0,12 m, Bekleidung 0,10 m,
   3 Türen, größtes Ausbaumaß 1,18 · 2,15, Futter 0,20 m, Bekleidung 0,10m.
   Wieviel m² sind zu berechnen?
3. In einem Hotel werden 24 gleiche Türblätter beidseitig in Klarlacktechnik bearbeitet. Türblattmaße 1,02 · 2,04. Wieviel m² Fläche sind es insgesamt?
4. Eine Gaststätte hat vier Türen mit bogenförmigem Abschluß zu erneuern (**5.**46). Berechnen Sie die Beschichtungsflächen beidseitig.
5. Sechs Türen (**5.**47) sind beidseitig zu bearbeiten: Türblätter Naturbeschichtung (Falzbreite 0,02), Bekleidung und Futter farbige Beschichtung.
   a) Wieviel m² Naturbeschichtung und
   b) wieviel m² farbige Beschichtung müssen berechnet werden?
6. Erklären Sie die folgenden Ansätze:
   a) 5[1,06 · 2,13 + (0,90 + 2,05 · 2) · 0,20]
   b) 4 · 0,96 · 2,20 · 2
7. Erklären Sie folgenden Ansatz:
   5(1,06 · 2,13 – 0,88 · 2,04)
8. Türmaße: größtes Ausbaumaß 1,18 · 2,08, Bekleidung 0,10, Futtertiefe 0,24. Schreiben Sie danach folgende Ansätze:
   a) 1 Tür beidseitig,
   b) 2 Türblätter beidseitig,
   c) 4 Futter mit Bekleidung.
9. Eine zweiflügelige Pendeltür hat die Maße 1,12 · 2,15 je Türpendel, Bekleidung 0,12, Futter 0,26. Wieviel m² sind beidseitig zu bearbeiten?
10. Eine Schutzraumtür mit dem Türblattmaß 0,90 · 1,90, Türblattiefe 0,32 (dreiseitig zu berechnen), Futtertiefe 0,36, Bekleidung 0,10. Wieviel m² sind für beidseitige Beschichtung zu berechnen?

5.4.2 Fenster und Fensterläden

Fenster. Wie bei Türen gibt es auch bei Fenstern zahlreiche Arten. Das Material ist überwiegend Holz, doch gewinnen Kunststoff-Fenster zunehmend an Bedeutung. Metallfenster (Alufenster) findet man z. B. in Werkshallen und Garagen. Hinzu kommen unterschiedliche Konstruktionen und damit Öffnungsarten bei Fenstern (z. B. Kipp,- Dreh-, Schwenkflügel). Die Konstruktion und die dadurch bedingten Beschläge erschweren oft die Beschichtung und erfordern entsprechend mehr Zeit. Fenster sind auch wie Türen Öffnungen, also Abzugsflächen in beschichteten Wänden.

Vergleichen Sie die vier Fenster in Bild **5**.48. Was stellen Sie fest? Alle sind bei etwa gleicher Größe im Material- und Zeitaufwand sehr unterschiedlich.

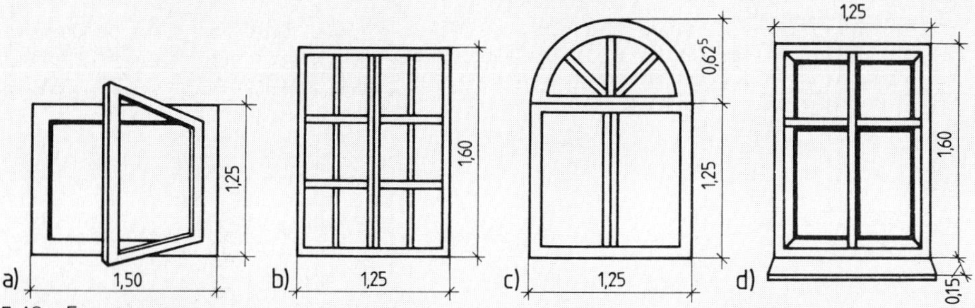

5.48 Fensterarten
a) Drehflügelfenster, b) Fenster mit Sprossen, c) Fenster mit Halbkreisoberlicht,
d) Doppelfenster mit Fensterbank

Zu beachten ist auch, ob ein Fenster ein- oder beidseitig zu beschichten ist. Beim Doppelfenster bedeutet eine allseitige Beschichtung: Fläche · 4 + Fensterbank.

> Fenster werden nach der VOB in ihren lichten Maßen nach m^2 berechnet. Gleiche Fenster faßt man in direkter Stückzahl zuammen.
>
> Erschwernisse durch besondere Konstruktion werden nicht durch einen Zuschlag in Prozent ausgedrückt (etwa 1,25 · 1,60 + 80 %). Vielmehr wird der Stückpreis unter Beachtung eines Schwierigkeitsfaktors kalkuliert.

Beispiel Zum Bild **5**.48 gibt es folgende Ansätze:

a) einseitige Beschichtung: 1,50 · 1,25

b) einseitige Beschichtung, Schwierigkeitsfaktor 2,80: 1,25 · 1,60 · Preis/m^2 · 2,80

c) zweiseitige Beschichtung:

$$\left(1{,}25 \cdot 1{,}25 + \frac{1{,}25}{2} \cdot \frac{1{,}25}{2} \cdot \frac{3{,}14}{2}\right) \cdot 2$$

d) 2 · 2 Seiten = vierseitig + Fensterbank: 1,25 · 1,60 · 4 + 1,25 · 0,15

Aufgaben

11. a) Rechnen Sie die Fensterfläche für 1 Stück nach den vorhergehenden Beispielen a), c) und d) aus.

b) Berechnen Sie für das Beispiel **5**.48 b) den Stückpreis (angenommen 20,40 DM/m^2).

12. In einer Wohnung sind neun Drehflügelfenster 1,20 · 1,55 einseitig zu beschichten.
Wieviel m^2 sind zu berechnen?

13. Sechs Fenster (**5**.49) sind beidseitig zu beschichten, m^2-Preis 24,80 DM, Schwierigkeitsfaktor 1,20.
Wieviel kosten die Fensterbeschichtungen?

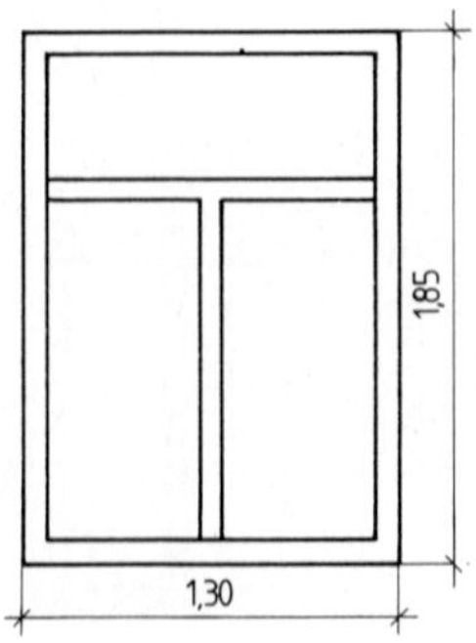

5.49 Fenster mit Oberlicht

14. Fünf Werkstattfenster (**5**.50) sind innen und außen zu beschichten. Der m^2-Preis beträgt 22,40 DM, der Schwierigkeitsfaktor ist 2,60.
    a) Berechnen Sie die Gesamtflächen, die zu bearbeiten sind.
    b) Wieviel l Fensterlackfarbe brauchen Sie, wenn man für 1,00 m^2 = 0,080 l rechnet?
    c) Wieviel DM kosten die fünf Werkstattfenster?

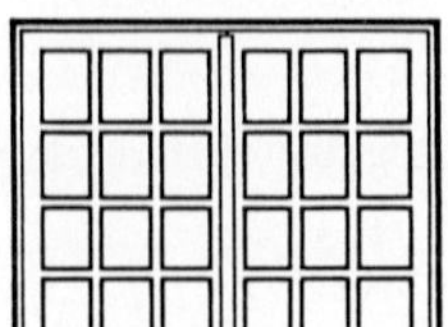

5.50 Werkstattfenster

15. In einem Altbau sind 16 Fenster mit den Abmessungen wie Bild **5**.51 beidseitig zu beschichten.
Wieviel m^2 sind es insgesamt?

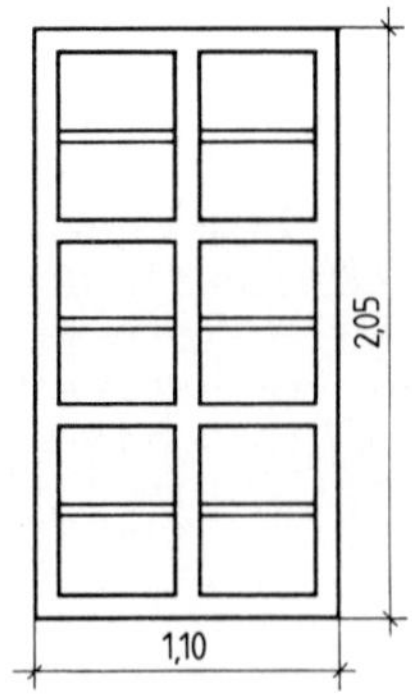

5.51 Altbaufenster

16. 6 Fenster wie **5**.52 sind beidseitig zu beschichten. m^2-Preis 22,45 DM, Schwierigkeitsfaktor 1,25. Wieviel kostet die Beschichtung?

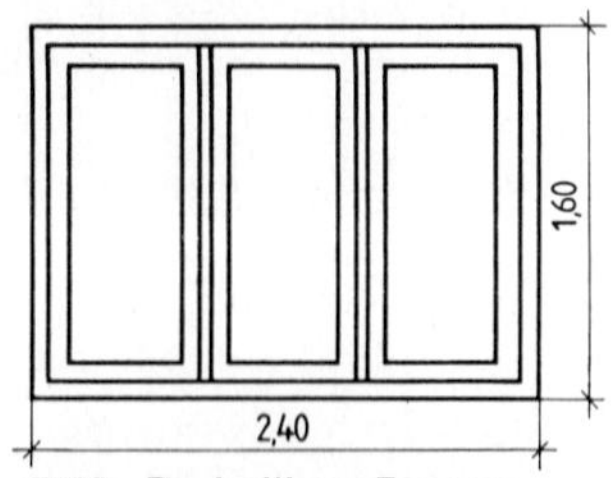

5.52 Dreiteiliges Fenster

17. Zehn Fenster wie Bild **5**.53 mit einer Fensterbank von 0,24 Tiefe sind einseitig zu beschichten. Wieviel m^2 Fläche berechnen Sie?

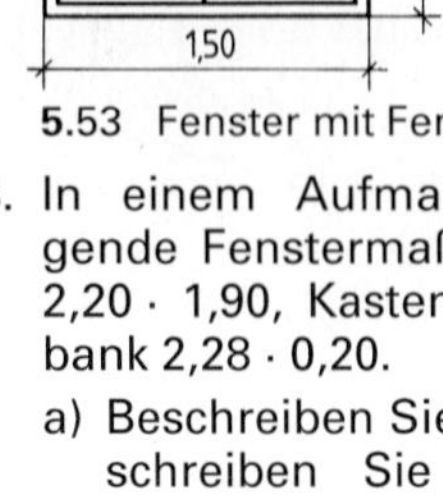

5.53 Fenster mit Fensterbank

18. In einem Aufmaßbuch stehen folgende Fenstermaße: 8 Kastenfenster 2,20 · 1,90, Kastentiefe 0,14, Fensterbank 2,28 · 0,20.
    a) Beschreiben Sie die Fensterart und schreiben Sie den Ansatz einschließlich Fensterbänke.
    b) Berechnen Sie die Beschichtungsfläche vierseitig.

Fensterläden, Roll- und Klappläden werden auch nach Stück abgerechnet. Für die Berechnung der Beschichtungsfläche gelten die Maße der lichten Fensteröffnung. Die überwiegend paarweise angeordneten Läden werden als eine durchgehende Fläche angesehen, was ja auch bei geschlossenen Läden der Fall ist. Die verschiedenen Konstruktionen (z. B. vollflächig glatt, mit Rahmen, beweglich ausstellbar, schräg geneigte Stülpbrettchen) werden auch hier mit einem Schwierigkeitsfaktor auf glatte Läden (Normalausführung) belegt (z. B. 1,25 oder 1,50). Aussteller, Laufschienen und Einzelteile (Feststeller) berechnet man nach m bzw. Stück.

Aufgaben

19. Zwölf Paar Fensterläden (**5**.54) sind beidseitig zweimal zu beschichten.
    a) Berechnen Sie die Fläche der Läden.
    b) Für eine Beschichtung werden 0,250 l/m^2 berechnet. Wieviel Dispersionslack muß zur Verfügung gestellte werden?

20. Zehn Rolläden der Größe 1,20 · 1,55 sind beidseitig zu beschichten.
    a) Berechnen Sie die Flächen.
    b) Wieviel m Leitschienen sind vorhanden?

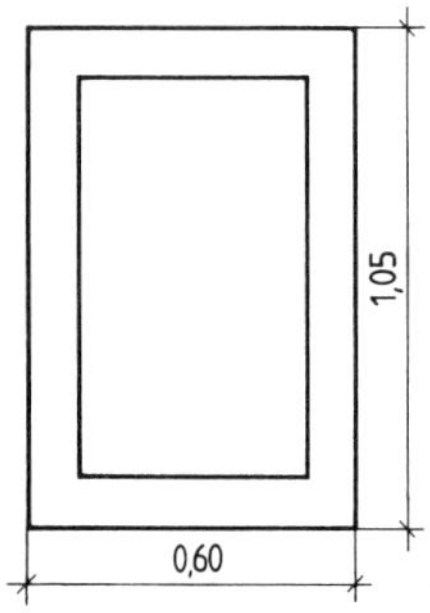

5.54 Normal-Fensterläden

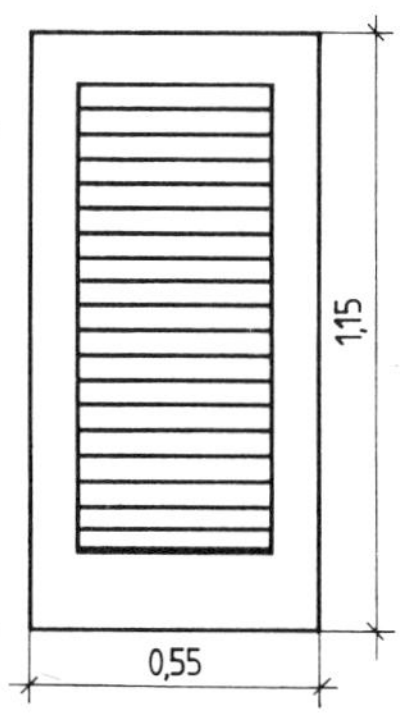

5.55 Fensterladen mit Stülpbrettchen

21. Sechs Paar und zwei Einzelläden (**5**.55) sind beidseitig zu beschichten. Schwierigkeitsfaktor 1,50, Verbrauch 0,16 l/m^2.
    a) Berechnen Sie die Gesamtfläche der Läden.
    b) Wieviel l Lackfarbe sind erforderlich?

22. Vier Fensterläden wie **5**.56 sind beidseitig zu beschichten. Die Rahmen werden farbig abgesetzt = Schwierigkeitsfaktor 1,25, m^2-Preis 22,45 DM. Wieviel kosten die Läden?

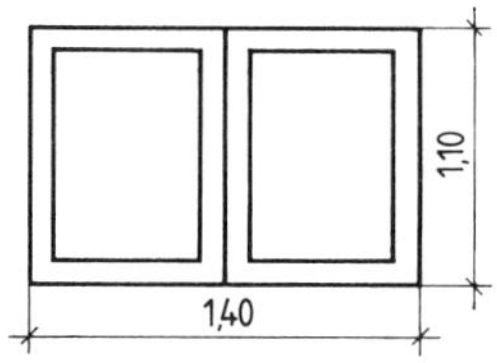

5.56 Fensterladen

23. In einem alten Hotelgebäude sind 24 Fensterläden wie Bild **5**.56 beidseitig zweimal zu beschichten. Der Verbrauch an Lackfarbe beträgt für eine Beschichtung 150 l/m^2. Wieviel Lackfarbe wird gebraucht?

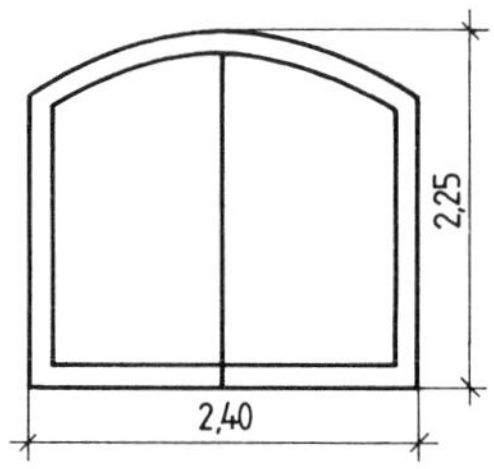

5.57 Stichbogenläden

24. In einem Landhaus sind acht Paar Fensterläden 0,75 · 1,30 beidseitig zu beschichten, m^2-Preis 22,80 DM. Die Außenseiten erhalten eine farbige Einfassung, 1,00 m kostet 5,10 DM.
    a) Wieviel DM sind für die Läden,
    b) wieviel DM für die Einfassungen zu berechnen?

5.4.3 Trennwände und Untersichten

Trennwände werden je beschichtete Seite nach Fläche gerechnet. Glasfüllungen, kunststoffbeschichtete Füllungen oder Füllungen aus Naturholz und dgl. werden übermessen (VOB DIN 18 363, 5.1.12).

Untersichten von Dächern und Dachüberständen mit sichtbaren Sparren werden in der Abwicklung gerechnet (VOB DIN 18 363, 5.1.15).

Aufgaben

25. In einem Bürogebäude sind 8 Trennwände mit Glasfüllungen (**5**.58) beidseitig zu beschichten.
   a) Berechnen Sie die Flächen der Trennwände.
   b) Wieviel l Lackfarbe sind zu kalkulieren, wenn nach Herstellerangaben 0,13 l/m² nötig sind?

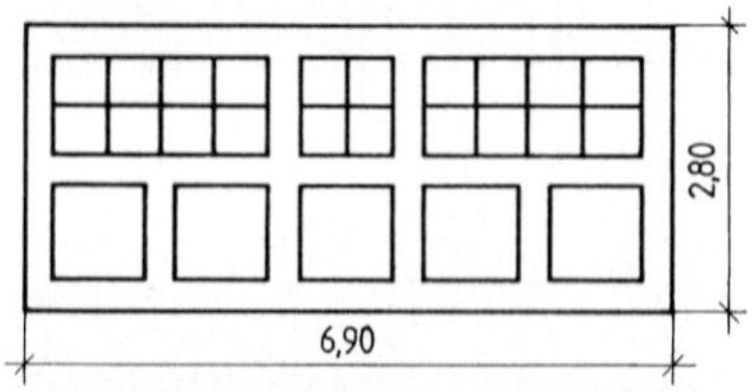

5.58 Trennwand mit Glasfüllungen

26. Ein Büroraum hat die in Bild **5**.59 angegebenen Trennwände, Höhe 2,10 m.
   a) Wieviel m Trennwände sind zu bearbeiten?
   b) Wieviel m² ergeben sich, wenn die Wände beidseitig behandelt werden?

27. Folgende Trennwände sind vor dem Einbau zu grundieren und zweimal mit Kunstharzlack zu beschichten:
   2 Stück 5,50 · 2,15
   4 Stück 4,25 · 2,15
   1 Stück 3,75 · 2,50.
   Je m² werden gebraucht: Grundbeschichtungsstoff 0,14 l, Zwischenbeschichtung 0,16 l Lackfarbe, Schlußbeschichtung 0,15 l Lackfarbe.
   a) Wieviel l Grundbeschichtungsstoff,
   b) wieviel l Kunstharzlack sind erforderlich?

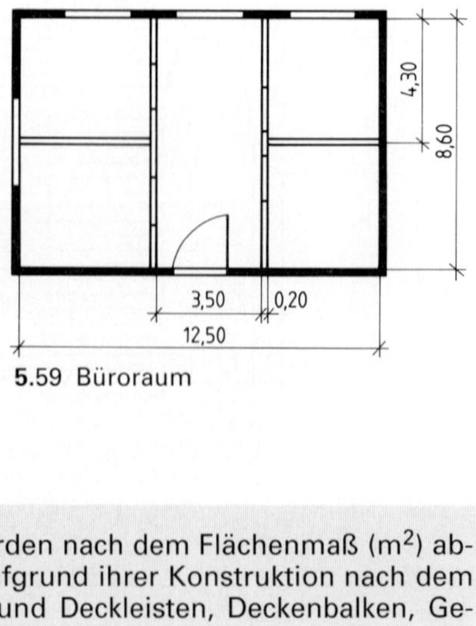

5.59 Büroraum

5.4.4 Bauteile nach Längenmaß

Die Bauteile der Abschnitte 5.4.1 bis 5.4.3 werden nach dem Flächenmaß (m²) abgerechnet. Doch gibt es auch Bauteile, die aufgrund ihrer Konstruktion nach dem Längenmaß (m) abgerechnet werden: Fuß- und Deckleisten, Deckenbalken, Gesimse, Fachwerkhölzer, Sparren usw. Geländer, Gitter und Zäune werden einseitig gerechnet, begründet durch die Zwischenräume von Stab zu Stab. Je nach Bauteil ist die Angabe der Höhe und Breite (z. B. Deckenbalken) erforderlich.

Beispiel 1 **Gesimse und Umrahmungen** werden unter Angabe von Höhe und Ausladung zusätzlich gerechnet. Gemessen werden sie in ihrer größten Länge. Verdeckte Wand- und Deckenteile werden nicht abgezogen (**5**.60).

Ansatz 0,20/0,18, Länge 7,50

Beispiel 2 **Fuß- und Deckleisten, Sockelfliesen** und dgl. bis 10 cm Höhe werden übermessen, Unterbrechungen über 1,00 m Einzellänge abgezogen (**5**.61):
(5,20 + 3,90) · 2 – 2 · 1,20 (Höhe 0,10)

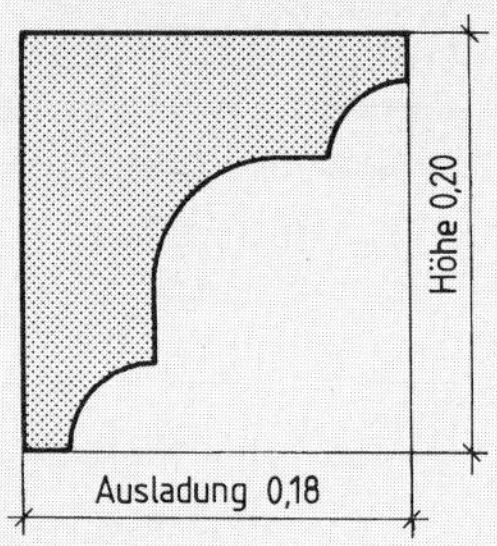

5.60 Gesims

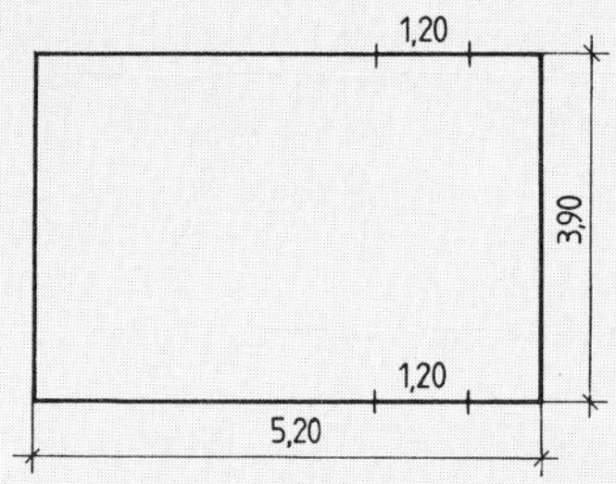

5.61 Fußleisten

Deckenbalken bis 30 cm Einzelbreite werden übermessen. Werden Decke und Balken mit verschiedenen Beschichtungsstoffen behandelt, ist die Grundfläche der Balken zu übermessen. Die Balken werden jedoch in ihrer Abwicklung zusätzlich hinzugerechnet.

Beispiel 3 **Decke mit Balken**

a) Beschichtung mit gleichem Beschichtungsstoff:
(10,90 + 4 · 0,20 · 2) · 5,65.

b) Decke und Balken in verschiedenen Techniken:
Decke 10,90 · 5,65
Balken (0,28 + 0,20 · 2) · 4 · 5,65
Abwicklung

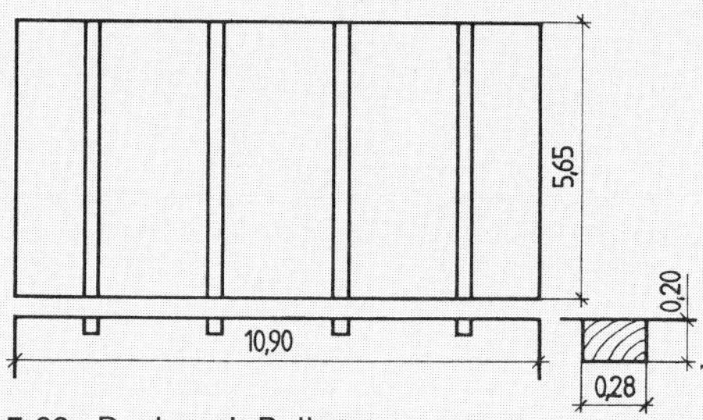

5.62 Decke mit Balken

Bei Berechnungen nach dem Längenmaß (m) ist die Höhe, Breite oder Abwicklung anzugeben. Sie sind erforderlich zum Berechnen des m-Preises, weil z. B. 1,00 m Fußleiste einer größeren Höhe auch im Meter teurer sein muß.

Aufgaben

28. Die Saaldecke **5**.63 ist einschließlich Gesims zu renovieren. Gesimshöhe 0,12 m.
    a) Wieviel m² Deckenfläche sind zu bearbeiten?
    b) Wieviel m Gesims sind farbig abzusetzen?
29. Im Raum **5**.35 ist die Fußleiste zu beschichten. Berechnen Sie die zu beschichtende Länge der Fußleisten.

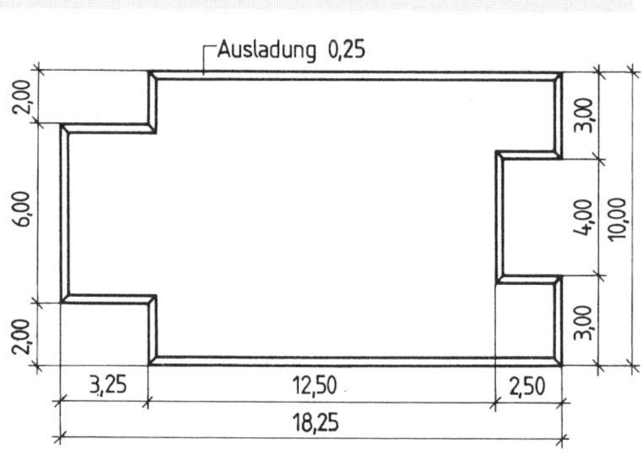

5.63 Saaldecke

30. Die Saalwand **5**.37 hat auch in den Türleibungen Fußleisten. Stellen Sie den Ansatz auf und berechnen Sie die Länge der Fußleisten.

31. Die sechs Türen nach Bild **5**.47 sind beidseitig an der Bekleidung mit farbigen Leistungen einzufassen. Verschnitt 5 %.
 a) Wieviel m Leiste sind nötig?
 b) Die Leisten sind 2,00 m lang. Wieviel Stäbe brauchen Sie, wenn Sie das Ergebnis auf ganze Stäbe aufrunden?

32. Die quadratische Gastzimmerdecke **5**.64 wird renoviert.
 a) Berechnen Sie die mit Dispersionsfarbe zu beschichtende Kassettendecke (Balken lasiert).
 b) Wieviel m Balken sind für die Lasurtechnik zu berechnen? (Kreuzungen durchmessern)
 c) Wieviel m² Fläche haben die Balken (durchgemessen)?

33. Die Gaststättendecke **5**.65 ist wie folgt zu beschichten: Deckenfelder mit Dispersionsfarbe, Balken mit Holzschutzlasur.
 a) Wieviel m² Deckenfläche,
 b) wieviel m Balken sind zu bearbeiten,
 c) wieviel m² Balkenfläche sind zu lasieren?

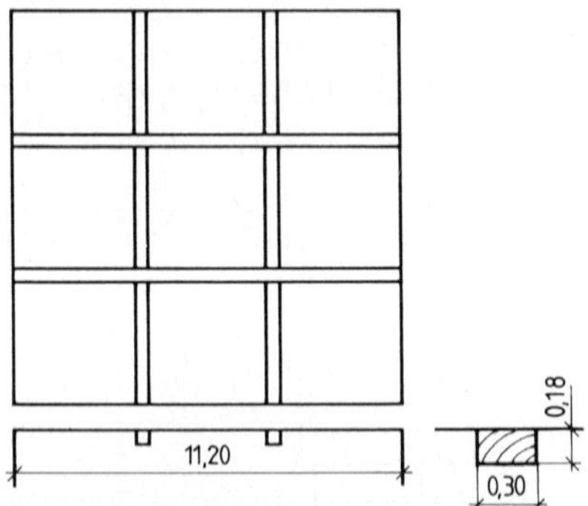

5.64 Gastzimmerdecke

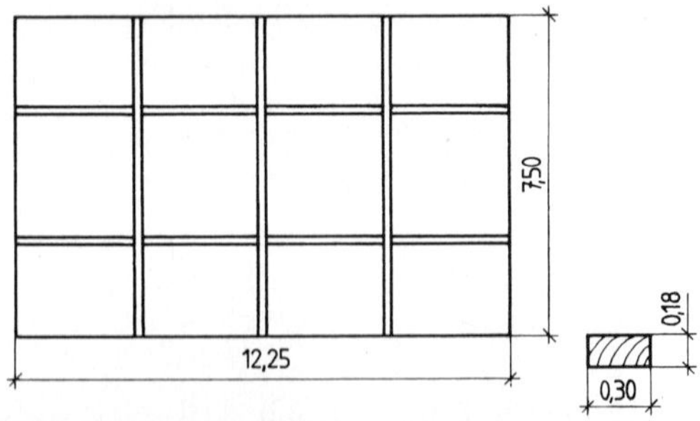

5.65 Gaststättendecke

5.4.5 Metallbauteile

Heizkörper werden nach der abgewickelten Oberfläche, der „Heizfläche" berechnet. Da sich beim Aufmaß am Objekt die Naben und Wölbungen nicht einwandfrei abwickeln lassen, ist jedoch die Berechnung nach Tabellen vorteilhafter und schneller.

Für die Berechnung durch Aufmaß von Gliederheizkörpern (**5**.67) gilt:

Beschichtungsfläche = Bauhöhe x Bautiefe x 2,2*)

A = Gliederanzahl · $H \cdot T \cdot 2{,}2$*)

*) Der Multiplikator ist je nach Konstruktion zu wählen. Anhaltswerte sind z. B. DIN-Stahlradiatoren 2,2; DIN-Gußradiatoren 2,8; Platten, profiliert 2,1.

Beispiel DIN-Stahlradiator, Bautiefe 160 mm, Bauhöhe 600 mm, Gliederanzahl 12
Beschichtungsfläche = 12 · 0,60 · 0,16 · 2,2 = **2,53 m²**

Für die Abrechnung von Heizkörpern kann die Heizfläche von Radiatoren aus Tabellen entnommen werden. Für die Berechnung nach Tabellen brauchen wir: Bauhöhe, Bautiefe, Nabenabstand, Gliederzahl und Heizkörperzahl (**5**.66).

Tabelle **5**.66 **DIN-Radiatoren**

	Bauhöhe H in mm	Naben-abstand N in mm	Heizfläche je Glied in m² Bautiefe T in mm				
			70	110	160	220	250
Gußradiatoren DIN 4720	280	200	–	–	–	–	0,185
	430	350	–	–	0,185	0,255	–
	580	500	0,120	0,180	0,255	0,345	–
	980	900	0,205	–	0,440	0,580	–
Stahlradiatoren DIN 4722	300	200		–	–	–	0,160
	450	350		–	0,155	0,210	–
	600	500		0,140	0,205	0,285	–
	1000	900		0,240	0,345	0,480	–

Flachheizkörper (Plattenform) gibt es in mehreren Typen. Sie werden nach dem Flächenmaß, den zu lackierenden (evtl. zu flutenden) Seiten und der Stückzahl berechnet.

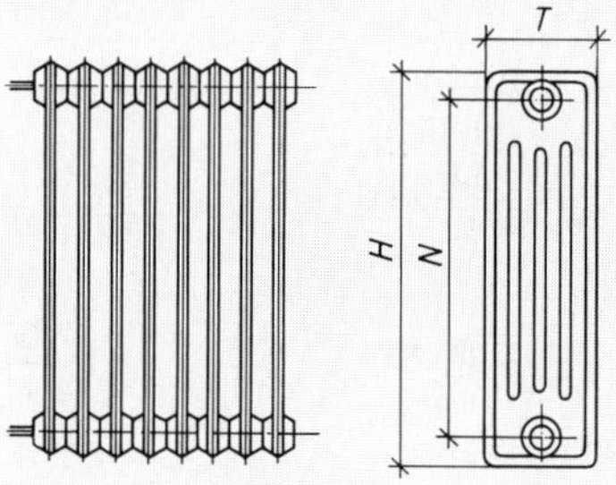

5.67 DIN-Radiator
H = Bauhöhe
T = Bautiefe
N = Nabenabstand (in mm)

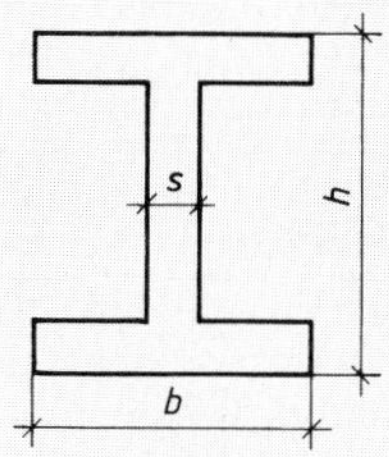

5.68 Doppel-T-Träger
b = Flanschbreite
h = Steghöhe
s = Stegbreite

Stahlbauteile. Flächen von Profilen werden nach Tabellen berechnet, soweit diese vorhanden sind. Ohne Tabellen berechnet man sie nach abgewickelter Fläche. Abgerechnet wird

- nach Flächenmaß (m²), wenn die Abwicklung > 30 cm ist,
- nach Längenmaß (m), wenn die Abwicklung < 30 cm ist.

Für Träger nach DIN gibt es Tabellen, aus denen man nach der Höhe und Breite die Beschichtungsfläche in m² entnehmen kann (alle Maße in mm). DIN 18 364 räumt die Möglichkeit ein, Korrosionsschutzarbeiten auch nach dem Gewicht der Konstruktion abzurechnen.

Die erforderlichen Maße für die Abwicklung von Stahlträgern sind von der Form des Trägers abhängig (**5**.68).

Beispiel Breite I-Träger mit parallelen Flanschflächen, z. B. b = 120 mm, h = 140 mm, Länge = 7,00 m.

Abwicklung: (0,12 · 4 + 0,14 · 2) · 7,00 = **5,32 m²**.

Die Tabelle **5**.69 ist ein Beispiel für die Oberflächenberechnung von Stahlkonstruktionen.

Tabelle **5**.69 **Normal-I-Träger nach DIN 1025** (Auswahl)

Kurzzeichen IPN	Höhe in mm	Breite in mm	Gewicht je m in kg	Beschichtungsfläche je m in m^2	Beschichtungsfläche je t in m^2
80	80	42	5,94	0,304	51,17
200	200	90	26,2	0,709	27,06
220	220	98	31,1	0,775	24,91
240	240	106	36,2	0,844	23,31
260	260	113	41,9	0,906	21,62
280	280	119	47,9	0,966	20,16
400	400	155	92,4	1,33	14,39
425	425	163	104,0	1,41	13,55
450	450	170	115,0	1,48	12,86
475	475	178	128,0	1,55	12,10
500	500	185	141,0	1,63	11,56
550	550	200	166,0	1,80	10,84
600	600	215	199,0	1,92	9,65

Wellbleche und -platten werden nach m^2 berechnet. Dabei sind Wellenhöhe und -abstand zu beachten und anzugeben. Bei angenommen gleicher Länge und Breite ist ein Wellblech, je nach Wellenhöhe und -abstand, gegenüber dem glatten Blech etwa mit dem Schwierigkeitsfaktor 1,25 bis 1,50 zu belegen.

Ansatz einseitig: Länge · Breite · 1,5 oder ähnlich

Aufgaben

34. Berechnen Sie nach Tab. **5**.66 folgenden Gußradiator DIN 4720: Nabenabstand 350 mm, Bautiefe 220 mm, 12 Glieder.

35. In einer Wohnung sind fünf Stahlradiatoren DIN 4722 zu beschichten (Bautiefe 220 mm, Bauhöhe 1000 mm). Drei Heizkörper haben je 10 Glieder, zwei je 8.
    a) Berechnen Sie die Gesamtfläche der Heizkörper.
    b) Wieviel Heizkörperlack brauchen Sie, wenn zum Beschichten 0,120 l/m^2 zu rechnen sind?

36. Ein Malerbetrieb hat 40 DIN-Radiatoren farbig zu beschichten, und zwar:

10 Gußradiatoren, 18 Glieder, H = 430 mm, T = 220 mm

12 Gußradiatoren, 22 Glieder, H = 580 mm, T = 110 mm

14 Stahlradiatoren, 26 Glieder, H = 600 mm, T = 160 mm

4 Stahlradiatoren, 32 Glieder, H = 1000 mm, T = 110 mm

Berechnen Sie die Beschichtungsfläche aller Heizkörper in m^2
a) nach Tab. **5**.66, b) nach Aufmaß.
Vergleichen Sie die beiden Ergebnisse.

37. Bei einer Deckenkonstruktion sind folgende Normal-I-Träger nach DIN 1025 mit Korrosionsschutz zu beschichten:

4 Träger 3,80 m lang, 200 mm hoch, 90 mm breit

6 Träger 4,75 m lang, 280 mm hoch, 119 mm breit

2 Träger 5,00 m lang, 500 mm hoch, 185 mm breit

Berechnen Sie die Gesamtfläche nach Tab. **5**.69.

38. Vier breite I-Träger sind nach Abwicklung zu berechnen, b = 140 mm, h = 160 mm, l = 6,40 m. Wieviel m² sind zu beschichten?

39. Fünf Wellblechverkleidungen 2,40 m · 3,15 m sind vor der Montage beidseitig zu beschichten (Profilhöhe 27/100, Baubreite 8 Wellen 800 mm). Schwierigkeitsfaktor = 1,25. Wieviel m² sind insgesamt zu beschichten?

5.4.6 Rohre, Handläufe, Dachrinnen

Rohre sind nach VOB DIN 18 363 „Maler- und Lackiererarbeiten" nach Länge (m) unter Angabe des äußeren Rohrdurchmessers zu rechnen.

Nach VOB DIN 18 364 „Korrosionsschutzarbeiten ..." werden Rohre über 30 cm Abwicklung nach Flächenmaß (m²) bis 30 cm nach Längenmaß (m) abgerechnet.

Für Rohre bzw. Stahlprofile mit quadratischem oder rechteckigem Querschnitt gelten die gleichen Abrechnungsbedingungen. Für alle nach DIN lieferbaren Rohre gibt es Berechnungstabellen (**5**.70).

Tabelle **5**.70 **Nahtlose Stahlrohre nach DIN 2448-St 35** (Auszug)

Nennweite NW	Außen-Ø in mm	Innen-Ø in mm	Oberfläche m² je m
100	114,3	107,1	0,359
125	139,7	131,7	0,439
150	168,3	159,3	0,528
200	219,1	207,3	0,688
250	273,0	260,4	0,857
300	323,9	309,7	1,017
350	355,6	339,6	1,117
400	406,4	388,8	1,276
500	508,0	486,0	1,595

Für Beschichtungsberechnungen ist der Außendurchmesser abzulesen. Danach kann man die Oberfläche je m² nach 1,00 m Länge ablesen = m² je m.

Dachrinnen sind Halbrohre. Doch gibt es auch andere Querschnitte, z. B. bei Kunststoffrohren. Die Rinnen werden an ihren Vorderwulsten in der Länge gemessen und nach Längenmaß (m) berechnet. Der Umfang kann auch abgewickelt werden.

Beispiel 2 Dachrinnen je 12,60 Länge, Umfangsabwicklung 0,26 : 2 · 12,60 = **25,20 m**

Dachrinnen unterschiedlicher Abmessungen werden in verschiedenen Positionen, d. h. je Größe für sich, abgerechnet.

Regenfallrohre, ihre Rohrbogen und -winkel werden nach dem im Außenbogen ermittelten Längenmaß (m) berechnet:

Oberfläche = Umfang · Länge (Höhe)

Rinnenkästen berechnet man nach Stück.

Handläufe werden unter Berücksichtigung der Abwicklungsmaße nach m berechnet.

Aufgaben

40. In einem Wasserwerk sind folgende Stahlrohre farbig zu beschichten:

    62,00 m, Außendurchmesser 406,4 mm,
    44,00 m, Außendurchmesser 323,9 mm.

    Berechnen Sie die gesamte Fläche nach Tab. **5**.70.

41. Berechnen Sie nach Tab. **5**.70 folgende Stahlrohre:

    12,00 m, Außendurchmesser 139,7 mm
    20,00 m, Außendurchmesser 273,0 mm
    16,00 m, Außendurchmesser 355,6 mm

42. In einem Industriebetrieb sind folgende Vierkantrohre zu beschichten:

    124,40 m der Größe 80 mm · 80 mm,
    85,50 m der Größe 100 mm · 60 mm.

    Wieviel m^2 Beschichtungsfläche muß der Kunde bezahlen?

43. An einem Haus sind zu beschichten:

    2 Dachrinnen je 14,80 m, Umfangabwicklung 0,24 m;
    2 Regenfallrohre je 9,86 m, Umfang 0,36 m

    Berechnen Sie die Beschichtungsflächen.

44. In einer Siedlung sind zu beschichten:

    6 x 2 Dachrinnen je 10,20 m, Umfang 0,24 m
    6 x 2 Regenfallrohre je 4,25 m, Umfang 0,34 m

    Wieviel m^2 sind es zu beschichten?

45. Es sind 64,20 m Handlauf, Abwicklung 0,32 m, zu beschichten. 1,00 m kostet 6,10 DM. Wie hoch ist die Rechnungssumme?

46. In einer Siedlung sind folgende Handläufe zu beschichten:

    42,60 m, Abwicklung 0,24 m, Meterpreis 4,80 DM
    42,60 m, Abwicklung 0,28 m, Meterpreis 5,80 DM

    Wieviel kostet die Beschichtung?

47. Diese Rechteckrohre sind zu beschichten:

    62,50 m der Größe 35 mm · 20 mm, Beschichtungsfläche je m = 0,11 m^2
    36,50 m der Größe 40 mm · 30 mm, Beschichtungsfläche je m = 0,14 m^2
    25,50 m der Größe 60 mm · 20 mm, Beschichtungsfläche je m = 0,16 m^2

    Wieviel m^2 sind zu bearbeiten?

6 Treppenhaus

Sie haben sicher schon zahlreiche Treppenhäuser betreten und vielleicht auch schon in Treppenhäusern gearbeitet. Ist Ihnen aufgefallen, wie unterschiedlich sie konstruiert sind? Von der Größe und Stockwerkzahl abgesehen, kann die obere Abschlußdecke geneigt (Satteldach) oder waagerecht sein. In älteren Häusern gibt es einen zweiten Ausgang zum Hof, davor einen durch eine Verkleidung abgetrennten Eingang zu den Kellern. Oft findet man auch vor dem eigentlichen Treppenhaus einen Flur, der mehrere Stufen und evtl. eine Windfangtür hat. In Großbauten sind manchmal die Treppenläufe um einen größeren offenen Schacht angeordnet. Für alle Treppenhäuser müssen Beschichtungen, Wand- und/oder Bodenbeläge kalkuliert und berechnet werden.

6.1 Elemente des Treppenhauses

Grundriß. Die meisten Treppenhäuser haben einen rechteckigen Grundriß. Denken wir uns die Treppen und Podeste weg, haben wir einen rechteckigen Schacht, wie wir es deutlich in einem Neubau sehen. Wie erwähnt, kann die Abschlußdecke geneigt oder waagerecht sein.

Wände. Die zu den einzelnen Etagen führenden Treppen und Podeste unterbrechen die Höhe der Schachtwände. Auch trifft man Sockel an, besonders in älteren Treppenhäusern. In solchen Häusern kann auch die Wandhöhe der letzten Etage niedriger sein, z. B. bei Dachwohnungen.

Treppen und Podeste. Gewöhnlich führen zwei Treppen von Etage zu Etage, die Treppenläufe. Nach jedem Treppenlauf folgt ein Podest, in der Regel ein Fensterpodest (Hofseite) und ein Wohnungspodest mit den Wohnungseingängen (= Etagenpodest). Treppen und Podeste sind häufig Arbeitsflächen für die Verlegung von Bodenbelägen (s. Abschn. 10).

Die Belegung von Treppen erfolgt häufig aus Sicherheitsgründen mit zwei verschiedenfarbigen Bodenbelägen. Das bedeutet einen erhöhten Verschnitt, vor allem bei gewendelten Treppen (**6**.3), der bei der Berechnung und Bestellung zu beachten ist.

Decken. Die Untersichten der Treppenläufe sind die Treppenuntersichten. Hinzu kommen die Untersichten der Podeste und die Abschlußdecke. Diese drei Arten Decken beschichtet man gewöhnlich einheitlich mit einer (hellen) Farbe (**6**.1).

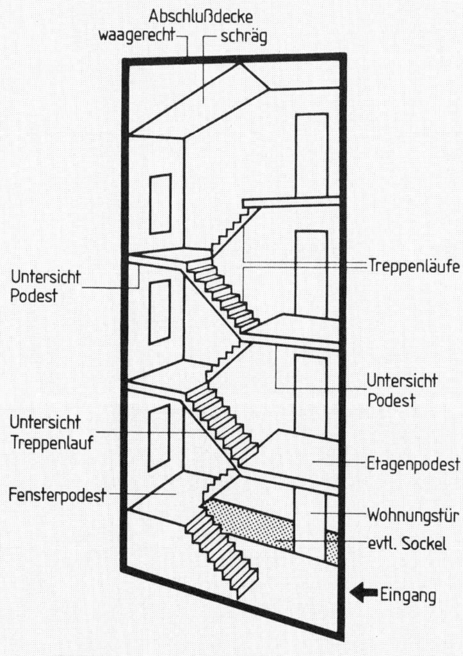

6.1 Elemente des Treppenhauses

6.2 Aufmaß des Treppenhauses

Fertigen Sie eine Pause des Umrisses von Bild **6.2** auf Transparentpapier an und schneiden Sie den Umriß genau an der äußeren Vollinie aus. Falten Sie den Ausschnitt an den drei senkrechten Linien und klappen Sie den Grundriß als Boden nach innen hoch. So entsteht ein dreidimensionales Modell des Treppenhauses.

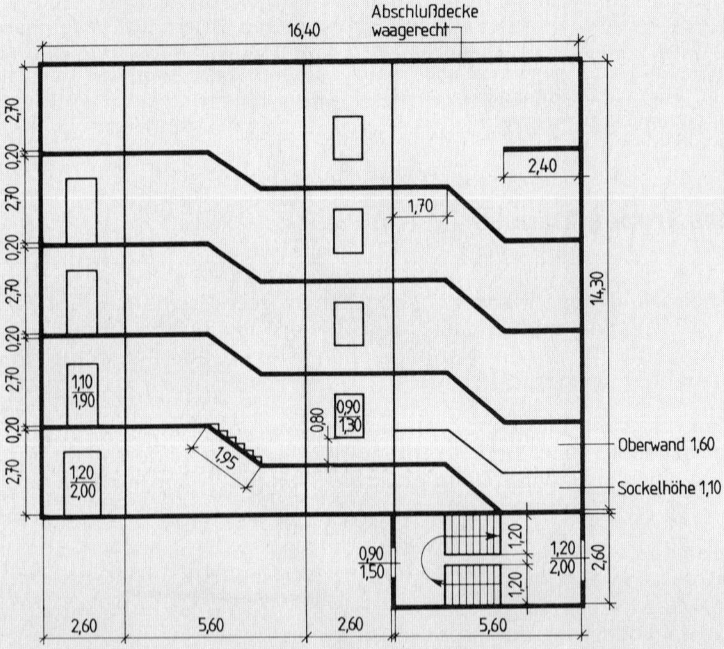

6.2 Abwicklung eines Treppenhauses

Die Wände werden abgewickelt, der Umfang wird mit der Anzahl der Etagenhöhen multipliziert. Wenn die letzte Etagenhöhe niedriger ist, schlagen Sie ihre Höhe einzeln zu (**6.2**).

Ansatz	Anzahl ·	Umfang (Abwicklung) ·	Etagenhöhe	
	4 ·	(2,60 + 5,60)2	· 2,70	= **177,12 m²**

Einfachste Abwicklung: (2,60 + 5,60)2 · 10,80, z. B. bei einfachen Beschichtungen.

Sockel. Ist ein Sockel vorhanden, der in einer anderen Technik bearbeitet wird und für den ein anderer m^2-Preis gilt, berechnet man Sockel und Oberwände getrennt. Die Sockelwand kann waagerecht durchgemessen werden.

Oberwände: 4 · (2,60 + 5,60) · 2 · 1,60 = **104,96 m²**
Sockel: 4 · (2,60 + 5,60) · 2 · 1,10 = **72,16 m²**

Abzugsflächen (Aussparungen) von Tür- und Fensterteilen im Sockelbereich werden hier nicht berücksichtigt, da sie < 2,50 m^2 je Einzelfläche sind.

Fenster je 0,90 · 0,30 = 0,27 m^2
Türen je 1,10 · 1,10 = 1,21 m^2
\+ 1,20 · 1,10 = 1,32 m^2

Treppenhäuser werden wie andere Räume abgewickelt. Das Maß wird mit der Anzahl der Etagenhöhen multipliziert.

Sind Sockel vorhanden, wird das Abwicklungsmaß getrennt mit der Höhe der Oberwände und des Sockels multipliziert.

Decken. Das Flächenmaß setzt sich aus den Flächen der Abschlußdecke, den Untersichten der Etagen- und Fensterpodeste sowie den schräg gemessenen Treppenuntersichten zusammen.

Abschlußdecke waagerecht: 2,60 · 5,60 = **14,56 m²**

Untersichten	Etagenpodeste:	4 · 2,60 · 2,40
	Fensterpodeste:	4 · 2,60 · 1,70
	Treppenläufe:	8 · 1,20 · 1,95

(1 Fensterpodest und 1 Treppenuntersicht können evtl. durch einen Abschluß – Kellerschlag – zum Kellereingang gehören.)

Ansatz Untersichten 4 · (2,60 · 2,40 + 2,60 · 1,70) + 8 · 1,20 · 1,95 = **61,36 m²**

Flächenmaß aller Decken	Abschlußdecke	14,56 m²
	Untersichten	61,36 m²
		75,92 m²

Für die Deckenberechnung brauchen wir Maße und Anzahl der Etagen- und Fensterpodest-Untersichten, der schräg zu messenden Treppenuntersichten und das Maß der Abschlußdecke.

6.3 Treppen

Nach der Grundrißform unterscheidet man mehrere Treppenarten. Die häufigsten sind in Bild **6**.3 dargestellt. Der in der Stufenmitte verlaufende Strich mit einem Pfeil am Ende zeigt die Gehrichtung auf der Treppe an.

Eine dreiläufige, gerade Treppe hat auch auf dem Podest einige Stufen, anzutreffen in alten Mietshäusern. Eine Wendeltreppe geht kreisförmig ohne jeden Podest um einen Mittelpunkt, z. B. in Kirchtürmen.

Für die Beschichtungs- bzw. Belagflächen-Berechnung von Treppen müssen wir die Teile einer Treppe kennen (**6**.4). Dabei ist zu beachten, daß die Trittstufen (Auftritte) gewöhnlich eine Stufennase haben, sie ragen über die Setzstufe (Stoßtritt) hinaus.

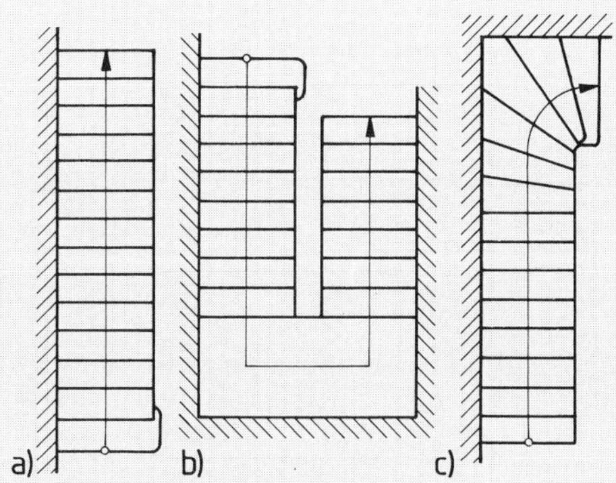

6.3 Treppenarten
a) einläufig gerade Treppe
b) zweiläufig gerade Treppe
c) gewendelte Treppe

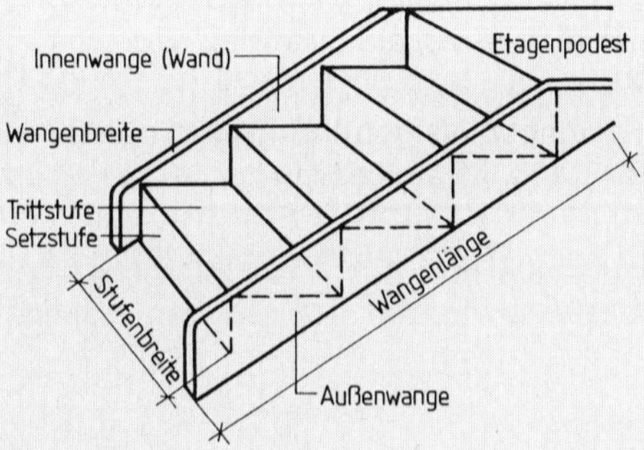

6.4 Teile einer Treppe

Für die Berechnung von Treppen gelten folgende Regeln:

- Werden Setz- und Trittstufen in derselben Beschichtungstechnik bearbeitet oder mit demselben Belag belegt, wickelt man ab. Bei Beschichtungen ist die Stufennase mit abzuwickeln (bei Belägen werden dort besondere Profile gesetzt).
- Bei getrennter Behandlung oder Belegung werden Setz- und Trittstufen für sich gerechnet.
- Es ist immer eine Setzstufe mehr als Trittstufen vorhanden, denn die letzte Trittstufe (Auftritt) gehört bereits zum Podest.

Beispiel Stufenbreite 1,00; Trittstufentiefe 0,25; Stufennase 0,04; Setzstufenhöhe 0,12; Stufenanzahl 8

Ansatz $7 \cdot 1{,}00 \cdot (0{,}25 + 0{,}04) + 8 \cdot 1{,}00 \cdot 0{,}12 = \mathbf{2{,}99\ m^2}$

> Bei Bearbeitung von Treppen in derselben Technik wird abgewickelt, bei verschiedener Behandlung getrennt abgerechnet. Es gibt immer eine Setzstufe mehr als Trittstufen.

Treppenuntersichten. Die Untersichten der Treppen sind überwiegend verputzt und gehören dann zum Bereich der Deckenbeschichtung (s. Abschn. 6.2). Bei unverputzten Untersichten sind die Rückseiten (Untersichten) der Setz- und Trittstufen sichtbar, müssen also bearbeitet werden. Berechnet werden sie durch Abwicklung, weil Untersichten stets in einer Technik (z. B. Holzlasur) behandelt werden.

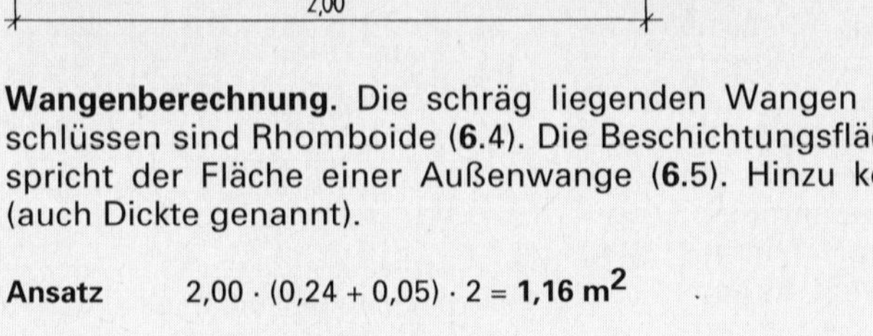

6.5 Wangenberechnung

Wangenberechnung. Die schräg liegenden Wangen mit ihren senkrechten Abschlüssen sind Rhomboide (6.4). Die Beschichtungsfläche für 2 Innenwangen entspricht der Fläche einer Außenwange (6.5). Hinzu kommen die Wangendicken (auch Dickte genannt).

Ansatz $2{,}00 \cdot (0{,}24 + 0{,}05) \cdot 2 = \mathbf{1{,}16\ m^2}$

Geländer und Handlauf werden nach dem Längenmaß (m) berechnet.

Aufgaben

1. Ein Treppenhaus hat den Grundriß **6**.6. Parterre und 3 gleichhohe Geschosse (2,90), je 2 Wohnungstüren, Abschlußdecke waagerecht, 6 Treppen- und 3 mal 2 Podestuntersichten, Fensterleibungen 0,24 m, schräge Treppenuntersicht 2,65.

   Berechnen Sie
   a) die Wandflächen durch Abwicklung (alle Türen ohne Leibung),
   b) die Deckenflächen in einer Summe,
   c) den Farbverbrauch bei zweimaliger Beschichtung (eine Beschichtung = 0,180 l/m²).

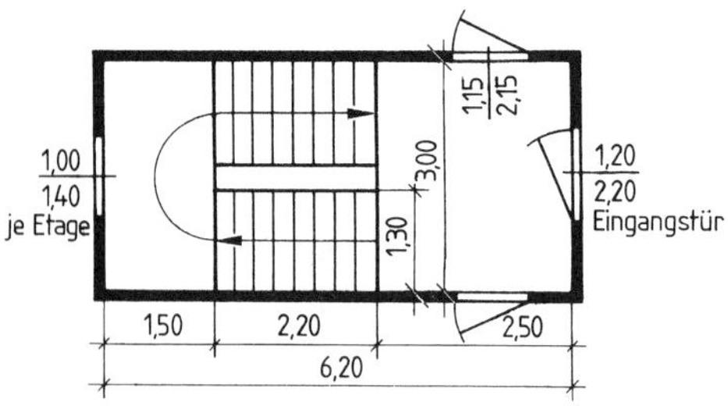

6.6 Treppenhaus

2. Ein Treppenhaus (Parterre und 1. Stock) wird renoviert (**6**.7). Abschlußdecke waagerecht, je Stockwerk 2 Wohnungstüren 1,10/2,20, 2 Treppen- und eine Podestuntersicht, Schrägdecken 1,55 m breit, keine Türleibungen.

   Berechnen Sie
   a) die Decken- und Wandflächen,
   b) die Sockelflächen.

Den Sockel können sie geradeaus durchmessen – die Flächenteile decken sich.

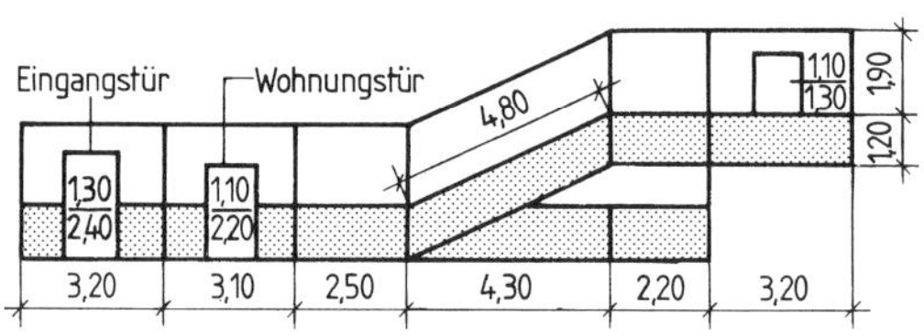

6.7 Treppenhaus im Schnitt

3. Die Treppe nach Bild **6**.8 ist zu berechnen, zweiläufig, 4 Stockwerke.

   Berechnen Sie
   a) die Beschichtungsfläche einschließlich Wangen,
   b) den Handlauf nach den Wangenlängen zusätzlich 8 Krümmungen (0,40 m) auf den Podesten.

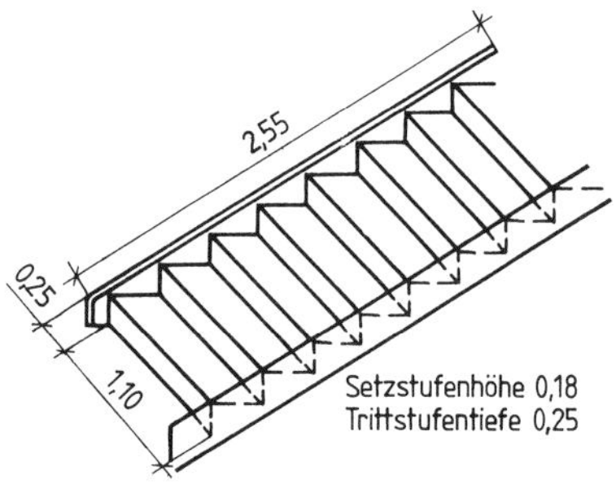

6.8 Treppenberechnung

4. Treppenläufe und Podeste im Treppenhaus **6**.9 sollen mit PVC-Belag belegt werden. Zwei Preisklassen. Setzstufenhöhe 0,14 m, Trittstufentiefe 0,24 m.
   a) Berechnen Sie den Belag für die Setz- und Trittstufen (+ 5 % Verschnitt).
   b) Wieviel Belag ist für die Podeste erforderlich, wenn hier mit 4 % Verschnitt zu rechnen ist?
   c) Wieviel m Treppenstoßkanten werden für die Stufennasen gebraucht? Eine Stange hat 3,00 m Länge; es ist auf volle Stangen aufzurunden.

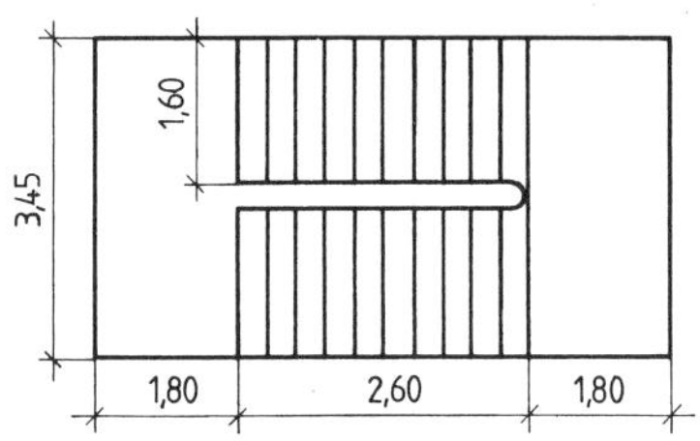

6.9 Treppenbelegung

5. Nach einem noch vorhandenen Aufmaßbuch sind in zwei Stockwerken zweiläufige Treppen mit Textilbelag zu belegen. Stufenbreite 1,15 m, Setzstufenhöhe 0,15 m, Trittstufentiefe 0,26 m, 10 Trittstufen je Treppenlauf.

   a) Wieviel Belag ist bei 5 % Verschnitt einzukalkulieren?

   b) Reicht der Bestand von 100,00 m Treppenstoßkanten noch für den Auftrag?

6. Eine einläufige Treppe mit 12 Trittstufen hat folgende Maße: Stufenbreite 1,00 m, Trittstufentiefe 0,26 m, Setzstufenhöhe 0,16 m, Wangenlänge 3,60 m, Wangenhöhe insgesamt 0,30 m. Welche der folgenden Ansätze ist richtig?

   a) $12 \cdot 1{,}00 \cdot 0{,}26 + 12 \cdot 1{,}00 \cdot 0{,}16 + 3{,}60 \cdot 0{,}30 \cdot 2$

   b) $12 \cdot 1{,}00 \cdot 0{,}26 + 13 \cdot 1{,}00 \cdot 0{,}16 + 3{,}60 \cdot 0{,}30 \cdot 2$

   c) $12 \cdot 1{,}10 \cdot 0{,}26 + 13 \cdot 1{,}00 \cdot 0{,}16 + 3{,}60 \cdot 0{,}30 \cdot 3$

7. Das Treppenhaus **6.**10 mit einem Schacht besteht aus dem Erdgeschoß und vier Stockwerken. 8 Treppenuntersichten, schräg gemessen = 3,15, 2 mal 4 Podestdecken, je Geschoß zwei Wohnungstüren 1,10 · 2,10, eine Eingangstür 1,40 · 2,20, eine Kellertür 1,20 · 2,00, vier Flurfenster 0,90 · 1,25, Fensterleibungen 0,24 m, alle Türfutter 0,12 m, Geschoßhöhe 2,55, Türbekleidungen 0,10 m. Beschichtungstechnik Dispersionsfarbe.

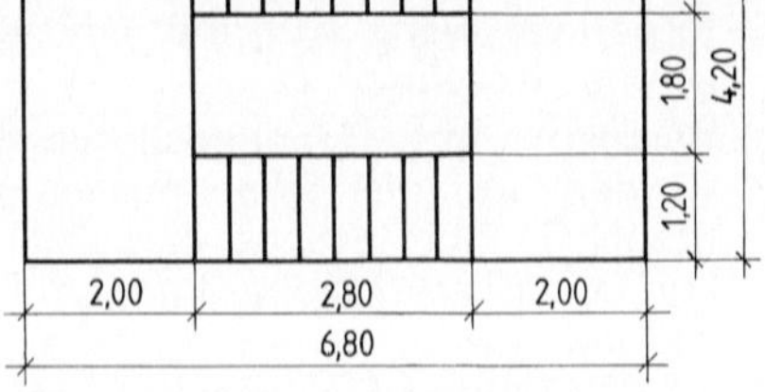

6.10 Treppenhausbeschichtung

Berechnen Sie nach VOB.

   a) die Deckenflächen (obere Decke waagerecht),

   b) die Wände (ohne Sockel),

   c) die Türen und Fenster einseitig.

8. Im Treppenhaus **6.**11 sind die Podeste und Treppenstufen in Klarlacktechnik zu bearbeiten. Drei Etagen, 10 Trittstufen 0,30 m tief, 11 Setzstufen 0,16 m hoch. Wangen: je Geschoß 2 mal (2,95 · 0,34 · 2) und 2 mal (1,35 · 0,30 · 2). Für zwei Lackierungen brauchen Sie zusammen 0,180 l/m² Klarlack.

   a) Wieviel m² sind mit den 3 Zwischenpodesten zu bearbeiten?

   b) Wieviel l Klarlack brauchen Sie?

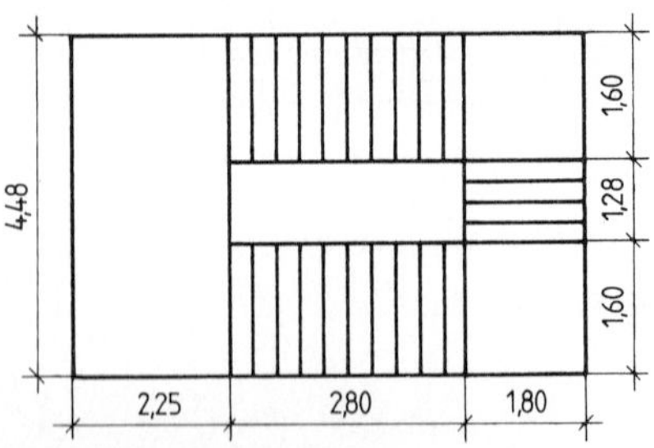

6.11 Treppenbeschichtung

9. In einem Treppenhaus sind folgende Arbeiten abzurechnen:

   Eingangstür 1,80 · 2,40 (einseitig), 3 Etagen mit je 3 Wohnungstüren beidseitig, größtes Türmaß 1,24 · 2,12 (Bekleidung 0,12 m, Futtertiefe 0,18 m), 3 Fenster 0,80 · 1,35 einseitig, 6 mal 7,40 m Handlauf (Abwicklung 0,28).

   a) Wieviel kostet die Türbeschichtung bei einem m²-Preis von 22,60 DM?

   b) Wieviel kosten die Fensterbeschichtungen bei einem m²-Preis von 20,40 DM?

   c) Berechnen Sie den Handlauf (Preis 5,10 DM je m).

   d) Wie hoch ist der Rechnungsbetrag insgesamt einschließlich 14 % Mehrwertsteuer?

10. Das Treppenhaus **6**.12 ist einschließlich Sockel zu renovieren (Erdgeschoß und 2 Etagen). Haustür 1,30 · 2,25, Hoftür 1,00 · 2,00, Fensterleibungen 0,22 m, Abschlußdecke waagerecht, Treppenuntersichten 1,625 m breit.

a) Berechnen Sie die Dispersionsfarbe für die drei Deckenarten und die Oberwände, Verbrauch 0,350 l/m^2.

b) Wieviel Lackfarbe wird für den Sockel gebraucht? (zweimalige Beschichtung je 0,120 l/m^2)

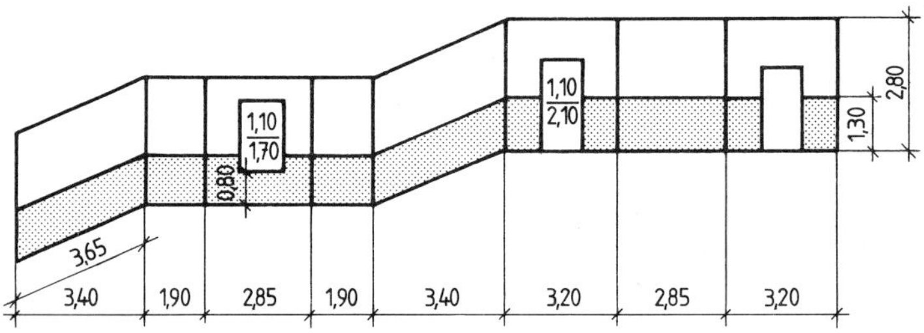

6.12 Treppenhaus mit Sockel

7 Aufmaß größerer Raumgebilde

Wohnungen

Neben Einzelräumen werden oft komplette Wohnungen vom Maler bearbeitet, Altbauten renoviert oder Neubauten mit Erstbeschichtungen, Tapezierungen oder Belägen versehen. Dabei denken wir an die VOB-Regel: Die Leistung ist aus Zeichnungen zu ermitteln. In den folgenden Aufgaben werden sowohl Decken, Wände und Fußböden als auch Türen und Fenster nach den VOB-Bestimmungen berechnet.

Beispiel (7.1) 7 Fenster 1,20 · 1,45, Leibungen 0,18 m,
2 Fenster 1,00 · 1,45 (Raum 1 und 4), 2 Öffnungen 1,16 · 2,08
4 Türen 1,16 · 2,08, Terrassentür 3,00 · 2,20, Raumhöhe 2,50 m

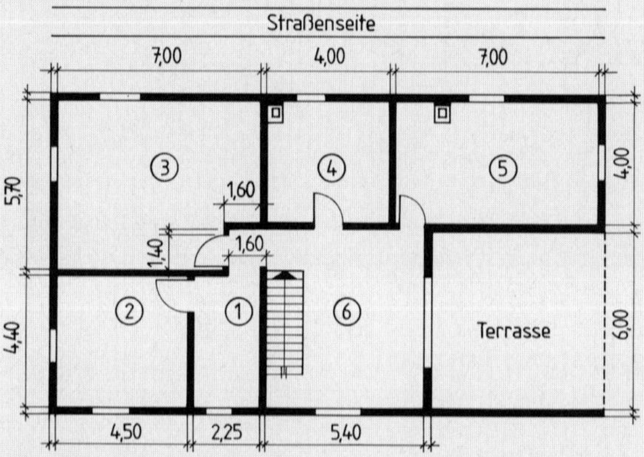

7.1 Berechnung einer Wohnung

Decken

Raum 1 = 2,25 · 4,40 = 9,90 m²
Raum 2 = 4,50 · 4,40 = 19,80 m²
Raum 3 = 7,00 · 5,70 – 1,60 · 1,40 = 37,66 m²
Raum 4 = 4,00 · 4,00 = 16,00 m²
Raum 5 = 7,00 · 4,00 = 28,00 m²
Raum 6 = 5,40 · 6,00 + 1,60 · 1,40 = 34,64 m²
146,00 m²

Oberwände (Sockel Keramik, 1,40 hoch, Oberwände 1,10)

Raum 1 = (2,25 + 4,40) · 2 · 1,10 = 14,63 m²
Raum 4 = (4,00 + 4,99) · 2 · 1,10 = 17,60 m²
32,23 m²

Wände (Dispersionsfläche)

Raum 2 = (4,50 + 4,40) · 2 · 2,50 = 44,50 m²
Raum 6 = (5,40 + 6,00 + 1,60) · 2 · 2,50
+ (3,00 + 2,20 · 2) · 0,18 – 3,00 · 2,20 = 59,73 m²
104,23 m²

Wände (Tapeten)

Raum 3 = (7,00 + 5,70) · 2 · 2,50 = 63,50 m²
Raum 5 = (7,00 + 4,00) · 2 · 2,50 = 55,00 m²
118,50 m²

Aufgaben

1. Die 17 Keller, der Wasch-, Heizungs-, Entlüftungs- und Elektrokeller sowie der Flur und Eingang (beide ohne Treppe) sind mit PVC-Lack zu beschichten (**7.2**). Die durch Strichlinie angedeutete Kellereinteilung ist nicht zu berücksichtigen, es kann durchgemessen werden. (Straßenseite am unteren Rand.)

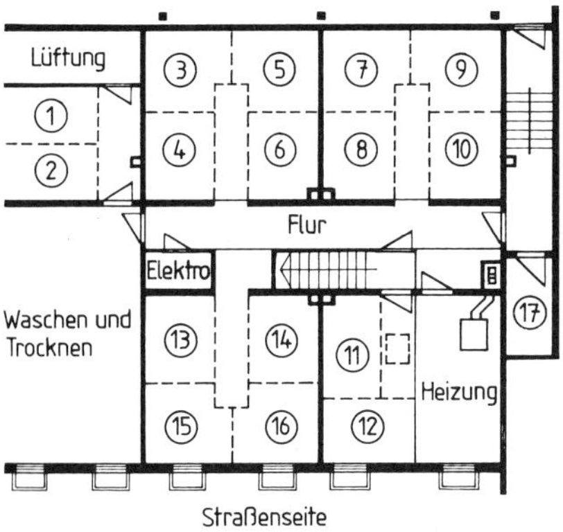

7.2 17 Keller (M 1: 300)

Stellen Sie die Ansätze für die Keller 1 und 2, 3 bis 6, 7 bis 10, 11 und 12, 13 bis 16 und 17 sowie die oben genannten Räume auf.

2. Ein 1-Zimmer-Appartement ist zu renovieren (**7.3**). Wände und Decken sind mit Dispersionsplastik zu beschichten, die Türen werden nicht bearbeitet.

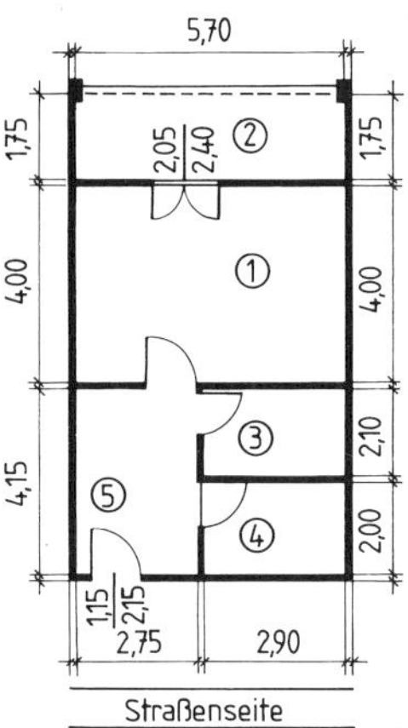

7.3 Einzimmer-Appartement

a) Stellen Sie die Ansätze für die Räume 1, 3, 4, 5 auf und berechnen Sie die zu beschichtenden Flächen unter Beachtung der Sockel im Raum 3 und 4.

b) Die Terrasse 2 ist mit PVC-Lack zu beschichten. Wieviel m^2 sind es?

3. a) Vergleichen Sie die Räume 1 bis 9 des Erdgeschosses in Bild **7.4** mit den Räumen 1 bis 8 des Dachgeschosses. Welche Räume stimmen überein? Wo liegen die Unterschiede im Dachgeschoß?

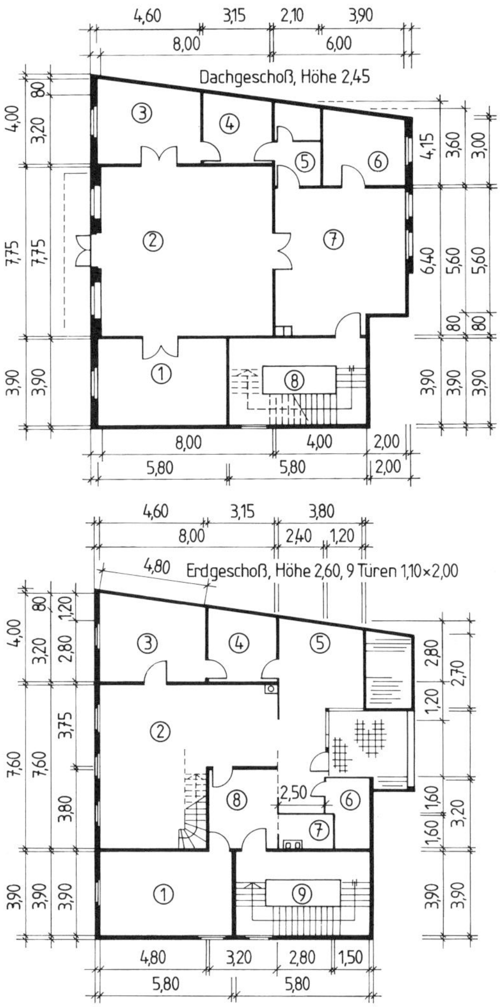

7.4 Zweigeschossige Wohnung

b) Berechnen Sie die Deckenflächen der Räume 1 bis 8 im Ergeschoß. Wieviel m^2 sind es insgesamt?

c) Stellen Sie mit Hilfe der Maßzahlen die Gesamtdeckenflächen der Dachgeschoßräume einschließlich obere Treppenhausdecke fest.

d) Berechnen Sie die Wandflächen der Räume 1, 2 und 3 im Erdgeschoß. Entnehmen Sie der Tabelle 1.6 den Tapetenbedarf für die Räume einzeln, Bahnenlänge 2,75 m. Wieviel Europarollen sind zu bestellen?

e) Die Räume 1 bis 3 des Dachgeschosses sollen mit Rauhfaser tapeziert und mit Dispersionsfarbe beschichtet werden. Wieviel m^2 Rauhfaser werden gebraucht? Wieviel Rollen (33,50 m · 0,56 m) sind das?

f) Für eine Beschichtung sind 0,320 l/m^2 Farbe erforderlich. Wieviel l Dispersionsfarbe sind für zwei Beschichtungen erforderlich?

4. Vier im Grundriß verschiedene Appartements sind (ohne Treppenhaus) zu renovieren (**7**.5).

a) Berechnen Sie die Deckenflächen aller Appartements einschließlich Küchen (Kochnische) und Bäder.

b) Die Wände der Appartements (ohne Küche/Bad) erhalten Unterlagstoff aus Hartschaum und PVC-Wandbelag (ohne Türen und Fenster, mit 8 % Verschnitt). Wieviel m^2 Unterlagstoff sind erforderlich? Wieviel Platten der Größe 0,80 · 1,25 sind das?

c) Der PVC-Wandbelag ist 1,20 m breit, Rollenlänge 25,00 m. Wieviel Rollen desselben Musters sind zu bestellen (aufgerundet)? Wieviel Prozent beträgt der Rest?

d) Die 7 Türen werden beidseitig bearbeitet. Berechnen Sie die Türflächen.

e) Die Appartements (ohne Nebenräume) erhalten PVC-Bodenbelag. Wieviel m^2 werden verarbeitet (Breite 2,00 m)? Wieviel 20 m-Rollen bestellen Sie?

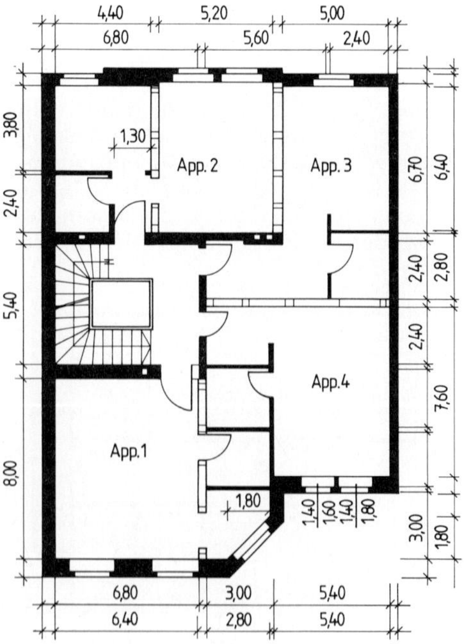

7.5 4 Appartements, Höhe 2,50 m

alle Bäder	2,40 · 2,80
7 Fenster	2,00 · 1,60
7 Türen	1,10 · 1,95
Futter	0,18
Bekleidung	0,05

5. Ihr Betrieb erhält den Auftrag, in einer 3-Zimmer-Wohnung (**7**.6) folgende Renovierungsarbeiten durchzuführen:

a) Decken Raum 1, 5, 6 und 8 beschichten. Wieviel m^2?

b) Raum 2, 3 und 4 mit Deckenplatten 50 · 50 belegen. Wieviel m^2 sind zu bestellen, wenn mit 8 % Verschnitt gerechnet wird?

c) Raum 2, 3 und 4 einheitlich tapezieren. Wieviel Rollen Tapete sind zu bestellen, wenn 1 Rolle 3 Bahnen ergibt? Abzüge: Doppeltür und die 3 große Fenster.

d) Raum 6 und 7 einheitlich tapezieren. Wieviel Rollen Tapete brauchen Sie, wenn 1 Rolle 3 Bahnen ergibt?

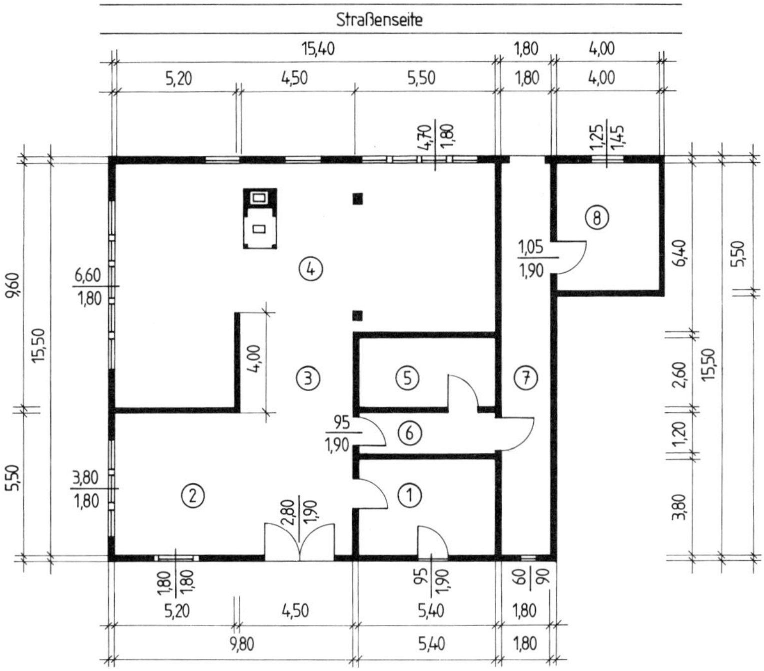

7.6 3-Zimmer-Wohnung, Höhe 2,50 m

Türen
4 1,05 · 1,90
2 0,95 · 1,90
1 2,80 · 1,90

Fenster
3 1,25 · 1,45
1 0,60 · 0,90
1 1,80 · 1,80
1 3,80 · 1,80
1 6,60 · 1,80
1 4,70 · 1,80

e) Raum 8 bekommt eine Gewebetapete ohne Muster, 0,65 m breit, Rolle 8,15 m lang, 15 cm Zugabe je Bahn. Wieviel Rollen sind erforderlich?

f) Sechs Türen (ohne die Doppeltür) werden beidseitig beschichtet (Futter 0,20 m, Bekleidung 0,08 m). Wieviel m² sind zu berechnen?

8 Fassaden

Sicher haben Sie schon festgestellt, daß heute zunehmend ältere, stark gegliederte Fassaden mit Stuck und Balkonen in gut abgestimmten Farbtönen renoviert werden. Vielleicht haben Sie selbst schon dabei mitgeholfen? Dagegen haben die in den letzten Jahrzehnten entstandenen Gebäude Fassaden einer strengeren Farbgebung. Außerdem sind Fachwerkhäuser zu renovieren. Aus diesen drei Arbeitsbereichen ergeben sich die verschiedenen Berechnungen von Fassaden.

8.1 Grundlagen

Die Bestimmungen der VOB, z. B. über Öffnungen und Aussparungen, gelten auch für Fassaden. Danach werden Öffnungen, Aussparungen und Nischen bis zu 2,50 m^2 Einzelgröße übermessen. Ganz oder teilweise behandelte Leibungen von Öffnungen, Aussparungen und Nischen über 2,50 m^2 werden gesondert gerechnet. Gesimse, Umrahmungen und Faschen von Füllungen oder Öffnungen werden übermessen, Gesimse und Umrahmungen unter Angabe der Höhe und Ausladung (bei Faschen der Abwicklung) zusätzlich gerechnet. Sie werden in ihrer größten Länge gemessen.

Zur Fassadenberechnung gehört in der Regel die Berechnung von Fenstern und Eingangstüren, manchmal nur außenseitig. Gleichfalls sind Fensterläden bzw. Rolläden zu berechnen. Zu beschichten und zu berechnen sind auch Dachrinnen und Regenfallrohre sowie Balkonverkleidungen.

Eine Fassade wird am rationellsten von oben nach unten aufgemessen. Die bei stark gegliederten Fassaden üblichen Vor- und Rücksprünge, Gesimse und Brüstungen sind möglichst in die Abwicklung aufzunehmen. Eine andere Möglichkeit ist ein erhöhter Preis (Schwierigkeitsfaktor oder Prozentzuschlag), bei figürlichen Bauteilen auch Stückpreis.

Beispiel 1 **Fassade der 60er Jahre** (**8**.1). Alle Öffnungen über 2,50 m^2 werden abgezogen, die behandelten Leibungen hinzugerechnet.

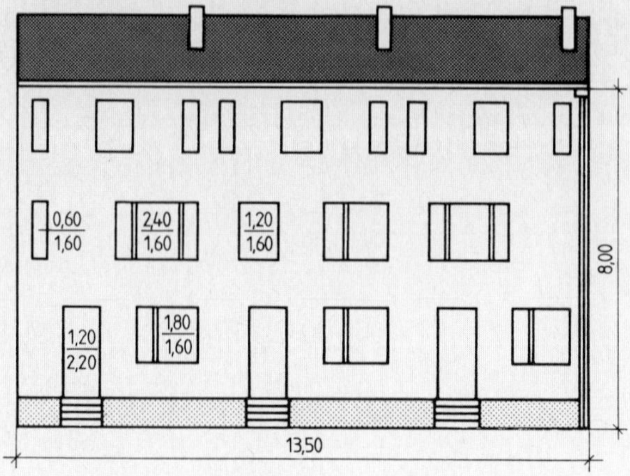

8.1
Fassade der 60er Jahre
Leibung 0,25 m, Fensterbänke

Ansatz	Fassade	13,50 · 8,00	=		108,00 m²
	+ Leibungen	3 (1,20 + 2,20 · 2) · 0,25	=		4,20 m²
	+ Leibungen	4 (1,80 + 1,60 · 2) · 0,25	=		5,00 m²
	+ Leibungen	2 (2,40 + 1,60 · 2) · 0,25	=		2,80 m²
	– Haustüren	3 · 1,20 · 2,20	=	7,92 m²	
	– Fenster	4 · 1,80 · 1,60	=	11,52 m²	
	– Fenster	2 · 2,40 · 1,60	=	7,68 m²	
				27,12 m²	120,00 m²
					– 27,12 m²
					92,88 m²

Beispiel 2 **Jugendstil-Mietshaus** (8.2). Die 3 durchlaufenden Gesimse und das Gesims über dem Sockel kommen in die Abwicklung hinein. Die oberste Giebelbekrönung und die des vorspringenden Erkers, die Haustüreinfassung und die Verzierungen unter den Fenstern werden mit einem erhöhten m²-Preis berechnet. Das oberste Erkerfenster ist bei beschichteten Leibungen abzuziehen, die Leibung hinzuzurechnen.

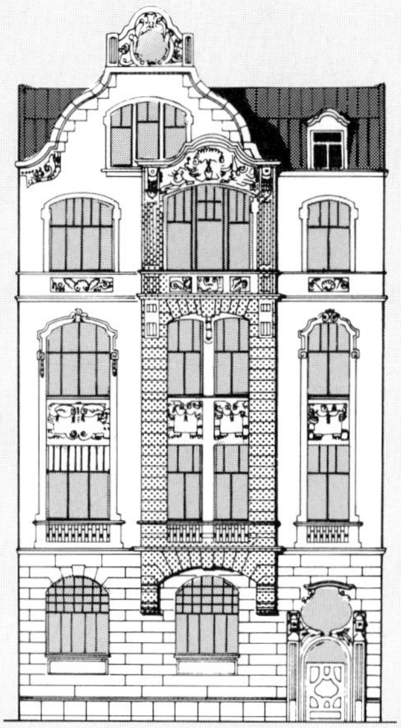

8.2 Jugendstil-Mietshaus

> Die VOB bringt eine vereinfachte Fassadenberechnung, nach der Öffnungen mit behandelten Leibungen bis zu 2,50 m² (ohne Berücksichtigung der Leibungen) übermessen werden. Bei stark gegliederten älteren Fassaden sind schwierige Teile mit einem Schwierigkeitsfaktor bzw. einem prozentualen Zuschlag zu belegen.

8.2 Fassadenberechnungen

8.2.1 Reihenfassaden und freistehende Gebäude

Reihenfassaden. Bei diesen Gebäuden werden nur die Straßenfrontseite und die Hofseite beschichtet und berechnet.

Ansatz für Bild **8**.3:

Fassade	$16{,}60 \cdot 9{,}40$	Übermessen werden:
+ kleiner Giebel	$+\ 2{,}40 \cdot 1{,}05 + \dfrac{2{,}40 \cdot 1{,}15}{2}$	14 Fenster + 1 Fenster im kleinen Giebel
+ 2 Erkerseiten	$+\ 0{,}75 \cdot 8{,}35 \cdot 2$	
+ Leibung	$+\ 2\,(3{,}10 + 1{,}35 \cdot 2) \cdot 0{,}20$	
+ Leibung	$+\ (3{,}10 + 1{,}20 \cdot 2) \cdot 0{,}20$	
	$+\ (1{,}40 + 2{,}00 \cdot 2) \cdot 0{,}20$	
– Dachüberstand	$-\ 3{,}90 \cdot 1{,}05$	
– 2 Fenster	$-\ 2 \cdot 3{,}10 \cdot 1{,}35$	
– 1 Fenster	$-\ 3{,}10 \cdot 1{,}20$	
– Haustür	$-\ 1{,}40 \cdot 2{,}00$	

Aufgaben

1. Berechnen Sie die Fassadenfläche **8**.3 nach dem Ansatz.
2. a) Stellen Sie den Ansatz nach VOB für die Häuserzeile **8**.4 auf und berechnen Sie

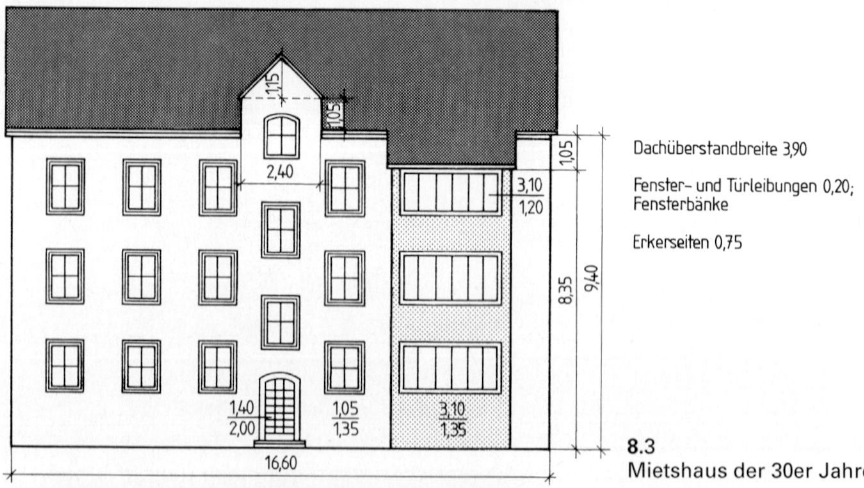

8.3
Mietshaus der 30er Jahre

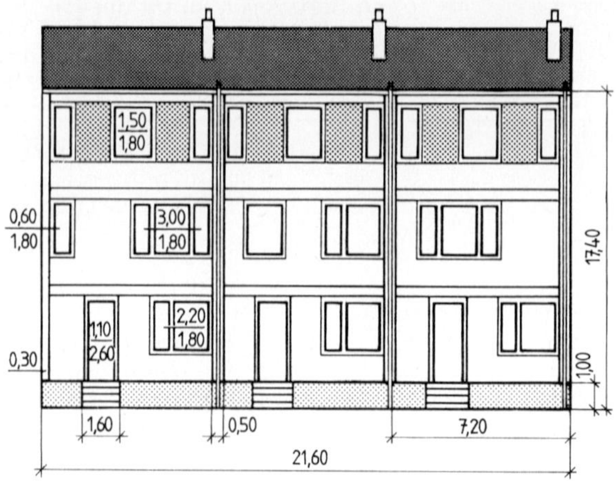

8.4 Häuserzeile

diese. Leibungen 0,18 m, 6 Putzfelder in der 2. Etage, je 1,50 · 2,20.

b) Die senkrechten Trennstreifen 0,50 m, die 6 Putzfelder und der Sockel sind mit farbigem Putz abgesetzt und gesondert zu berechnen.

3. Stellen Sie den Ansatz nach VOB für das Bild **8**.5 auf und berechnen Sie die Fassade. Beide Gesimse sind in die Abwicklung einzubeziehen. Der Sockel in Waschputz ist gesondert in Ansatz zu bringen.

4. Stellen Sie den Ansatz für die Fassade **8**.6 nach VOB auf. Die Treppe wird nicht beschichtet, die waagerechten Streifen von 1,00 m und der Sockel sind getrennt zu berechnen.

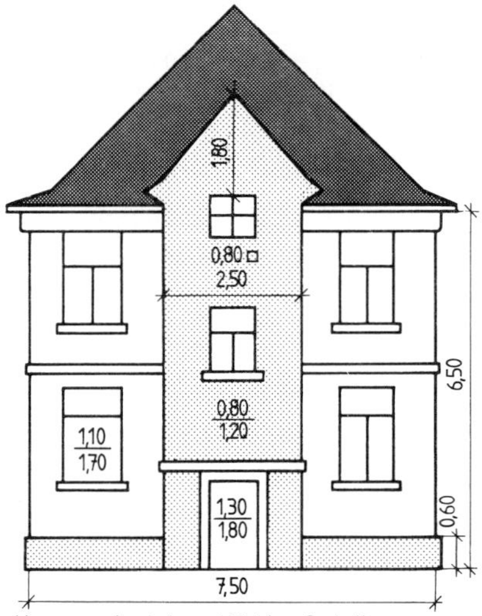

Vorsprung des Anbaus 1,25 (ohne Sockel)
Leibungen 0,20
Vorsprung Gurtgesims 0,08m, Dachgesims 0,18m

8.5 Einfamilienhaus der 20er Jahre

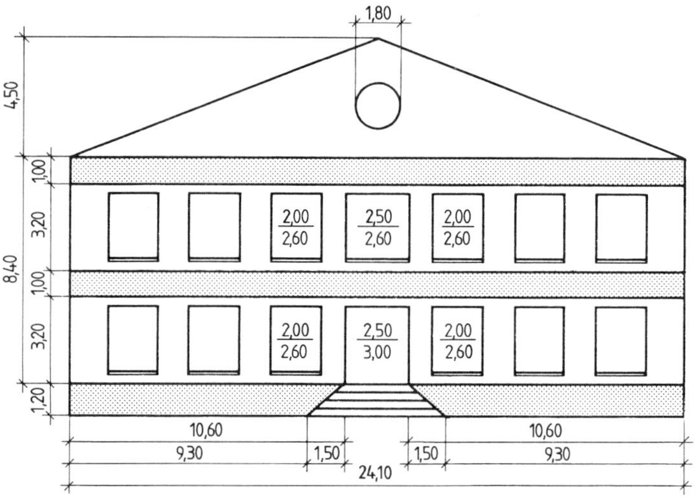

8.6
Fassade eines Bürohauses

Leibungen 0,16

Freistehende Gebäude erfüllen durchaus die Forderung nach einer Abwicklung, denn gewöhnlich sind die beiden Giebelseiten gleich, meist auch die beiden anderen gegenüberliegenden Seitenflächen. Damit ist auf jeden Fall e i n gemeinsames Maß gegeben: die H ö h e.

Aufgaben

5. a) Vergleichen Sie die Maße von Bild **8**.7 mit dem Ansatz darunter.

   b) Rechnen Sie die Beschichtungsfläche aus.

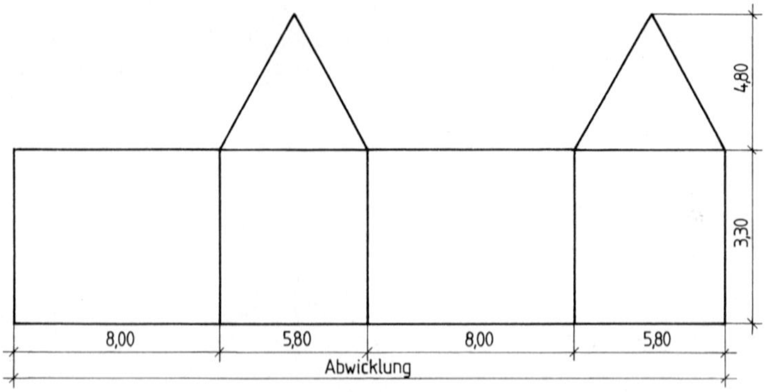

8.7 Abwicklung eines freistehenden Gebäudes. Ansatz: $(8{,}00 + 5{,}80) \cdot 2 \cdot 3{,}30 + 2 \cdot \frac{5{,}80 \cdot 4{,}80}{2}$

6. a) Stellen Sie den Ansatz für das Gebäude **8**.8 nach VOB für zwei Seiten und zwei Giebelflächen auf.

   b) Berechnen Sie die Beschichtungsflächen. (4 gleichgroße Giebelfenster 1,00/1,50; 2 Fenster 2,30/1,75; 2 Fenster 2,20/1,75; 1 Fenster 2,85/2,10)

   c) Berechnen Sie die Dachüberstände nach dem Längenmaß unter Angabe der Tiefe (0,40 m).

   Ansatz: $[(1{,}90 + 3{,}40 \cdot 2) + 11{,}40] \cdot 2$

7. Die Front des Fabrikgebäudes **8**.9 soll beschichtet werden. Die Treppe und die von ihr verdeckte Fläche wird übermessen. Vom 1,20 m vorspringenden Vordach sind Vorder- und Seitenkanten mitzubeschichten, ferner die 4 quadratischen Säulen 0,60 · 0,60 und die 6 Felder 1,50 · 1,50 über dem Eingang. Stellen Sie den Ansatz nach VOB auf und gehen Sie so vor:

   a) linker und rechter Fassadenteil zusammen,

   b) Vordachumrandung und Säulen in einer Summe,

   c) die 6 quadratischen Felder in einer Summe.

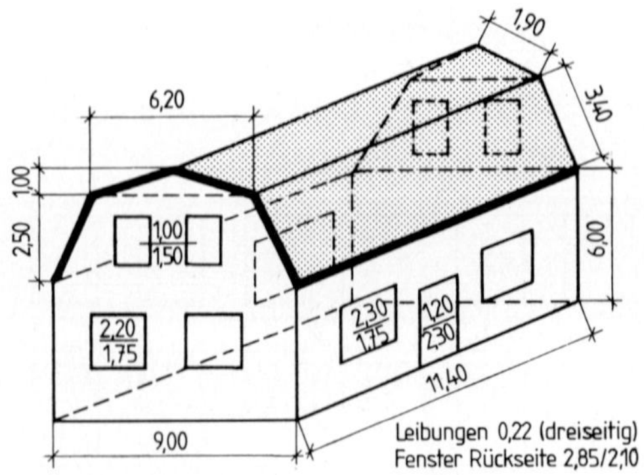

8.8 Gebäude

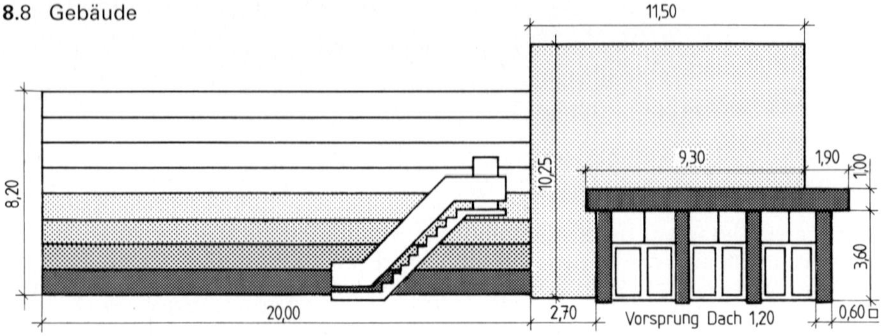

8.9 Vorderfront eines Fabrikgebäudes

Fachwerkhäuser. Die Putzflächen (Gefache) werden ohne Beachtung der Balken (Hölzer) gemessen, d. h. die Balken übermessen. Die Hölzer berechnet man nach dem Längenmaß (m). Es werden zunächst alle waagerechten (Riegel), dann alle senkrechten (Ständer) und zuletzt die übrigen Hölzer gemessen. Schnittpunkte der Hölzer mißt man nur in einer Richtung durchgehend, so daß sich keine Doppelmessungen ergeben.

Aufgabe

8. Die Fachwerkfassade **8**.10 ist wie folgt zu berechnen:
   a) Putzflächen: Unterteil und Giebelfläche. Fenster werden übermessen. Wieviel m^2 sind zu beschichten?
   b) Balken nach dem Längenmaß:
   Unterteil (Breite 0,14 m) senkrecht durchgemessen 50,40 m, waagerecht zwischen den Ständern gemessen 33,00 m, Schrägbalken 8,00 m
   Giebel (Breite 0,12) senkrecht durchgemessen 17,00 m, waagerecht wie oben 12,00 m, Giebeldreieck pauschal 7,00 m
   Wieviel Balken sind es je Breite?

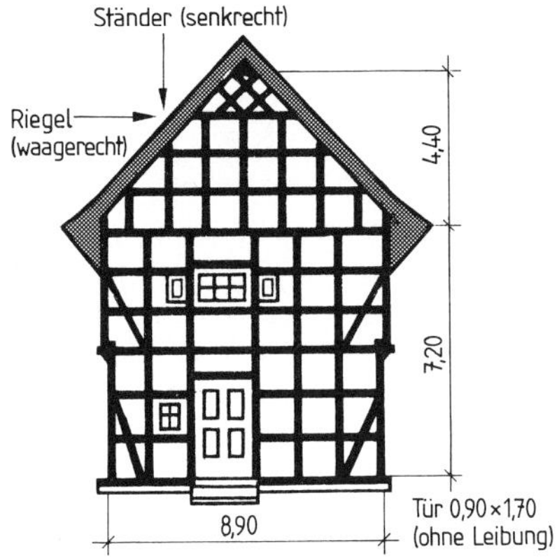

8.10 Fachwerkfassade von 1825

8.2.2 Balkone, Loggien und Erker

Balkone sind Bauteile, die vor der Fassade (Fassadenflucht) montiert sind. In älteren Bauten bestehen die Geländer vielfach aus Metall und werden bei der Berechnung mit einem Schwierigkeitsfaktor belegt. Neue Bauten haben entweder vollflächige Umrandungen (z. B. Betonelemente, gemauerte, gewellte oder glatte Plattenverkleidungen) oder Profile aus Holz oder Kunststoff, an Metallpfosten montiert.

Beispiel Balkon **8**.11 mit rechteckiger Bodenfläche. Zu messen sind:

3 Außenflächen (2 seitlich, 1 vorn)

3 Innenflächen (in der Höhe um die Dicke der Bodenplatte, in den Längen um die eigene Dicke der Umrandung vermindert – d. h. kleinere Innenmaße

1 Balkonuntersicht und evtl. die Oberkante (Brüstung) als Aufsicht (im Beispiel 0,15 m). Die Wand mit der Balkontür ist Bestandteil der Fassade.

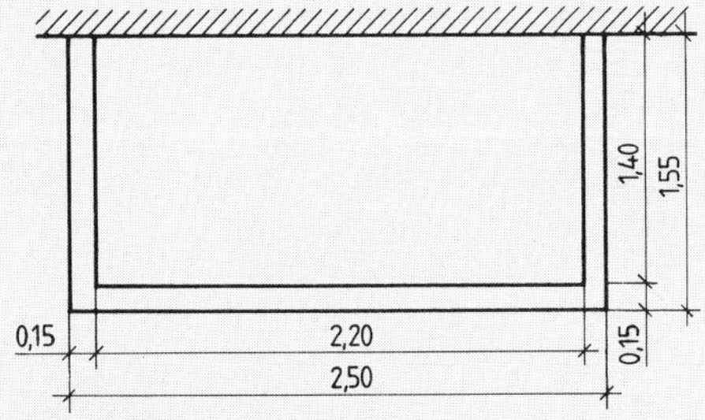

Bodenfläche 2,50×1,55
Höhe außen 1,30 m, innen 1,15 m

8.11 Balkon mit rechteckiger Grundfläche (Grundriß)

Ansatz	Außenflächen	(2,50 + 1,55 · 2) · 1,30
	Innenflächen	(2,20 + 1,40 · 2) · 1,15
	Untersicht	2,50 · 1,55
	Brüstung	(2,50 + 1,40 · 2) · 0,15

Aufgaben

9. Rechnen Sie nach diesem Ansatz die gesamte Fläche des Balkons in einer Beschichtungstechnik aus.
10. Ein Hochhaus hat 8 Stockwerke von je 12 Balkonen dieser Größe.
    Wieviel m^2 Fläche sind bei diesen Balkonen zu bearbeiten?
11. Bei einem Wohnhaus sind die 18 Balkonverkleidungen aus Zementplatten falsch beschichtet worden (**8**.12). Es sollen nur die Außenseiten renoviert werden.
    Berechnen Sie die Gesamtfläche (je 2 Seitenteile 1,60 m).

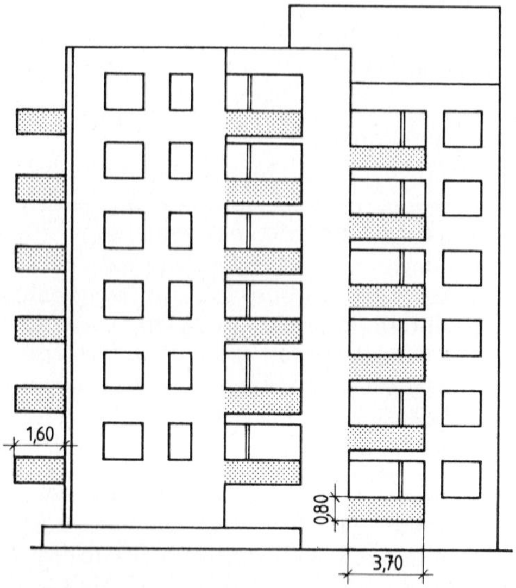

8.12 Wohnhaus mit Balkonverkleidungen

Balkonprofile aus Holz werden mit Holzlasuren oder auch mit Deckbeschichtungen behandelt. Die Profile und Pfosten werden unter Beachtung der Abwicklung bzw. Durchmesser nach dem Längenmaß berechnet.

Aufgabe

12. Die hölzerne Balkonverkleidung **8**.13 ist allseitig mit Holzschutzmittel zu beschichten. Die Metallpfosten werden grundiert und zweimal mit Lackfarbe beschichtet.
    4 Profilbretter (4,80 + 2,20) · 2 · Abwicklung, 13 Metallpfosten.
    Stellen Sie den Ansatz auf und berechnen Sie a) die m^2 Profilbretter, b) die m Metallpfosten.

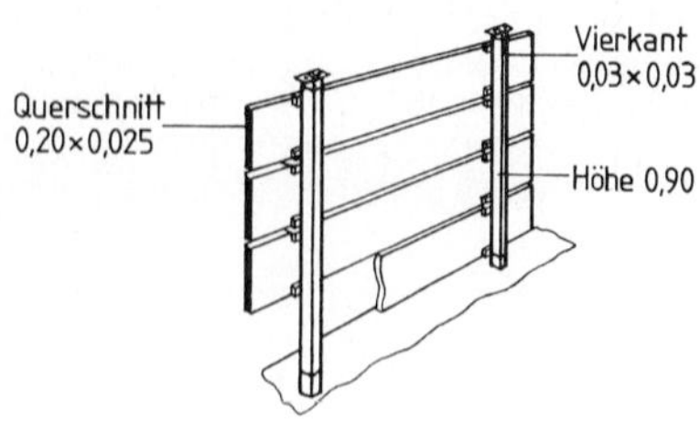

8.13 Holz-Balkonverkleidung

Loggien. Eine Loggia ist ein aus der Fassadenflucht zurück gezogenes Bauteil, deren Vorderfront mit der Fassade abschließt bzw. nur wenig vorspringt. Sie hat eine Decke, drei Wände und einen Boden, der gelegentlich auch beschichtet wird. Die Höhe einer Loggia entspricht etwa der des Raumes, dem sie vorgelagert ist. Loggien werden meist in einem besonderen Farbton abgesetzt.

Aufgabe

13. Die Loggia **8.**14 soll in einem Farbton an den Innenseiten beschichtet werden (keine Berücksichtigung der Brüstungsdicke).

    Decke: 4,20 · 1,80

    Wände abgewickelt: (4,20 + 1,80 · 2) · 2,80

    Brüstung: 4,20 · 1,10

    Rechnen Sie die m^2 für die Beschichtungsfläche aus.

    Die lichte Öffnung der Loggia wird von der Fassadenbeschichtung abgezogen, die Vorderseite der Brüstung (4,20 · 1,10) der Fassadenbeschichtung zugezählt.

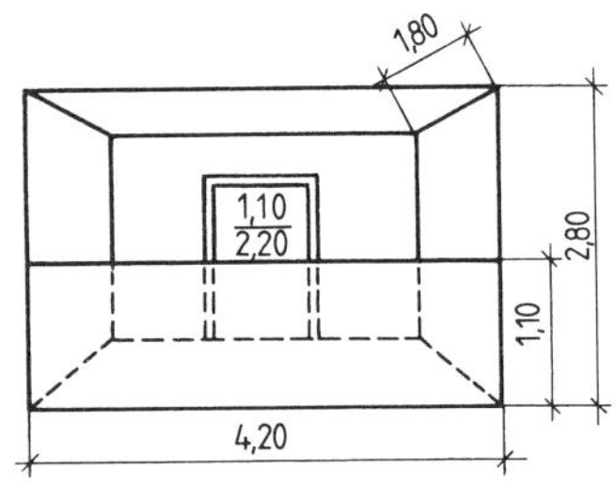

8.14 Loggia

Erker sind überwiegend bewohnbare Gebäudevorsprünge mit rechteckigem oder vieleckigem Grundriß. Sie sind ein oder mehrere Stockwerke hoch. Die Wandflächen der Erker sind gewöhnlich abgewinkelt. Die tragenden unteren Teile werden aufgemessen oder bei Verzierungen pauschal (in einer Summe) berechnet (**8.**15).

Wird ein Erker in starkfarbiger, ein- oder mehrfarbiger Farbgebung gestaltet und damit getrennt berechnet, ist die von ihm in der Fassadenfläche eingenommene Fläche von der Fassadenbeschichtung abzuziehen. Das gilt auch für evtl. Bedachungen wie in Bild **8.15**.

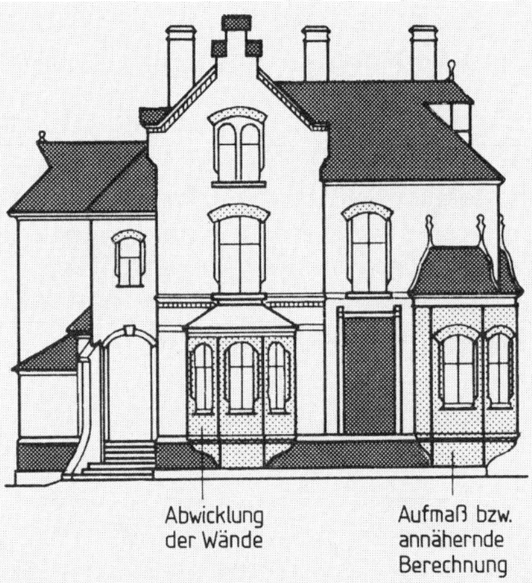

8.15 Privathaus nach 1871 mit zwei Erkern

9 Wandbekleidungen

Es gibt Tapeten mit kleinen oder großen Mustern, Wandbekleidungen in breiteren Rollen als die meisten Tapeten. Stellen Sie sich mehrere Räume unterschiedlicher Größe mit verschiedenen Öffnungen vor, die Sie tapezieren sollten. Wie können Sie da den Tapetenbedarf berechnen? Zuviel bestellte Rollen werden manchmal nicht zurückgenommen, zuwenig bestellte führen zu Arbeitsunterbrechungen. Oft ist auch die fehlende Tapete nicht mehr lieferbar. Diese Probleme schaffen wir durch eine Bedarfsrechnung aus der Welt.

9.1 Tapeten

Tapetenmaße. Die meisten deutschen Tapeten haben das einheitliche Maß der Europarolle: 10,05 m Länge, 0,53 Rollenbreite = 5,33 m^2 Tapezierfläche (ohne Verschnitt). Abweichende Maße findet man bei Rauhfaser, Textil-, Metall-, Kork-, Grastapeten und anderen Spezialtapeten, je nach Fabrikat oder Hersteller bzw. Einfuhrland unterschiedlich.

> Das Maß der Europarolle ist 10,05 m Länge x 0,53 m Breite = 5,33 m^2 Tapezierfläche (ohne Verschnitt). Spezielle und manche ausländische Tapeten haben andere Maße.

Nutzfläche. Darunter versteht man die Fläche, die man tatsächlich tapezieren kann, ohne Abschnitte und Reste. Die verschiedenen Wandhöhen und Raumöffnungen sowie größere oder kleinere bzw. fehlende Muster führen zu unterschiedlichen Nutzflächen. Hier helfen uns Angaben in Prozenten, die wir von der betreffenden Tapete abziehen.

Beispiel Tapete Europarolle = 5,33 m^2

	ohne Ansatz		einfacher Rapport		großer Rapport
	5,33 m^2		5,33 m^2		5,33 m^2
(– 10 %)	0,53	(– 20 %)	1,06	(– 30 %)	1,60
	4,80 m^2		4,27 m^2		3,73 m^2

Der Tapetenbedarf ist abhängig

- von den Maßen der Tapete, der Rapportlänge, evtl. einem versetzten Muster (jede 2. Bahn beginnt mit demselben Muster = versetzter Rapport),
- von den Raummaßen (Wandhöhen, Tapezierhöhen), Abzügen bei Raumöffnungen (Türen, Fenster), Vor- und Rücksprüngen der Mauern, Erkern,
- von den Zugaben für oberen und unteren Beschnitt sowie für den Musterausgleich,
- von der Verwendung von Reststücken bzw. Rollenresten (z. B. über Türen).

Zur Ermittlung des Tapetenbedarfs gibt es mehrere Verfahren: Faustregeln, Ausmessung des Raumes und Tabellen.

Faustregeln. Der erfahrene Maler schreitet mit einer Tapetenrolle als Maßstab die Wände ab, zählt die Bahnen und kalkuliert die Zuschläge und Abzüge unter Beachtung der Rapporthöhe grob ein, oder er berechnet den Raumumfang × 2 unter Beachtung des Rapports.

Das Ausmessen bringt die genauesten Ergebnisse, wenn man alle Gegebenheiten des Raumes erfaßt. Bei komplizierten Raumgrundrissen (z. B. in Treppenhäusern) sollte man stets ausmessen.

Rollenverbrauch nach Nutzfläche

Beispiel Ein Raum von 5,00 m x 7,50 m, Höhe 2,50 m, hat ein Fenster von 2,00 m x 1,60 m und eine Tür von 1,10 m x 2,10 m. Wieviel Rollen Fondtapete (ansatzlos) brauchen Sie? (1 Rolle = 5,00 m²)

Wandfläche		=	62,50 m²
– Fensterfläche	= 2,00 · 1,60	=	3,20 m²
– Türfläche	= 1,10 · 2,10	=	2,31 m²
			56,99 m²

Rollenbedarf = 56,99 m² : 5,00 m² = 11,40 ≈ **12 Rollen**

> Die ermittelte Rollenzahl wird auf volle Rollen aufgerundet. Bei knappen Ergebnissen (wie im Beispiel), bei größeren Räumen, Großrapporten und für Fensterleibungen ist immer eine Rolle mehr zu bestellen (Verschnitt und Zugaben).

Rollenverbrauch nach Anzahl der Bahnen

Ansatzlose Tapeten

Beispiel Ein Raum von 5,00 m x 7,50 m, Höhe 2,50 m, hat ein Fenster von 2,00 m x 1,60 m und eine Tür von 1,10 m x 2,10 m. Wieviel Europarollen Prägetapete (ansatzlos) sind erforderlich?

Tatsächlicher Raumumfang = (5,00 + 7,50) · 2 – (2,00 + 1,10) = 21,90 m

$$\text{Bahnenanzahl} = \frac{\text{Raumumfang}}{\text{Bahnenbreite}} = \frac{21{,}90\ \text{m}}{0{,}53\ \text{m}} = 41{,}32 = 42\ \text{Bahnen}$$

Bahnenzuschnitt = Raumhöhe + 0,05 m = 2,55 m

$$\text{Bahnen je Rolle} = \frac{\text{Rollenlänge}}{\text{Bahnenzuschnitt}} = \frac{10{,}05\ \text{m}}{2{,}55\ \text{m}} = 3{,}94 = 3\ \text{Bahnen}$$

$$\text{Rollenbedarf} = \frac{\text{Bahnenanzahl}}{\text{Bahnen je Rolle}} = \frac{42}{3} = \mathbf{14\ Rollen}$$

Es ist zu prüfen, ob die Reststücke für Leibungen und Flächen unter und über dem Fenster sowie über der Tür ausreichen.

Tapeten mit Rapport

Beispiel Ein Wohnzimmer von 5,00 m x 7,50 m, Höhe 2,50 m, hat ein Fenster von 2,00 m x 1,60 m und eine Tür von 1,10 m x 2,10 m. Wieviel Rollen Fondtapete braucht man?

(Europarolle, Rapport 0,54 m)

Tatsächlicher Raumumfang = 21,90 m

Bahnenanzahl = 21,90 m : 0,53 m = 42 Bahnen

Bahnenzuschnitt $= \frac{\text{Raumhöhe}}{\text{Rapportlänge}} = \frac{2{,}50\text{ m}}{0{,}54\text{ m}} = 4{,}63 = 5$ Rapporte

$5 \cdot 0{,}54\text{ m} = 2{,}70\text{ m}$

Bahnen je Rolle $= \frac{\text{Rollenlänge}}{\text{Bahnenzuschnitt}} = \frac{10{,}05\text{ m}}{2{,}70\text{ m}} = 3{,}72 = 3$ Bahnen

Rollenbedarf $= \frac{\text{Bahnenanzahl}}{\text{Bahnen je Rolle}} = \frac{42}{3} =$ **14 Rollen**

Der Bahnenzuschnitt muß auf die nächste volle Rapportzahl aufgerundet werden.
Läßt sich die Raumhöhe restlos durch das Rapportmaß teilen, muß ein ganzer Rapport zum sauberen Beschneiden hinzugerechnet werden.

Spezialtapeten. Sehr teure Tapeten werden gewöhnlich nach Meter bestellt. In diesen Fällen sind die Maße besonders genau zu ermitteln, denn unnötige Reste sind sehr kostspielig.

Bei versetztem Rapport ändert sich nur der Bahnenzuschnitt. Darum ist es ratsam, den Tapetenzuschnitt im Wechsel von zwei Rollen vorzunehmen:
Rolle 1 = ganze Rapporte, Rolle 2 = halbe Rapporte genau in der Rapportmitte.

Aufgaben

1. Ein Raum hat die Maße 4,60 · 3,80, Wandhöhe 2,60. Berechnen Sie den Tapetenbedarf (nach Nutzfläche) ohne Beachtung von Öffnungen.
   a) Wieviel Rollen, b) wieviel Bahnen bei einfachem Rapport?
2. Wieviel Rollen Tapete (nach Nutzfläche, ohne Ansatz) brauchen Sie für einen Raum 4,50 · 4,10, Raumhöhe 2,65? Abzüge: Tür 1,05 · 2,05, 2 Fenster 0,80 · 1,40.
3. Eine Decke 7,10 · 4,90 soll mit einer kleingemusterten Tapete tapeziert werden.
   a) Wieviel Tapetenbahnen werden verarbeitet?
   b) Wieviel Europarollen müssen bestellt werden (Bahnenlänge 4,95 m)?
   c) Wieviel Verschnitt bleibt je Rolle übrig?

4. Berechnen Sie den Rollenbedarf (nach Bahnen) an Rauhfaser (33,50 m x 0,56 m) für den Raum **9**.1.

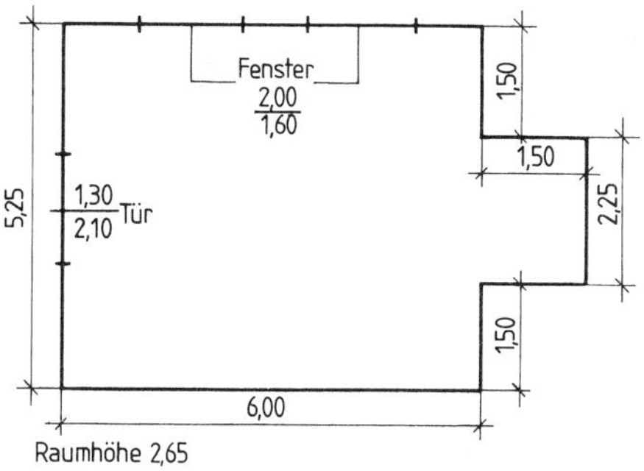

9.1 Raum mit Erker

5. Wieviel Rollen (nach Bahnen) Gewebetapete (8,15 m x 0,65 m) sind für den Raum **9**.1 zu bestellen?

6. Ein Raum hat die Maße 4,00 · 5,50, Raumhöhe 2,75. Er ist mit Europarollen bei einem Rapport von 0,60 m zu tapezieren.
   a) Wieviel Bahnen gibt es je Rolle?
   b) Wieviel Rollen werden ohne Beachtung von Öffnungen gebraucht?
   c) Die Öffnungen betragen zusammen 7,75 m^2. Bleibt es bei der unter b) errechneten Rollenzahl?

8. Für einen Raum wurden 38 Bahnen der Länge 2,85 m berechnet. Wieviel Prozent beträgt der Verschnitt bei Europarollen, wenn dafür keine andere Verwendung gegeben ist?

9. Eine Wand in einem kleinen Saal soll mit einer Grastapete (6,10 m x 0,91 m) tapeziert werden. Wandmaß: 10,85 · 2,95.
   a) Wieviel Bahnen sind erforderlich?
   b) Wieviel Rollen sind zu bestellen?
   c) Was kostet die Tapete, wenn für eine Rolle 89,50 DM zu bezahlen sind?

10. In Raum **9**.1 sind umlaufend, außer über den Fenstern, Tapetenleisten anzubringen. Wieviel 2-m-Stäbe werden gebraucht, wenn auf volle Stäbe aufzurunden ist?

11. Das Mansardenzimmer **9**.2 ist einschließlich der Dachschrägen zu tapezieren (Fensterleibung 0,18 m).
    a) Wieviel m^2 Tapezierfläche sind es nach VOB (s. Abschn. 9.2)?
    b) Berechnen Sie den Tapetenbedarf ohne Rapport.
    c) Wieviel m^2 Decke sind zu tapezieren?

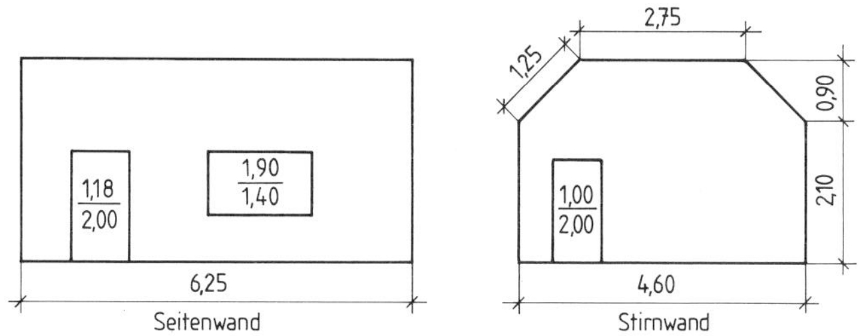

9.2 Mansardenzimmer

7. Zwölf gleiche Hotelzimmer wie Bild **9**.3 sind mit Tapeten ohne Muster zu tapezieren.
   a) Wieviel Rollen brauchen Sie für ein Zimmer?
   b) Was kosten die Tapeten für die 12 Zimmer, wenn eine Rolle 30,33 DM kostet?
   c) Wieviel Meter Tapetenborte rundum sind für die 12 Hotelzimmer erforderlich?

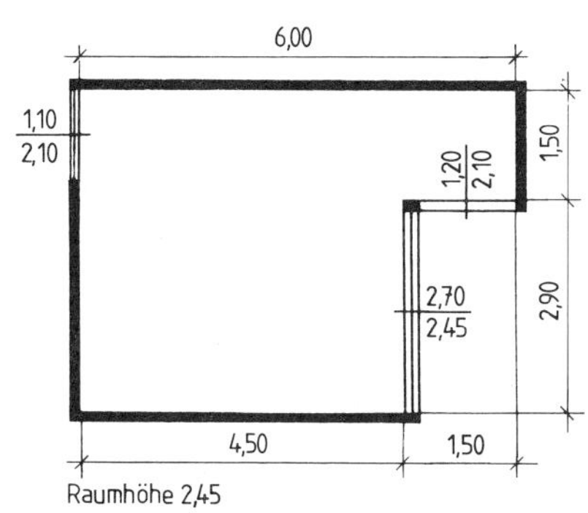

9.3 Hotelzimmer

12. Das Eckzimmer **9**.4 ist mit einer großgemusterten Tapete zu tapezieren, Rapport 0,50 m.

a) Wieviel Rollen werden gebraucht?

b) Wieviel m^2 Unterlagstoff (Bahnenware) aus Schaumpolystyrol brauchen Sie? (VOB 18366, 10 % Zuschlag)

c) Wieviel Tapetenleisten müssen für diesen Auftrag bereitgestellt werden? (1 Leiste = 2,00 m)

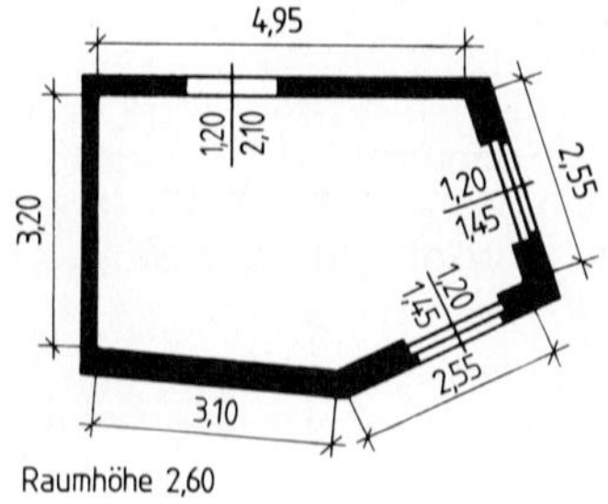

9.4 Eckzimmer

13. Drei gleiche Flure eines Verwaltungsgebäudes (**9**.5) sind mit einer PVC-Tapete zu tapezieren (1 Rolle = 3 Bahnen).

a) Berechnen Sie die Tapezierfläche für einen Flur.

b) Wieviel Rollen sind für den Auftrag erforderlich?

c) Was kosten die Tapeten bei einem Rollenpreis von 32,80 DM?

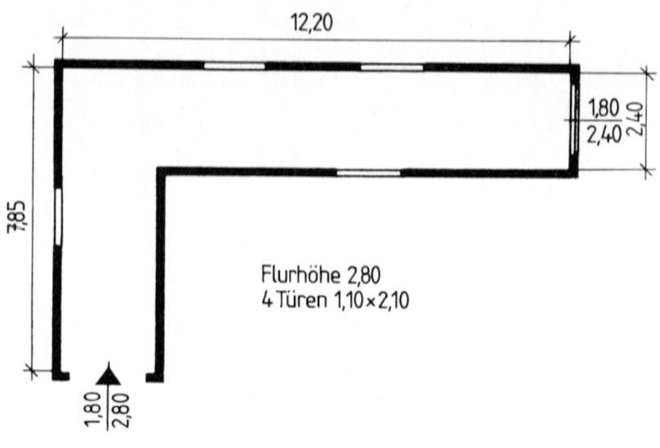

9.5 Flur

14. Das Erkerzimmer **9**.6 ist zu tapezieren. Fenstermaße: Höhe 2,10 m, Brüstung 0,60 m, über dem Fenster 0,50 m Tapezierhöhe.

a) Wieviel m^2 Tapete sind dazu erforderlich?

b) Wieviel Rollen Grastapete (6,10 m x 0,91 m) sind das?

c) Wieviel m Tapetenborte sind rundum zu kleben?

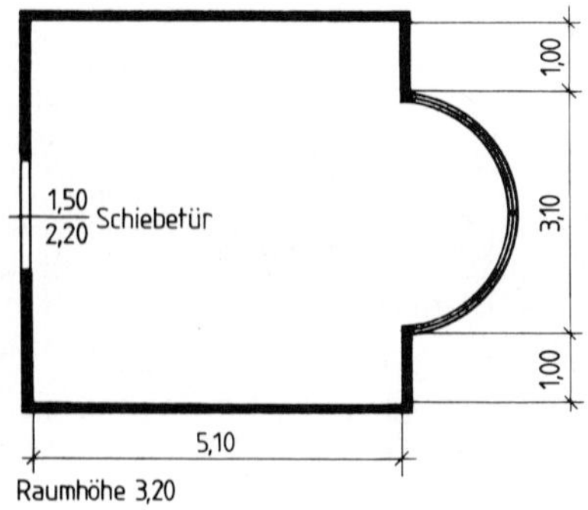

9.6 Erkerzimmer

15. Die Wand **9**.7 ist mit einer Bildtapete, die umgebende Fläche mit Unitapete zu bekleben.

a) Berechnen Sie die Randfläche.

b) Reicht bei sparsamster Verarbeitung eine Rolle Unitapete?

c) Die Bildtapete ist mit einer Profilleiste einzufassen. Wieviel 2-m-Stäbe werden gebraucht? (Verschnitt 5 %)

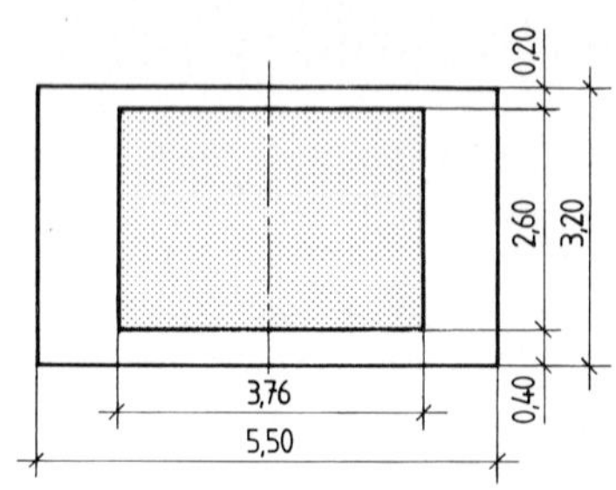

9.7 Bildtapete

16. Das Café **9**.8 ist zu tapezieren. Raumhöhe 3,10 m. Seidentapete 1,00 m breit, Preis je m^2 = 48,60 DM. Nur die Eingangs- und Fensterwand werden raumhoch tapeziert, die beiden Längsseiten erhalten je 4 Tapetenfelder.

a) Wieviel m^2 Tapete sind zu tapezieren?

b) Wieviel Rollen Makulatur (50,00 m x 0,56 m) sind erforderlich?

c) Über der Tapete und um die Tapetenfelder wird Kordel gesetzt. Wieviel m werden verarbeitet?

d) Wieviel kosten die Tapeten?

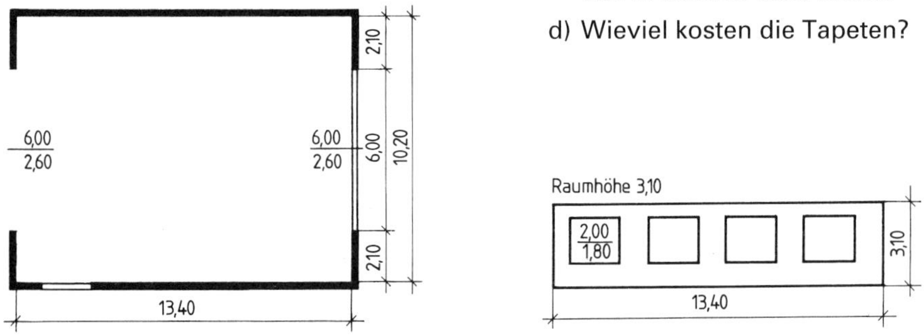

9.8 Café

Berechnung nach Tabellen. Tabellen zur Ermittlung des Tapetenbedarfs findet man in Taschenbüchern (z. B. Deutsches Malertaschenbuch), Taschenkalendern einschlägiger Firmen und Klebstoff-Taschenbüchern. Sie sind auf ungefähre Werte abgestellt. Zu beachten ist, ob noch Öffnungen abzuziehen sind (Tabelle zur Ermittlung der Rollenzahl s. Abschn. 1.11).

Aufgaben

17. Ein Raum hat 24,00 m Umfang und 2,70 m Höhe.

    Lesen Sie nach Tab. **1**.6, S. 38 unter der Wandhöhe den Bedarf an Normalrollen ab.

18. In einem Flur sollen Präge-Strukturtapeten (Europarolle) sockelhoch geklebt werden. Raumumfang 29,00 m, Bahnenlänge 1,40 m.

    Wieviel Rollen sind nach Tab. **1**.6, S. 38 zu bestellen?

9.2 Aufmaßregeln der VOB

Die VOB DIN 18 366 „Tapezierarbeiten" regelt im Abschnitt 5 die Abrechnung von Klebearbeiten. Der Leistungsermittlung nach Zeichnung sind zugrundezulegen:

- Auf Flächen ohne begrenzende Bauteile die Maße der ungeputzten, ungedämmten und nicht bekleideten Flächen;
- auf Flächen mit begrenzenden Bauteilen die Maße der zu behandelnden Flächen bis zu den sie begrenzenden, ungeputzten, ungedämmten bzw. nicht bekleideten Bauteilen.

Der Leistungsermittlung nach Aufmaß sind die Maße des fertigen Bauteils, der fertigen Öffnung und Aussparung zugrundezulegen. Die Bestimmungen sind weitgehend der Berechnung von Maler- und Lackiererarbeiten VOB DIN 18 363 angeglichen (s. Abschn. 5.3).

Als Verbrauch gelten die verbrauchten Rollen bei wirtschaftlicher Ausnutzung. Unverwertbare Abschnitte und Rollenreste, die auch für kurze Stücke (z. B. über Türen) nicht mehr ausreichen, gelten als verbraucht.

Abgerechnet werden:

1. Flächenmaße (m^2)
   - für Decken, Wände und dergleichen,
   - für Treppenuntersichten, Unterzüge und Vorlagen,
   - für das Vorbereiten des Untergrunds, Aufbringen von Unterlagsstoffen und dergleichen;
2. Längenmaße (m)
   - für Gesimse unter Angabe von Höhe und Ausladung,
   - für Leisten, Kordeln und Borten;
3. Anzahl (Stück) für tapezierte, bespannte oder bekleidete Einzelflächen, Feldeinteilungen an Wänden usw.

Abgezogen werden

1. bei Abrechnung nach Flächenmaß (m^2): Öffnungen, Aussparungen und Nischen über 2,50 m^2 Einzelgröße,
2. bei Abrechnung nach Längenmaß (m): Unterbrechungen über 1 m Einzellänge.

9.3 Wandbeläge

Hierunter fallen Beläge aus Glasfaser und Textilien, Kunststoffolien, kunststoffbeschichtete Träger und Schaumstoffe, die keine Rückseite (Träger) aus Papier haben. Die Maße und Tapezierflächen bei Wandbelägen zeigt Tabelle **9**.9.

Tabelle **9**.9 **Rollenmaße und Tapezierfläche**

Wandbelagart (Beispiele)	Rollenmaße in m		Tapezierfläche je Rolle
	Länge	Breite	in m^2 (ohne Verschnitt)
Glasfasergewebe	25,00	1,00	25,00
Relief-Vinyl-Wandbelag	10,05	0,53	5,33
wie zuvor auf Glasfaserträger	18,00	0,80	14,40
PVC-Wandbelag	25,00	1,20	30,00
wie zuvor auf Textilträger	50,00	1,30	65,00
PVC-Schaumwandbelag	40,00	1,00	40,00

Die Wandbeläge sind überwiegend ohne Muster oder haben einen kleinen Rapport, ähnlich den Bodenbelägen. Ihr Hauptmerkmal sind Strukturen, so daß es kaum einen Verschnitt gibt. Zum Bahnenmaß kommen eigentlich nur für oben und unten die üblichen Zugaben von je 5 cm.

Aufgaben

1. In einem Saal soll eine Wand (11,50 · 3,20) mit Glasfasergewebe belegt und mit Dispersionsfarbe beschichtet werden. Rollenmaße nach Tab. **9**.9, Verbrauch an Dispersionsfarbe zum Einbetten 0,400 l/m^2, zum Beschichten 0,300 l/m^2.
   a) Wieviel m^2 Glasfasergewebe bestellen Sie bei 15 cm Bahnenzugabe?
   b) Wieviel Bahnen schneiden Sie zu, und wie lang sind sie bei 5 % Zugabe?
   c) Wieviel m^2 hat der Rollenrest?
   d) Wieviel l Dispersionsfarbe brauchen Sie?
2. Das Behandlungszimmer eines Arztes soll mit PVC-Wandbelag ausgestattet werden (**9**.10). Rollenmaße 25,00 · 1,20, Klebstoffverbrauch 240 g/m^2.
   a) Wieviel Rollen Wandbelag werden gebraucht?
   b) Berechnen Sie den verbleibenden Rest in Prozent nach m^2, wenn für den Verschnitt vorher 10 % abgegangen sind.
   c) Wieviel kg Klebstoff sind bereitzustellen?

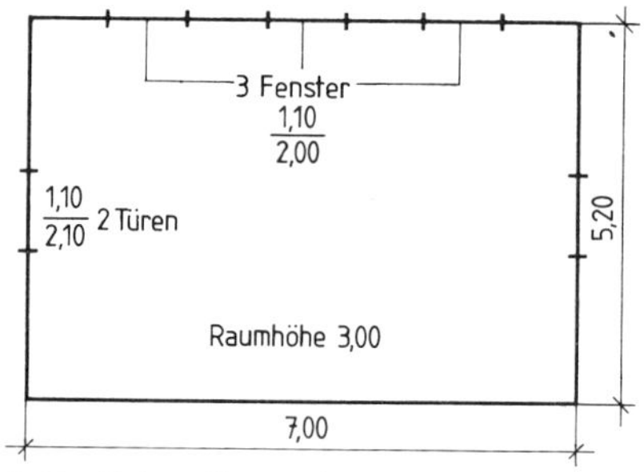

9.10 Behandlungszimmer

9.4 Spanntechniken

Leinen- und andere textile Wandbekleidungen werden vom Maler im Rahmen der Wärmedämmtechnik verspannt. Dafür braucht er tragende Leisten-Unterkonstruktionen. Füllt man die Felder zwischen den Leisten mit Dämmstoffen (z. B. Glasfasermatten) aus, erhöhen sich die Isolierwirkungen beachtlich. Wir unterscheiden Quer- und Senkrechtverspannung.

Querverspannung. Für das Spannen der bis zu 3,00 m breiten Leinenbahnen in Querrichtung werden über die ganze Raumhöhe Holzleisten in 5 mm Dicke (30 mm breit) gesetzt. Auf diesem Leistengestell werden die Textilbahnen waagerecht von der Rolle abgerollt und mit Klammern befestigt.

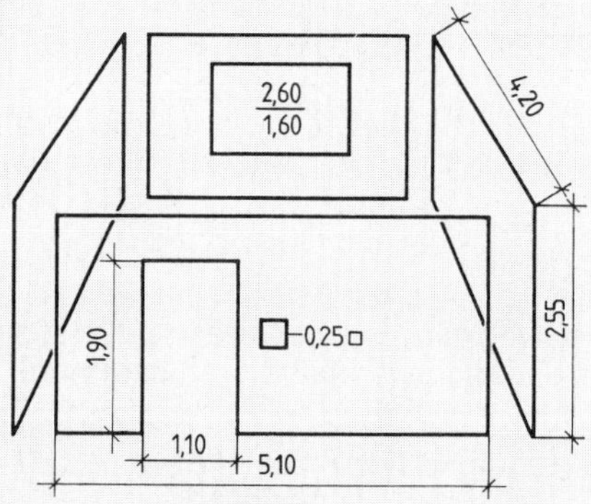

9.11 Leistenrahmen für Querverspannung

Beispiel Alle in der Skizze **9**.11 sichtbaren Linien stellen Holzleisten dar.

Aufgaben

1. Addieren Sie die angegebenen Längen und beachten Sie dabei, daß jedes Maß (außer unten bei der Tür) noch einmal gegenüber vorhanden ist.
2. Wieviel m Leisten 5 mm · 30 mm müssen bestellt werden, wenn man mit 5 % Verschnitt rechnet?

Senkrechtverspannung. Dazu sind die Wände in Felder einzuteilen. Die Breite der Felder entspricht der Stoffbreite + eine Handbreite Spannzugabe. Die senkrechten Leisten gehen vom Boden bis zur Decke. Die waagerechten Boden- und Deckenleisten werden feldweise eingepaßt. Neben den zuvor erwähnten 5 mm dicken Leisten braucht man für das Umlegen der Bahnen und das Spannen je Feld eine raumhohe 3 mm dicke Spannleiste (**9**.12).

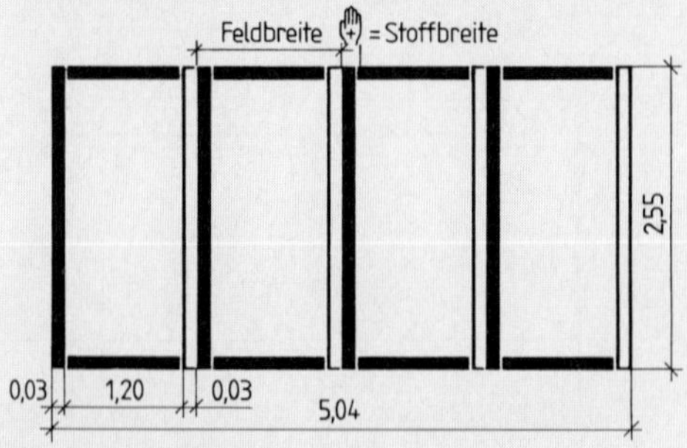

9.12
Leistenrahmen für Senkrechtverspannung

■ 5 mm dicke Leisten vormontiert

□ 3 mm dicke Leisten – beim Spannen einzusetzen

Beispiel Der Bedarf an Leisten beträgt je Feld:
1 x Wandhöhe in 5 mm Dicke,
1 x Wandhöhe in 3 mm Dicke,
je 1 x Boden und Decke in 5 mm Dicke.

Alle senkrechten Leisten haben die volle Raumhöhe, dagegen die Querleisten an Boden und Decke das Maß zwischen den senkrechten Leisten abzüglich eine Leistenbreite von 3 cm.

Aufgaben

3. Aus welchen Einzelmaßen setzt sich das angegebene Maß 5,04 zusammen?
4. Wieviel 5-mm- und 3-mm-Leisten werden für diese Wand bestellt?
5. Wieviel m Spannstoff der Breite 1,40 m brauchen Sie für die Wand **9**.12, wenn 10 % Verschnitt bei einem kleinen Rapport hinzukommen?
6. Wieviel m^2 Glasfasermatten werden zum Hinterlegen verarbeitet, wenn zwischen den Leisten ausgefüllt wird und mit einem Verschnitt von 10 % zu rechnen ist?
7. Eine Wand soll in Senkrechtverspannung bearbeitet werden (2 Leistenarten wie **9**.12).

   Maße: Wandfläche 6,30 · 2,75, Feldbreite einschließlich Leisten wie in Bild **9**.12.

   a) Wieviel m 5-mm- und 3-mm-Leisten sind erforderlich?

   b) Wieviel m Spannleinen der Breite 1,40 m werden gebraucht, wenn für einen mittleren Rapport 20 % Zugabe zu beachten sind?

Beispiel **Berechnung eines Raums.** Das Direktionszimmer **9**.13 ist, außer an der Fensterwand, in Senkrechtverspannung zu bearbeiten. Für die Türwand und die Seitenwände sind verschiedene Leistenabstände zu berechnen. Über der Tür wird verspannt.

Abschließend sind alle senkrechten Stöße und die oberen und unteren Abschlüsse mit Selbstklebeborte zu belegen.

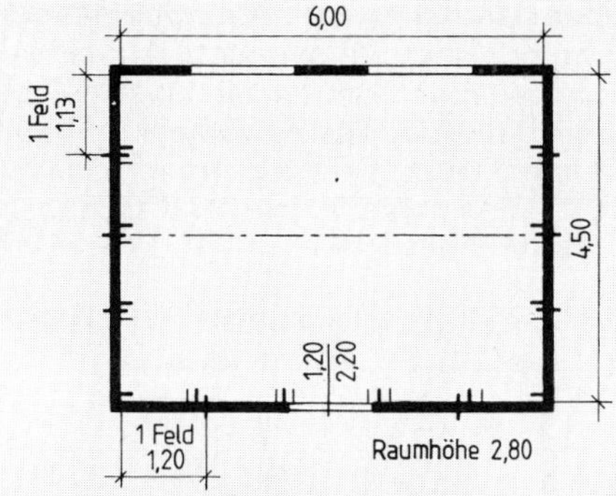

9.13 Direktionszimmer
—— = 5-mm-Leisten
▬ = 3-mm-Leisten

Leistenbedarf

5-mm-Leisten senkrecht zu setzen

Längswände 2 · 4 =	8 Stück je 2,80	
Türwand	4 Stück je 2,80	= 34,80 m
über der Tür	2 Stück je 0,60	

waagerecht zu setzen

Längswände 2 · 8 =	16 Stück je 1,13	
Türwand 2 · 4 =	8 Stück je 1,20	≈ 30,00 m
über der Tür	2 Stück je 1,20	
		≈ **65,00 m**

3-mm-Leisten

Längswände 2 · 4 =	8 Stück je 2,80	
Türwand	4 Stück je 2,80	= **34,80 m**
über der Tür	2 Stück je 0,60	

Leinenbedarf (ohne Muster)

Breite 1,40 m für alle Felder	
3 Wände je 4 Bahnen je 2,80	
+ 0,20 Zugabe	= 36,00
über der Tür 0,60 + 0,20	= 0,80
	36,80 ≈ **37,00 m**

Selbstklebeborte

2 Längswände senkrecht	
5 · 2,80 · 2	= 28,00
Türwand 4 · 2,80	= 11,20
2 Längswände waagerecht	
4 · 2 · 1,12 · 2	= 17,92
Türwand 5 · 2 · 1,20	= 12,00
	69,12 ≈ **70,00 m**

Bei der Bespannung kompletter Räume ist jede Wand einzeln zu berechnen. Gegenüberliegende Wände haben gegenüberliegende Stöße. Man beginnt nach Möglichkeit in der Wandmitte und arbeitet von dort aus nach beiden Seiten weiter.

Aufgaben

8. Der Raum **9**.14 ist in Querverspannung raumhoch zu verspannen. An der Fensterseite werden nur die kurzen Wandteile links und rechts verspannt. Raumhöhe 2,60 m. Leistenrahmen nach Bild **9**.11, Fensterseite links und rechts eine raumhohe Leiste.

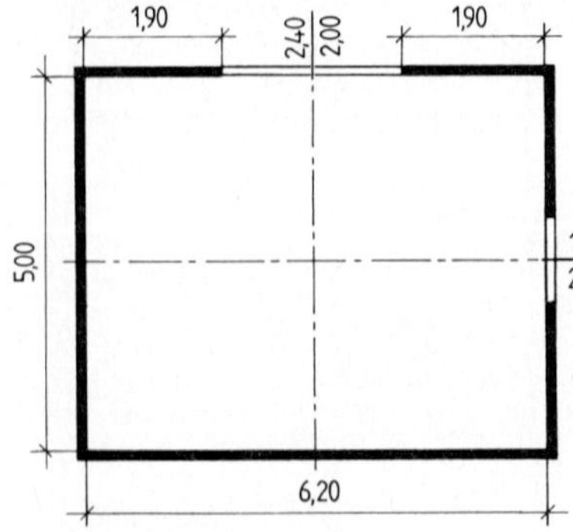

9.14 Querverspannung

   a) Berechnen Sie den Bedarf an Leisten 5 mm Dicke (1 Lichtschalter, 4 Steckdosen wie Bild **9**.11).

   b) Wieviel m Spannleinen der Breite 2,65 m sind erforderlich?

9. Der Raum **9**.15 wird in Senkrechtverspannung mit Dämmstoffunterlage verspannt. Raumhöhe 2,65 m.

   a) Berechnen Sie den Bedarf an 5-mm- und 3-mm-Leisten.

   b) Die Dämmstoffbahnen sind 1,00 m breit. Wieviel m² werden (aufgerundet) gebraucht, wenn in den breiteren Feldern Reste mitverwendet werden können?

   c) Der Spannstoff liegt 1,50 m breit. Wieviel m brauchen Sie?

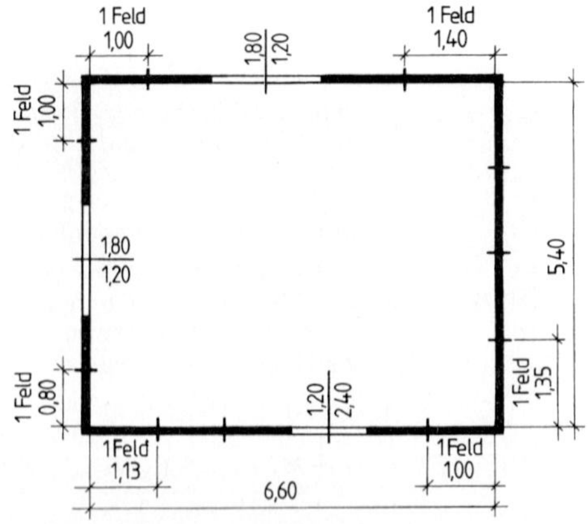

9.15 Isolierverspannung

10. Das Wohnzimmer **9**.16 ist in Senkrechtbespannung zu bearbeiten. An der Fensterwand sind 4 raumhohe Spannfelder. Raumhöhe 2,60 m.

    a) Berechnen Sie den Bedarf an Leisten 5 und 3 mm Dicke.

    b) Der Spannstoff liegt 1,40 m breit und hat einen großen Rapport = 20 % Zugabe. Wieviel m werden gebraucht?

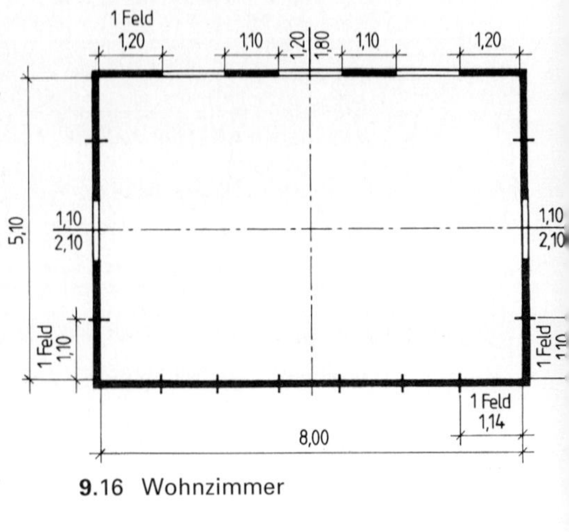

9.16 Wohnzimmer

10 Bodenbeläge

Bodenbelegungen mit verschiedenen Belagarten werden auch vom Maler- und Lackiererhandwerk ausgeführt. Zur Berechnung kommen Beläge in Bahnenform (Bahnenbeläge), Fliesen und Sockelleisten, auch Spachtelmassen- und Klebstoffverbrauch nach VOB DIN 18 365 „Bodenbelagarbeiten".

Zu den Bodenbelägen gehören die „elastischen Beläge" Linoleum, PVC-Beläge (**P**oly**v**inyl**c**hlorid), **C**ushioned **V**inyls (CV-Beläge, mehrschichtig, mit Reliefstruktur) sowie Gummibeläge. Hinzu kommen zahlreiche Textilbeläge (Teppich- und Textilböden) in verschiedenen Arten. Die Hersteller liefern die Beläge in verschiedenen Dicken und Abmessungen (**10**.1).

Tabelle **10**.1 **Rollenmaße und Verlegefläche**

Belagart (Beispiele)	Rollenmaße in m Länge	 Breite	Verlegefläche je Rolle in m^2 (ohne Verschnitt)
Elastische Beläge			
Bahnenbeläge			
Linoleum	30,00	2,00	60,00
PVC-Belag homogen	20,00	1,60	32,00
PVC-Verbundbelag (mehrschichtig)	12,00	1,60	19,20
PVC-Schaumbelag	20,00	1,50	30,00
CV-Belag	40,00	2,00	80,00
	20,00	2,75	55,00
	20,00	4,00	80,00
Fliesenbeläge			
PVC-Fliesen	30 · 30 cm		0,09 je Platte
	40 · 40 cm		0,16 je Platte
	50 · 50 cm		0,25 je Platte
Textilbeläge			
Teppichböden			
Veloursbelag	20,00	4,00	80,00
	40,00	4,00	160,00
Tuftingbelag	20,00	4,00	80,00
Textilböden			
Nadelvliesbelag	30,00	2,00	60,00

Aufmaßregeln der VOB. Die VOB DIN 18 365 „Bodenbelagarbeiten" bestimmt:

- Die Leistung ist aus Zeichnungen zu ermitteln. Sind keine Zeichnungen vorhanden, ist aufzumessen.
- Aussparungen (z. B. Öffnungen, Pfeiler, Rohrdurchbrüche) über 0,10 m^2 Einzelgröße werden abgezogen.
- Die Beläge werden getrennt nach der Art und dem Flächenmaß (m^2) abgerechnet.
- Leisten, Stoßkanten, Abschlußschienen usw. werden nach Längenmaß (m) abgerechnet, Unterbrechungen über 1,00 m Einzellänge abgezogen.
- Ausgleichen und Vorbereiten des Untergrunds und Unterlagen werden nach dem Flächenmaß (m^2) abgerechnet.

Bahnenbeläge. „Die Verlegerichtung des Bodenbelags bleibt dem Auftragnehmer überlassen. Kopfnähte sind nur bei Bahnenlängen über 5,00 m zulässig. Bahnen mit Rapport sind mustergleich zu verlegen." Diese beiden Bestimmungen der VOB beeinflussen je nach Raum den Bedarf an Bahnenware und damit auch den Verschnitt.

Beispiel 1 Die Bahnen laufen in Richtung auf die Hauptfensterwand (**10**.2).

Bahn 1	2,00 ·	(4,30 + 0,05)	
Bahn 2	2,00 ·	(4,30 + 0,25 + 0,05)	0,05 m = Zugabe für sauberen Beschnitt
Bahn 3	2,00 ·	(4,30 + 0,25 · 2 + 0,05)	
=	2,00 ·	(13,65 + 0,15)	= 27,60 m²
Bahn 4	1,00 ·	(4,30 + 0,05)	= 4,35 m²
			31,95 m²

Die auf die Tür- bzw. Fensternische zulaufenden Bahnen 2 und 3 (**10**.2) und Bahn 1 (**10**.3) müssen bis in die Nischen reichen – also keine Streifen einlegen.

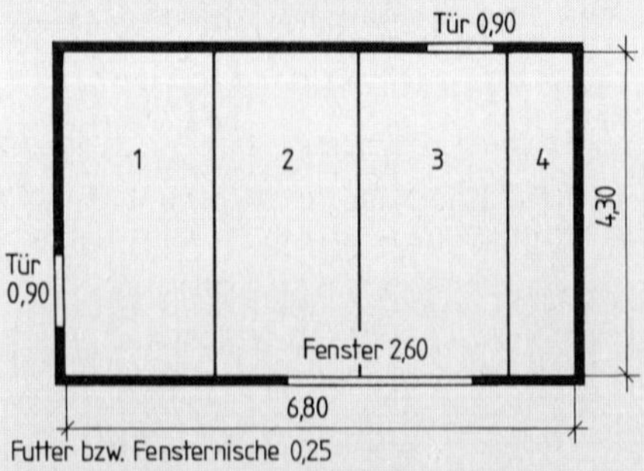

10.2 Bahnenverlegung in Richtung Hauptfensterwand

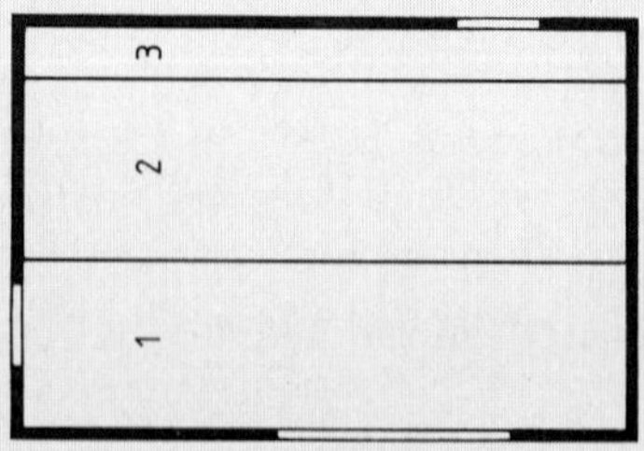

10.3 Bahnenverlegung in Wandrichtung

Beispiel 2 Die Bahnen laufen in Wandrichtung (**10**.3).

Bahn 1	2,00 ·	(6,80 + 0,25 + 0,05)	0,05 m = Zugabe für sauberen Beschnitt
Bahn 2	2,00 ·	(6,80 + 0,05)	
=	2,00 ·	(13,85 + 0,10)	= 27,90 m²
Bahn 3	0,80 ·	(6,80 + 0,05)	= 5,48 m²
			33,38 m²

In diesem Beispiel ist der Verbrauch an Bahnenware fast gleich.

Bahnen, die auf Türöffnungen, Nischen und dergleichen zulaufen, müssen so verlegt werden, daß diese Flächenbereiche überdeckt werden; Bodenflächen dürfen nicht mit Streifen belegt werden.

Aufgaben

1. Für einen PVC-Belag werden 275 g/m² Klebstoff gebraucht. Wieviel kg davon verarbeiten Sie für den Raum **10**.2?
2. Der Raum **10**.4 ist mit PVC-Belag auszustatten. Bahnenbreite 1,60 m, Rollen 20,00 m, Längenzugabe für Beschnitt je Bahn 0,05 m.

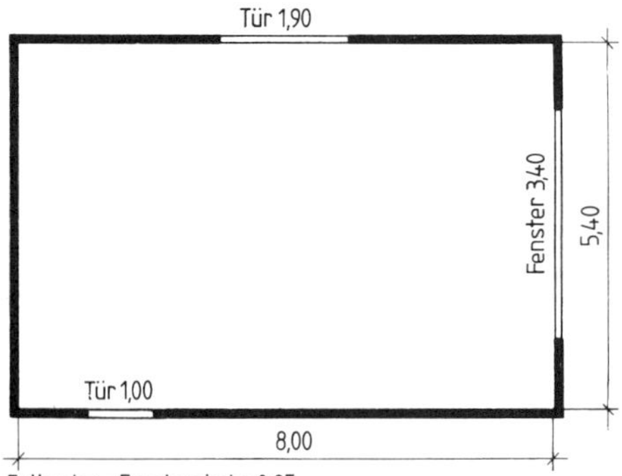

10.4 Raum mit PVC-Belag

a) Wieviel Bahnen welcher Länge und Breite werden gebraucht?

b) Wieviel m² beträgt der Verschnitt?

Formel: Belagbedarf in m²
– Flächeninhalt in m²
= Verschnitt in m²

c) Wieviel Prozent beträgt der Verschnitt? (Belagbedarf = 100 %)

d) Wieviel m Rest bleibt auf der zweiten 20-m-Rolle?

3. Bild **10**.5 zeigt einen Raum mit 7 Nischen im Grundriß. Die Bahnen laufen

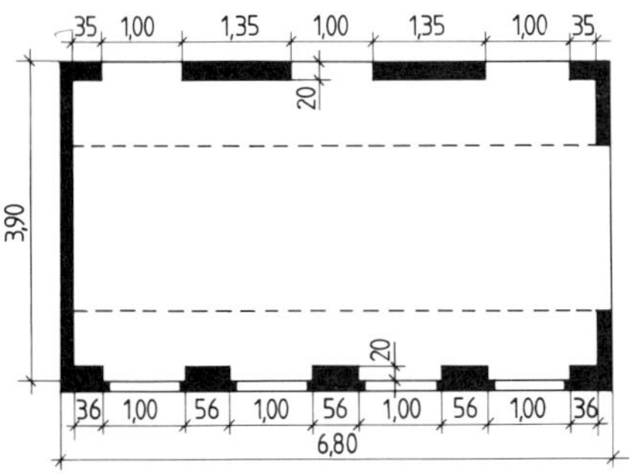

10.5 Raum mit mehreren Nischen (Türbreite 2,00 m)

hier auf die große Tür, was mit Zustimmung des Auftraggebers möglich ist.

a) Wieviel m² hat der Raum nach den größten Maßen + 0,05 m für den Beschnitt? Die 7 Nischen haben alle mehr als 0,10 m² und werden hinzugerechnet. Um den Verschnitt zu ermitteln, zieht man alle Vorsprünge von der Gesamtfläche ab.

Ansatz:
$(1{,}35 \cdot 2 + 0{,}35 \cdot 2 + 0{,}36 \cdot 2 + 0{,}56 \cdot 3) \cdot 0{,}20$

b) Berechnen Sie nach dem Ansatz den Verschnitt in m². (Bahnenbreite 1,60 m)

c) Wieviel Prozent beträgt der Verschnitt?

4. Berechnen Sie den Belag für den Raum **10**.6, CV-Belag 2,00 m, Zugabe 0,05 m.

a) Wieviel m von der 40-m-Rolle werden verbraucht?

b) Wieviel m² sind das?

c) Wie hoch ist der Verschnitt in m² und in %?

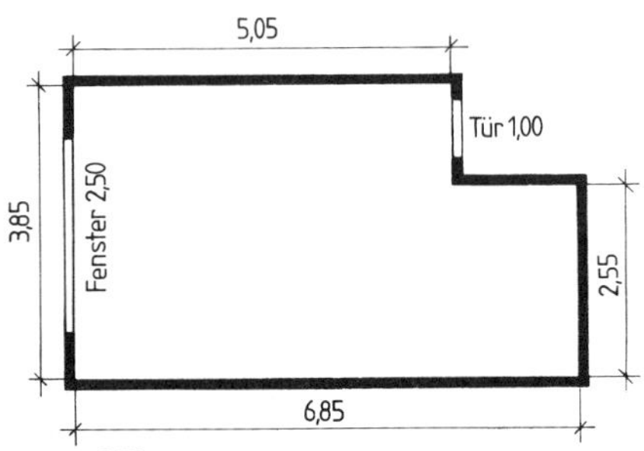

10.6 Raum mit CV-Belag

5. In Raum **10**.6 ist vor der Belegung der alte verklebte Bodenbelag zu entfernen und abzutransportieren, Preis 4,80 DM/m². Der Unterboden ist zu reinigen (Preis 1,50 DM/m²) und erhält einen Vorstrich (1,60 DM/m²). Wieviel kosten diese Vorarbeiten?

Überlegen Sie, wie Sie sich die Ausrechnung erleichtern können!

10.2 Textilbeläge

Diese Beläge haben oft Druck- oder andere Muster und dadurch einen Rapport. Wie bei Tapeten gibt es auch hier einen Musterversatz.

> Bei Textilbelägen ist darauf zu achten, daß alle Bahnen des Raums die gleiche Anfertigungsnummer haben und nach dem Pfeil auf der Rückseite in gleicher Fabrikationsrichtung verlegt werden.
>
> Für sauberen Beschnitt sind in Länge und Breite je 5 cm zuzugeben.

Beispiel 1 Versatz um einen halben Rapport (**10**.7).

Enden die Bahnen mit einem halben Rapport, können Sie fortlaufend in der Rapportmitte geschnitten werden. Wenn man die Bahnen in dieser Reihenfolge verlegt, sind die Rapporte von Bahn zu Bahn versetzt.

10.7 Versatz um einen halben Rapport

10.8 Versatz mit ganzem Rapport

Beispiel 2 Bahnenlängen mit ganzen Rapporten (**10**.8).

Man schneidet und numeriert erst die Bahnen 1, 3, 5 usw. Bei der letzten Bahn (z. B. 5) schneidet man einen halben Rapport ab und schneidet und numeriert dann die Bahnen 2, 4 usw. Beim Verlegen in der Reihenfolge 1 bis 5 usw. erscheinen die Bahnen versetzt.

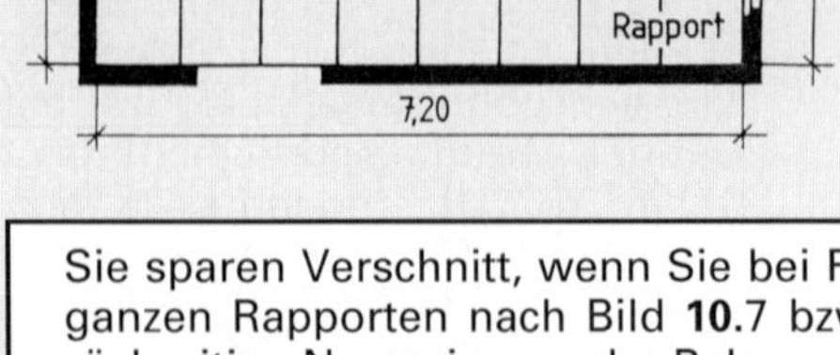

Eine Verlegeskizze (**10**.9) hilft beim Verlegen von Belägen mit Rapport, die Anordnung und den Zuschnitt ermitteln. Für Verlegeskizzen nimmt man am besten kariertes Papier und arbeitet mit dem Maßstab 1 : 100.

10.9
Verlegeskizze für gemusterte Ware mit Rapport

> Sie sparen Verschnitt, wenn Sie bei Rapportversatz bzw. beim Verlegen mit ganzen Rapporten nach Bild **10**.7 bzw. **10**.8 verfahren. Bedingung sind die rückseitige Numerierung der Bahnen und das Verlegen in dieser Folge.

Aufgaben

1. Der Boden **10**.10 soll mit Veloursbelag (ohne Muster) bei 4,00 m Breite belegt werden.

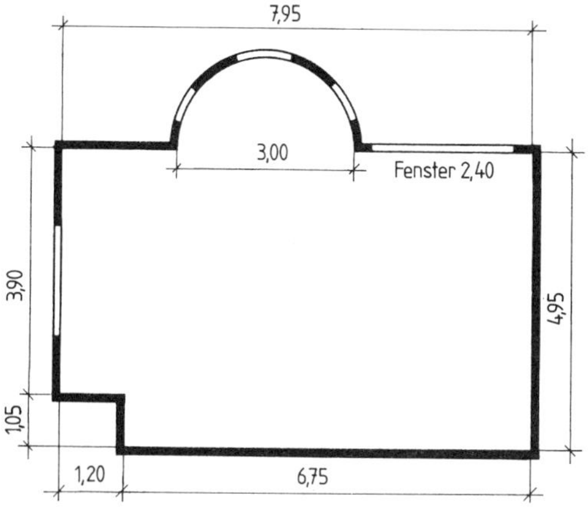

10.10 Raum mit halbrundem Erker

a) Wieviel Bahnen welcher Abmessungen brauchen Sie?

b) Berechnen Sie den Bedarf in m² bei Verlegung auf die Fensterwand hin. Der Erkerboden ist Bestandteil der Bahnen, Tür- und Fensternischen sind nicht zu berücksichtigen.

c) Berechnen Sie den Verschnitt für die unten links fehlende Ecke und den Erker in m².

d) Wieviel Prozent sind das?

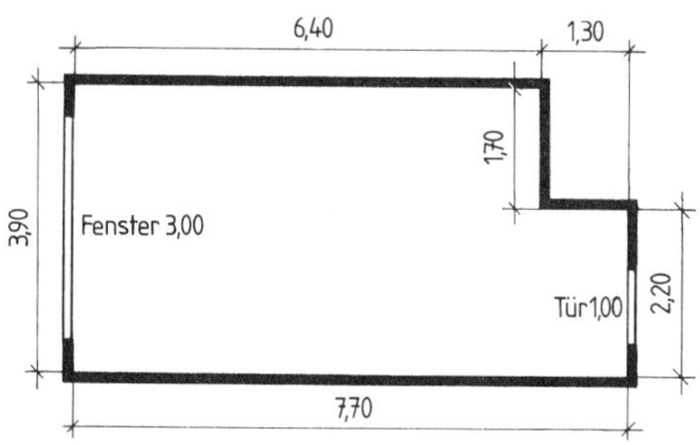

10.11 Suchen der günstigsten Lösung

2. Der Boden **10**.11 soll mit einem Nadelvliesbelag nach Tab. **10**.1 belegt werden. Rapport 0,50 m, Bahnenzugabe 0,05 m. Es soll in der Richtung verlegt werden, bei der am wenigsten Verschnitt entsteht.

   a) Suchen Sie die beiden möglichen Lösungen wie bei **10**.2 und **10**.3: Bahnenverlauf auf die Fensterwand und Bahnenverlauf zur Längsrichtung, jeweils in m².

   b) Stellen Sie den jeweiligen Verschnitt fest (m²) und entscheiden Sie, in welcher Richtung Sie verlegen.

3. Der Boden **10**.12 soll mit einem 4,00 m breiten Tuftingbelag nach Tab. **10**.1 im Spannverfahren auf einer Filzunterlage (1,00 m breit) belegt werden. Verspannt wird auf Nagelleisten, die rundum (auch in Nischen) zu setzen sind. An Türen wird eine Abschlußleiste gesetzt. Der Belag wird zur Unterlage im rechten Winkel verlegt.

   a) Berechnen Sie den m²-Bedarf an Filzunterlage und Belag.

   b) Wieviel m Nagelleiste und Abschlußschiene werden verarbeitet?

   c) Wie groß ist der Verschnitt an Bodenbelag in m²?

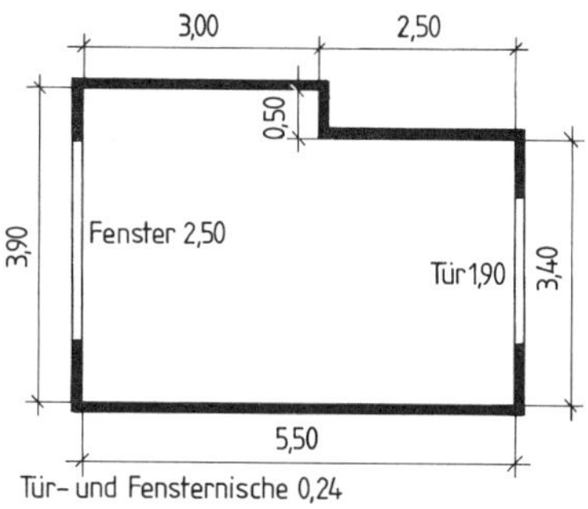

10.12 Verlegen im Spannverfahren

10.3 Fliesenbeläge

Diese Beläge gibt es aus elastischen und textilen Materialien. Neben den in Tabelle **10.**1 aufgeführten Abmessungen sind noch andere Formate üblich, z. B. 30 · 30, 60 · 60 (cm).

Der Fliesenbedarf hängt ab

- von Raumgröße und -grundriß (z. B. Vorsprünge, Nischen),
- von der Verlegeart (Parallel- oder Schrägverlegung nach **10.**13),
- vom Verlegen in einer oder mehreren Farben bzw. Dessins,
- von den Flächengliederungen oder Musterlegungen bei Hartfliesen,
- von der Einfassung in einer anderen Farbe oder in einem anderen Dessin.

Zur Ermittlung der Stückzahl für bestimmte m^2-Größen gibt es auch Tabellen (z. B. „Parkett- und Bodenleger-Taschenbuch"). Häufig geht die Fliesenzahl mit den Raummaßen nicht auf. Die dabei entstehenden Ränder aus Restfliesen müssen so gelegt werden, daß die gegenüberliegenden Randstreifen gleichbreit sind. Auch kann ein Fries mit anderen Fliesen gebildet werden, jedoch nicht zu schmal. Außerdem spielt es eine Rolle, wie die Fliesenmaße an den Türen aufgehen. Oft hilft ein Wechsel zu einem anderen Format (**10.**14).

Tabelle **10.**13 **Verlegearten**

Parallelverlegung	**Schrägverlegung**	**Diagonalverlegung**
Fliesenkanten laufen mit den Wänden parallel, Verlegebeginn auf einem Schnurkreuz in der Bodenmitte (**10.**16)	Fliesenkanten laufen schräg zu den Wänden	Fliesenkanten laufen parallel zu den Diagonalen des Bodens

Parallelverlegung. Auf dem Verlegeplan **10.**14 ist zunächst die Probe mit Fliesen 30 · 30 (gestrichelt) gemacht worden. Sie liegen zwischen den Türöffnungen nicht symmetrisch. Die 25er Fliesen sind zu bevorzugen, weil sie an allen drei Türen symmetrisch liegen.

> Beim Berechnen des Fliesenbedarfs und beim Ermitteln der optischen Wirkung hilft ein maßstäblicher Verlegeplan. Hier lassen sich auch zwei verschiedene Fliesengrößen einzeichnen.

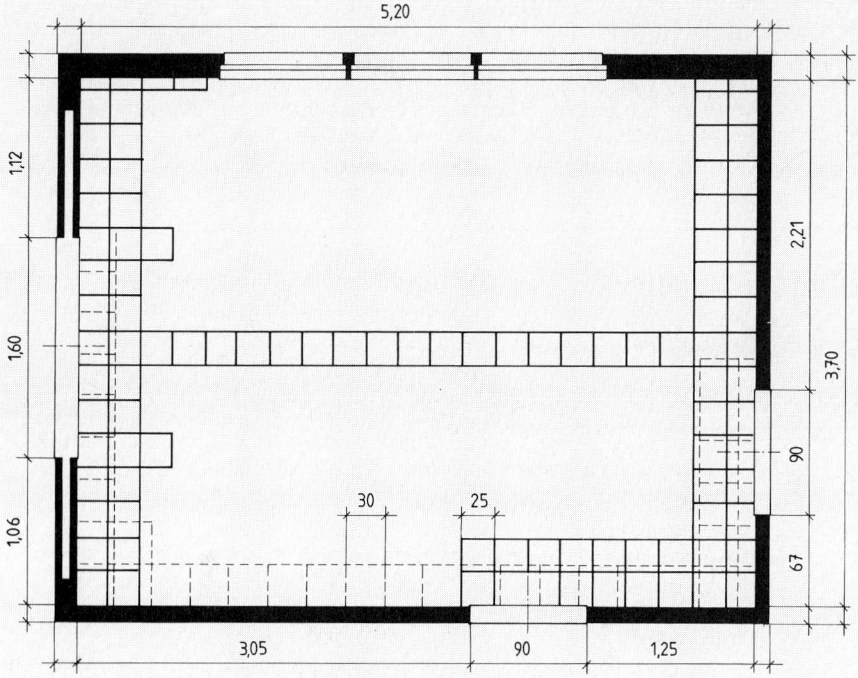

10.14 Auswahl der Fliesengröße und Einteilung bei Wand-zu-Wand-Verlegung

Aufgaben

1. Der Boden **10.15** ist mit Fliesen 40 · 40 in einer Farbe zu belegen. Länge = 15 Fliesen · 0,40 m = 6,00 m (auf der Mitte der Längswand liegt genau eine Fliesenmitte). Breite = 10 Fliesen · 0,40 m = 4,00 m. Die Zahl geht in der Länge und Breite auf = 150 Fliesen (ohne evtl. Tür- oder Fensternischen). 1,00 m² erfordert 300 g Klebstoff. Wieviel kg Klebstoff wird verarbeitet?
2. Der Boden **10.16** soll mit Fliesen 50 · 50 belegt werden. Es ist nach den Maßen mit Randstreifen zu rechnen. Die ersten 4 Fliesen liegen um das Schnurschlagkreuz in der Bodenmitte.
   a) Wieviel Fliesen werden gebraucht?

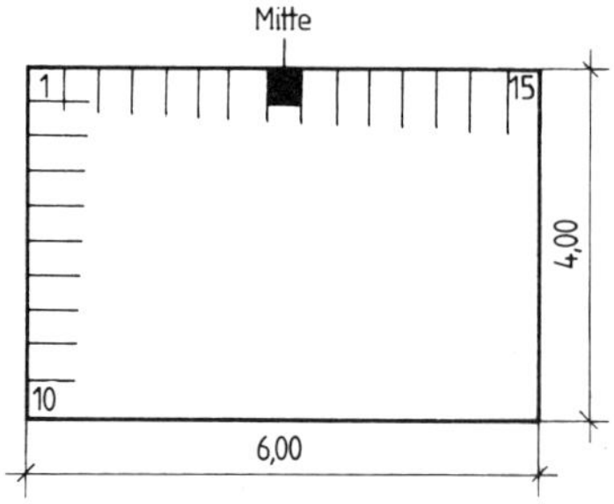

10.15 Fliesenbedarf ohne Reste

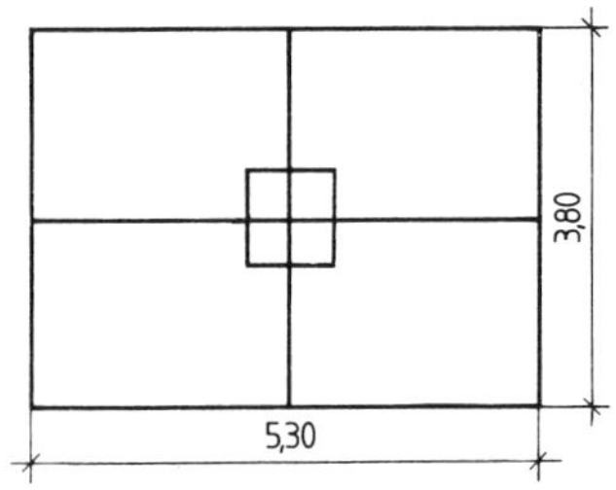

10.16 Fliesenbelegung mit Randstreifen

b) Welche Randstreifen fallen an den gegenüberliegenden Seiten an?
c) Der Kunde möchte evtl. die Randstreifen mit einer anderen Fliesenfarbe belegen. Wieviel Platten sind dafür erforderlich? (1 Fliese 50 cm gibt 2 · 0,15 m Restplatte)

3. Ein Boden mit 4,90 m Länge und 4,10 m Breite soll mit Fliesen 30 · 30 in zwei Farben (Schachbrettmuster) belegt werden.
   a) Wieviel Fliesen je Farbe sind nötig?
   b) Berechnen Sie den Kleberverbrauch bei 400 g/m^2.

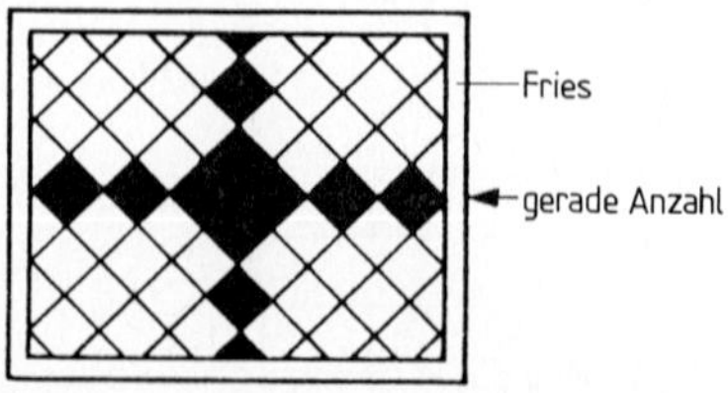

10.17 Gerade und ungerade Fliesenzahlen

Bei Schrägverlegung ist zunächst festzustellen, ob in Länge und Breite eine gerade oder ungerade Fliesenzahl zu legen ist (**10**.17). Die mit ganzen Fliesen beginnende Seite zählt man aus und multipliziert sie mit der Zahl der anderen Seite. Verdoppelt man das Ergebnis, erhält man die erforderliche Fliesenzahl.

Beispiel waagerechte Reihe 6 Fliesen
senkrechte Reihe 5 Fliesen
6 · 5 = 30 · 2 = **60 Fliesen**

Aufgaben

4. a) Berechnen Sie den Fliesenbedarf 40 · 40 für zwei Farben nach Bild **10**.18.
   b) Wieviel Klebstoff wird bei einem Verbrauch von 420 g/m^2 verarbeitet?

5. Ein 5,80 m langer und 4,20 m breiter Boden soll Textilfliesen 50 · 50 erhalten (Schrägverlegung). Der Rand soll in einer anderen Farbe gestaltet werden. Berechnen Sie den Fliesenbedarf und den Bedarf an Randfliesen.

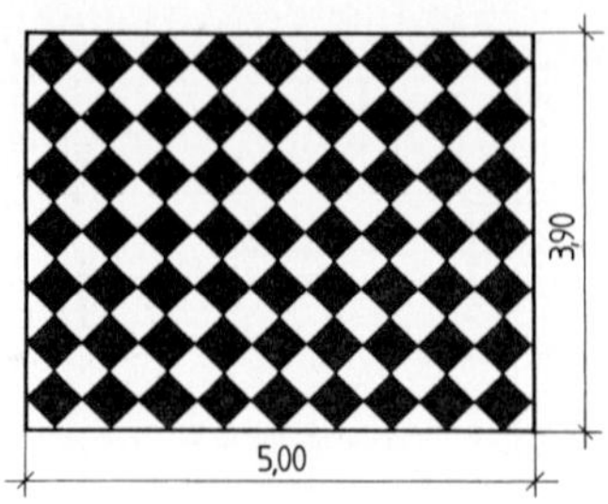

10.18 Schrägverlegung im Schachbrett

6. Ein Saal 16,70 · 14,40 soll mit PVC-Fliesen 50 · 50 cm ausgelegt werden.
   a) Berechnen Sie den Bedarf an Zementspachtel, Verbrauch 1,4 kg/m^2.
   b) Wieviel Fliesen für Schrägverlegung zweifarbig brauchen Sie?

7. Der Boden **10**.19 soll eine Musterverlegung mit Fliesen 40 · 40 bekommen.
   a) Wieviel Fliesen jeder Farbe werden verarbeitet? (Zählen Sie die Reihen und Felder der Verlegeskizze aus.)
   b) Die Fugen werden verschweißt. Wieviel m Fugenband sind erforderlich?

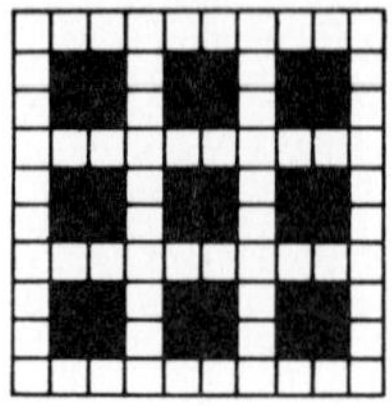
10.19 Verlegebeispiel

10.4 Sockelleisten

Sämtliche Arten von Sockelleisten werden nach dem Längenmaß (m) berechnet. Lieferbar sind sie in Längen von 2,00 bis 4,00 m.

Der Bedarf an Sockelleisten ergibt sich aus dem Raumumfang (Abwicklung) abzüglich der Türbreiten und zuzüglich der Kurzstücke in Heizkörpernischen.

Beispiel Sockelleisten für den Raum **10.4**
$(8{,}00 + 5{,}40) \cdot 2 + 0{,}25 \cdot 2 - (1{,}00 + 1{,}90)$

Aufgaben

1. Wieviel m Sockelleisten je 2,00 m Länge werden für das Beispiel gebraucht?
2. a) Berechnen Sie den Bedarf an Sockelleisten für den Raum **10.5**. Erfassen Sie dabei auch alle Fensternischen.
   b) Wieviel m Leisten der Länge 4,00 m müssen beschafft werden?
3. Berechnen Sie den Sockelleistenbedarf für Raum **10.10** (Fensternischentiefe 0,25 m, Tür 2,00 m).
4. Der Raum **10.5** erhält Sockelleisten der Höhe 0,10 m. Es wird ein Neoprene-Spezialkleber verwendet, Verbrauch 320 g/m². Wieviel Klebstoff muß zur Verfügung stehen?

Weitere Aufgaben zu Bodenbelägen

5. Der Raum **10.20** ist mit PVC-Belag auszustatten, Breite 1,50 m. Die Säule in der Raummitte wird ausgespart.
   a) Berechnen Sie die Bahnenmaße Richtung Fensterwand (Zugabe 0,05 m).
   b) Wieviel m² sind zu verlegen?
   c) Wieviel % beträgt der Verschnitt?
   d) Wieviel m Sockelleiste sind zu setzen?
6. Der Raum **10.21** wird mit einem 4,00 m breiten Tuftingbelag versehen.
   a) Berechnen Sie die Bahnen Richtung Hauptfensterwand.
   b) Wieviel m² sind zu belegen?
   c) Wieviel Prozent macht der Verschnitt aus?

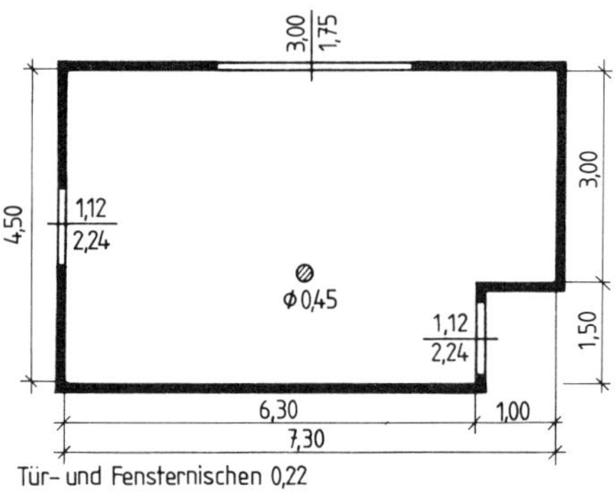

10.20 Raum mit Säule

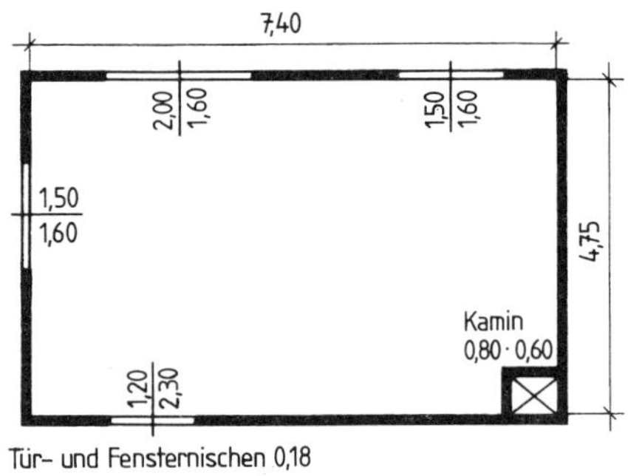

10.21 Raum mit Kamindurchgang

7. Bei einer Neubelegung soll der Raum **10**.20 mit Textilfliesen 50 · 50 belegt werden. Berechnen Sie den Fliesenbedarf unter Beachtung der Tür- und Fensternischen.

8. Die 12 Stufen einer freitragenden Treppe sollen mit Textilbelag belegt werden. Die Stufen werden einzeln rundum bespannt (**10**.22). Vorher sind die Auftritte und Vorderkanten mit Filzunterlage zu belegen. Stufenbreite 1,20 m.

   a) Wieviel m^2 Filzunterlage brauchen Sie?

   b) Berechnen Sie den Bedarf an Textilbelag.

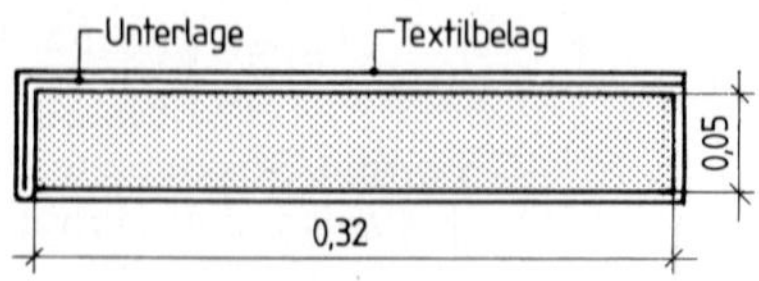

10.22 Freitragende Treppe

9. Der Boden des Friseursalons **10**.23, ein Altbauboden, wird renoviert. Verlegt wird ein 2,00 m breiter CV-Belag.

   a) Berechnen Sie die m^2 Verlegespanplatten, Zugabe 10 %.

   b) Berechnen Sie die Bahnenmaße mit 5 cm Zugabe für Beschnitt und je 15 cm für den Rapport.

   c) Wieviel m^2 Fläche haben die Bahnen?

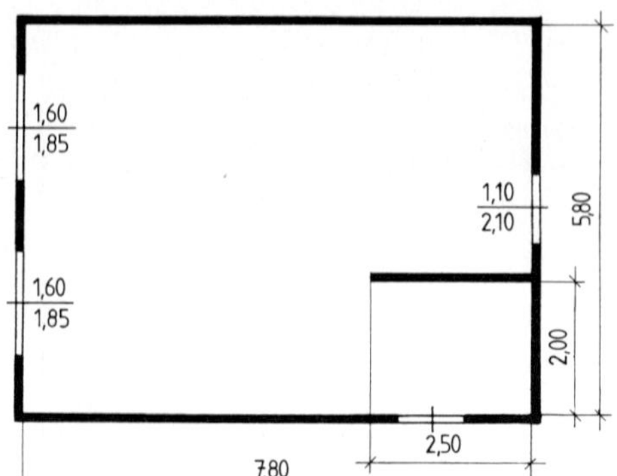

10.23 Friseursalon

   d) Wieviel kg Klebstoff sind bei 300 g/m^2 erforderlich?

   e) Wieviel m Sockelleisten werden einschließlich der Zwischenwand (beidseitig) gebraucht?

10. Der Modesalon **10**.24 ist einschließlich Kabinen und Durchgangstiefe (0,26 m) mit einem 4,00 m breiten Veloursbelag auszustatten. An der rechten Wand ist ein 0,25 m hohes Podest, dessen Vorderfront und Boden ebenfalls bespannt werden.

    a) Stellen Sie den Ansatz für die Verlegeflächen auf.

    b) Wieviel m^2 Veloursbelag brauchen Sie einschließlich 5 % Verschnitt?

    c) Der Belag kostet je m^2 48,50 DM. Wieviel ist für den gesamten Belag zu zahlen?

    d) Rundum und in den Kabinen sind 10 cm hohe Sockelleisten zu setzen. Wieviel m bestellen Sie?

    e) In die Teppichsockelleisten werden Belagstreifen eingelegt. Wieviel m^2 werden verarbeitet?

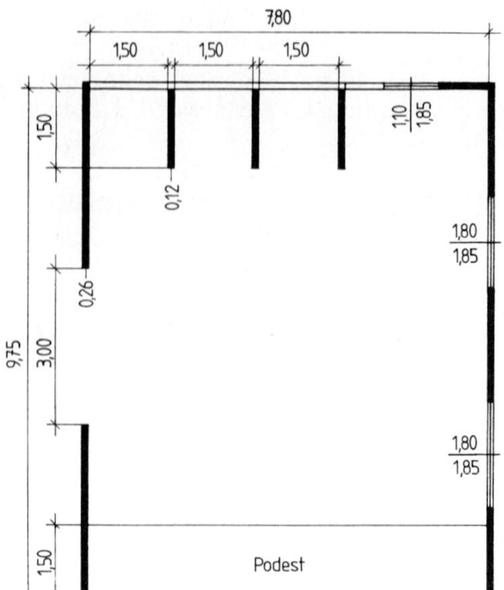

10.24 Modesalon

11 Sondertechniken

11.1 Fahrzeuglackierung

Kraftfahrzeuge sind Serienerzeugnisse, die in vielen Tausenden vom Fließband laufen. Auch die Ersatzteile werden in Serien gefertigt, damit sie völlig übereinstimmen. So kann man diese Teile, ihren Einbau und ihre Lackierung für jeden Fahrzeugtyp genau berechnen. Unterlagen dazu sind die ihnen sicher bekannten Arbeitsbögen der Hersteller, auf denen bestimmte Zeiten vorgegeben bzw. einzutragen sind.

DAT-Rechensystem. Die Deutsche Automobil Treuhand GmbH (DAT) in Stuttgart hat ein Rechensystem entwickelt, das die Lackierkosten für z. Z. (Stand 6/89) 28 Fabrikate mit 308 Typen und 560 Ausführungsvarianten in- und ausländischer Pkw, Leichttransporter und Geländewagen erfaßt.

Tabelle **11.1 Leitzahlenübersicht**

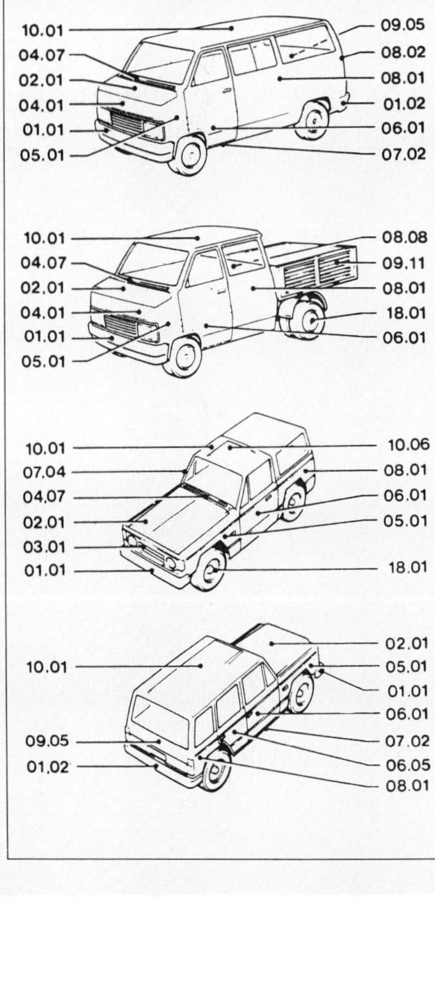

Lackierarbeiten

01.01	Stoßstange vorn	08.01	Seitenwand
01.02	Stoßstange hinten	08.02	Eckteil hinten
02.01	Deckel vorn	08.05	Heckblech
04.01	Frontblech	08.08	Fahrerhausrückwand
04.02	Frontblech unten	08.10	Kofferboden/ Laderaumboden
04.05	Radhaus vorn	09.01	Deckel hinten
04.07	Windlauf	09.05	Hecktür/Rückwanklappe
05.01	Kotflügel vorn	09.08	Klappe an Seitenteil
06.01	Tür vorn	09.11	Ladeklappe/Pritsche
06.05	Seitentür hinten	10.01	Dach
07.02	Schweller/Kniestück	10.06	Schiebedach
07.05	Schloßsäule	18.01	Scheibenrad

Montagearbeiten

01.01	Stoßstange vorn
01.02	Stoßstange hinten
02.01	Frontklappe/Motorhaube
02.03	Zierleiste an Motorhaube
03.01	Kühlergrill/Grill-Schürze
05.01	Kotflügel und Anbauteile
06.01	Tür vorn
06.02	Zierleisten, Spiegel, Türgriffe, Schließzylinder-Vordertür
06.03	Türverkleidung vorn
06.05	Tür hinten
06.06	Zierleisten, Türgriffe - Hintertür
06.07	Türverkleidung hinten
07.06	Zierleiste C-Säule
08.01	Zierleisten Seitenwand/ Seitenwandfenster/Tankklappe
09.01	Deckel hinten
09.03	Buchstaben, Schriftzug, Zierleisten, Schließzylinder
09.05	Rückwandtür/Rückwandklappe
09.07	Türgriff, Schließzylinder, Buchstaben, Schriftzug, Zierleiste,
09.08	Klappe an Seitenteil
09.11	Ladeklappe/Pritsche
10.02	Zierleisten an Regenrinne
10.06	Deckel für Stahlkurbeldach/Sonnendach
13.01	Scheinwerfer
13.02	Weitstrahler
13.03	Nebelscheinwerfer
13.04	Blinkleuchten vorn
13.05	Blinkleuchten seitlich
13.06	Schluß-Brems-Blinkleuchten
13.07	Kennzeichenleuchte
13.08	Nebelschlußlampe
13.09	Rückfahrleuchte
13.17	Scheibenwischerblätter
13.18	Spritzdüsen für Scheibewaschanlage
13.23	Antenne
14.01	Windschutzscheibe
14.02	Scheibe für Rückwandfenster
14.03	Scheibe für Rückwandtür/Rückwandklappe
14.06	Scheibe für Seitenwandfenster
14.07	Scharnierfenster komplett
18.01	Räder

Lackierkosten-Ermittlung Aufnahme- und Bewertungsbogen

DAT

×	LZ	Lackierarbeiten	Lackier-Umfang			Arb.-Pos. Nummer	Angebaut	Abgebaut	Lackstufe	~~AW/ZE~~ Std.	VZ	MP
	02.01	Frontdeckel	kompl.	außen	innen				I II III IV			
	04.01	Frontblech	kompl.	oben	unten				I II III IV			
	04.07	Windlauf vorn	kompl.	links	rechts				I II III IV			
X	05.01	Kotflügel vorn links	kompl. X	oben	unten	45 372	X		X II III IV	1,3	1,2	22
	05.01	Kotflügel vorn rechts	kompl.	oben	unten				I II III IV			
X	06.01	Tür vorn links	kompl. X	oben	unten	45 432		X	X II III IV	1,2	1,1	34
	06.01	Tür vorn rechts	kompl.	oben	unten				I II III IV			
	06.01	Türfensterrahmen vorn links	kompl.	außen	innen				I II III IV			
	06.01	Türfensterrahmen vorn rechts	kompl.	außen	innen				I II III IV			
X	06.05	Tür hinten links	kompl.	oben	unten X	45 447	X		I X III IV	0,5	1,0	5
	06.05	Tür hinten rechts	kompl.	oben	unten				I II III IV			
	06.05	Türfensterrahmen h. links	kompl.	außen	innen				I II III IV			
	06.05	Türfensterrahmen h. rechts	kompl.	außen	innen				I II III IV			
X	07.02	Einstiegschweller links	kompl.	außen X		45 482	X		I II X IV	1,0	1,2	11
	07.02	Einstiegschweller rechts	kompl.	außen					I II III IV			
	07.04	Scharniersäule (A) links	kompl.	oben	unten				I II III IV			
	07.04	Scharniersäule (A) rechts	kompl.	oben	unten				I II III IV			
	07.05	Türmittelsäule (B) links	kompl.	oben	unten				I II III IV			
	07.05	Türmittelsäule (B) rechts	kompl.	oben	unten				I II III IV			
	07.06	Schloß-Säule (C) links	kompl.	oben	unten				I II III IV			
	07.06	Schloß-Säule (C) rechts	kompl.	oben	unten				I II III IV			
	08.01/02	Seitenwand hinten links	kompl.	oben	unten				I II III IV			
	08.01/02	Seitenwand hinten rechts	kompl.	oben	unten				I II III IV			
	08.05	Abschlußblech hinten	kompl.	oben	unten				I II III IV			
	08.08	Windlauf hinten	kompl.	links	rechts				I II III IV			
	09.01/05	Heckdeckel/Rückwandklappe	kompl.	oben	unten				I II III IV			
	10.01	Wagendach	außen						I II III IV			
		Kombinierte Lackierarbeiten										
	04.00	Wagenvorderbau	kompl.	außen	innen				I II III IV			
	07.00	Wagenseite links	kompl.	oben	unten				I II III IV			
	07.00	Wagenseite rechts	kompl.	oben	unten				I II III IV			
	08.00	Wagenheck	kompl.	außen	innen				I II III IV			
	12.00	Karosserie	kompl.	oben	unten				I II III ○			
	12.01	Rohbaukarosserie	kompl.						○ ○ ○ IV			
		Zusatzarbeiten – Sonstiges										

Fabrikat Ford — Farbe — 1 x höchste Vorbereitungszeit ► 1,2

Typ Fiesta '89 — Code Nr. — 1. Material-Konstante ► 9

Aufbau 5 türig — Rep.-Lack. KH ☐ 2-K ☒ — 2. Material-Konstante ►

Erstzul. 14. 4. 89 — Lackart uni ☐ metall. 1-Sch. ☐ metall. 2-Sch. ☒ — Summen ZA 5,2 MP 81

Stundenverrechnungssatz	DM 72,-	~~1 AW/100 ZE~~/1 Std. =	DM 72,- x ZA 5,2	374,40 DM
Materialindex	DM 1,35	1 Materialpunkt =	DM 1,35 x MP 81	109,35 DM

Auftraggeber/Kommission
Firma
Auto-Maier KG
(6400) Fulda

Endabrechnung		
Lackierkosten ohne UST	483,75	DM
Umsatzsteuer 14 %	67,73	DM
Lackierkosten mit UST	551,48	DM

11.2 Aufnahme- und Bewertungsbogen

Werkstätten und Lackierbetriebe, aber auch Versicherungsgesellschaften und Kfz-Sachverständige arbeiten mit den Kalkulationsunterlagen bei Voranschlägen für Reparaturkosten. In dem neuen System sind unterschiedliche Herstellerangaben durch Umrechnung in Arbeitsstunden und Materialpunkte vereinheitlicht. Alle Positionen sind mit dem DAT-Leitzahlensystems schnell und sicher auffindbar.

Leitzahlensystem. Mit dem DAT-Leitzahlensystem können schnell und sicher Einzelpositionen, kombinierte Arbeiten und Montagezeiten in den Lackierungslisten aufgefunden und zusammengeführt werden. Jedes Fahrzeug hat eine Leitzahl LZ (**11**.1). Der Frontdeckel eines Pkw – gleich welchen Typs – hat immer LZ 02.01, ein Dach stets LZ 10.01. Im Aufnahme- und Bewertungsbogen werden die nötigen Arbeiten vermerkt (**11**.2).

Lackstufen (LS) = Arbeitsumfang unterteilt in

Stufe I bisher Stufe IV — **Neuteillackierung – vollständiger Lackaufbau auch bei Abschnittsteilen und Teilstücken.** Schließt das Lackieren der Innenflächen ein.

Stufe II bisher Stufe I — **Reparaturlackierung – nur Oberfläche.** Vorhandenen Decklack reinigen und anrauhen, neuen Decklack spritzen.

Stufe III bisher Stufe II — **Reparaturlackierung – vollständiger Lackaufbau bis 50 % der gesamten zu lackierenden Fläche.** Beschädigten Untergrund entfernen, Lackierung neu aufbauen, Decklack der gesamten Fläche anrauhen, neuen Decklack spritzen.

Stufe IV bisher Stufe III — **Reparaturlackierung – vollständiger Lackaufbau bei mehr als 50 % der gesamten zu lackierenden Fläche.** Decklack und Untergrund auf dem ganzen Karosserieteil entfernen. Lackierung vollständig neu aufbauen; ganzes Teil mit Decklack spritzen (ohne Spachtelarbeiten).

DAT Lackierungsliste

Leitzahl	DVN	Arbeitsgang	Untertypen a 2 3 4 5 6 7 8	Arbeits-Pos.-Nr.	LACKARTEN 1-Schicht LS	AZ Std.	VZ Std.	Material MP	2-Schicht LS	AZ Std.	VZ Std.	Material MP
05.01	4361	Kotflügel vorn unten			I	—	—	—	I	—	—	—
	4362	- unterhalb Prägekante			II	—	—	—	II	—	—	—
			a	50 55 87 02	III	0,9	1,9	6	III	0,9	2,2	10
					IV	—	—	—	IV	—	—	—
06.01	2011	Türgrundkörper vorn	a	57 29 61 50	I	1,1	1,1	21	I	1,1	1,3	32
	2012	- ausgebaut			II	—	—	—	II	—	—	—
			a	57 29 79 52	III	1,1	1,1	13	III	1,1	1,3	22
					IV	—	—	—	IV	—	—	—
	2011	Türgrundkörper vorn	a	57 29 61 00	I	1,3	1,9	21	I	1,3	2,2	32
	2012	- eingebaut	a	57 29 79 01	II	0,7	1,1	8	II	0,7	1,3	18
			a	57 29 79 02	III	1,1	1,9	13	III	1,1	2,2	22
			a	57 29 79 03	IV	2,5	1,9	21	IV	2,5	2,2	32
06.05	2411	Türgrundkörper hinten	a	58 29 61 50	I	1,1	1,1	19	I	1,1	1,3	29
	2412	- ausgebaut			II	—	—	—	II	—	—	—
			a	58 29 79 52	III	1,1	1,1	11	III	1,1	1,3	19
					IV	—	—	—	IV	—	—	—
	2411	Türgrundkörper hinten	a	58 29 61 00	I	1,3	1,9	19	I	1,3	2,2	29
	2412	- eingebaut	a	58 29 79 01	II	0,5	1,1	7	II	0,5	1,3	16
			a	58 29 79 02	III	1,1	1,9	11	III	1,1	2,2	19
			a	58 29 79 03	IV	2,2	1,9	19	IV	2,2	2,2	29
07.02	0451	Unterholm außen	a	51 45 61 22	I	1,9	1,9	16	I	1,9	2,2	25
	0452	(Schweller)	a	51 45 79 01	II	0,5	1,1	6	II	0,5	1,3	14
			a	51 45 79 02	III	1,1	1,9	10	III	1,1	2,2	17
					IV	—	—	—	IV	—	—	—
	0455	Unterholm Teilstück vorn	a	51 45 61 12	I	1,6	1,9	9	I	1,6	2,2	14
	0456				II	—	—	—	II	—	—	—
					III	—	—	—	III	—	—	—
					IV	—	—	—	IV	—	—	—
	0459	Unterholm Teilstück hinten	a	51 45 61 12	I	1,6	1,9	7	I	1,6	2,2	11
	0460				II	—	—	—	II	—	—	—
					III	—	—	—	III	—	—	—
					IV	—	—	—	IV	—	—	—

a = alle 2 = Limousine 2-türig 3 = Limousine 3-türig 4 = Limousine 4-türig 5 = Limousine 5-türig 6 = Kombi 3-türig 7 = Kombi 5-türig 8 = Coupe

11.3 Lackierungsliste (Auszug Pkw)

Lackarten. Die DAT-Lackierkosten-Ermittlung unterscheidet drei Lackarten: uni, metallic 1-Schicht und metallic 2-Schicht (**11**.2).

Ermitteln des Arbeitslohns. Die Arbeitszeiten (Spalte AZ) sind unter Berücksichtigung der richtigen Lackart und der gewählten Lackstufen der Lackierungsliste **11**.3 zu entnehmen und zu addieren.

Von den anfallenden Vorbereitungszeiten (Spalte VZ) ist je Lackierungsauftrag 1 x die höchste Vorbereitungszeit zu den Arbeitszeiten hinzuzuzählen. Die so ermittelte Gesamtarbeitszeit wird mit dem Stundenverrechnungssatz multipliziert und ergibt den zu verrechnenden Arbeitslohn.

Der Stundenverrechnungssatz wird wegen unterschiedlicher Art, Größe und Lage von jedem Betrieb selbst ermittelt.

Arbeitslohn (ohne Mehrwertsteuer)	=	(Arbeitszeit + 1 x höchste Vorbereitungszeit) x Stundenverrechnungssatz

Materialkostenermittlung. Den Arbeitspositionen sind Materialpunkte (MP) zugeordnet. Sie wurden flächenbezogen (dm^2) berechnet. Diese Materialeinheiten sind addierbar. Die Summe der für eine Lackierung addierten Materialpunkte wird um den gleichbleibenden Wert einer Materialkonstante = 9 MP erhöht und mit dem jeweiligen Verrechnungssatz für 1 MP (Materialindex in % der Werkstatt) multipliziert.

Materialkosten (ohne Mehrwertsteuer)	=	(Summe der Materialpunkte + Materialkonstante) x Verrechnungssatz

Welcher Verrechnungssatz je Materialpunkt zur Anwendung kommt, entscheidet der dem Lackierbetrieb entsprechende Materialkosten-Index. Der Lackmaterial-Rechenbogen macht es möglich, den Materialkosten-Index selbst zu berechnen. Er gibt einen Vorgabepreis an (**11**.4, Stand 6/89). Davon abweichende Preise des Betriebs werden in die Spalte „Abgabepreis" eingetragen. Das gleiche gilt für den Durchschnittspreis (Ø-Preis) je Gruppe. Die Bewertungsspalte zeigt für jede waagerechte Zeile den Lackmaterialanteil in % an (100 % = konstanter Lackmaterialanteil). Liegen die Preise des Betriebs darüber oder darunter, zeigt die letzte Spalte dies an.

Beispiel Reparaturlackierung für Vorder- und Hintertür links am Pkw. Lackstufe III; Lackart uni; Stundenverrechnungssatz 72,– DM; Materialindex 1,35 DM je MP (100 %)

	AZ Std.	VZ Std.	Material MP
1. Nach Bild **11**.1: LZ 06.01 und LZ 06.05			
2. Nach Liste **11**.3: LZ 06.01 Türgrundkörper vorn – eingebaut	1,1	1,9	13
LZ 06.05 Türgrundkörper hinten – eingebaut	1,1	~~1,9~~	11
	2,2	1,9	24

3. Arbeistlohn = (2,2 Std. + 1,9 Std.) · 72,– DM/Std. = 295,20 DM
   Materialkosten = (24 MP + 9 MP*) · 1,35 DM/MP = 44,55 DM

   Lackierkosten ohne MWSt **339,75 DM**

* Die 9 MP sind eine Materialkonstante für einmaligen Aufwand an Reinigungsverdünnung, Silikonentferner usw.

Lackmaterial-Rechenbogen		Liefer-Verrechnungsgrößen			Einheiten –	Gebrauchsgrößen			Ø-Preis je Gruppe		Veränderung der Ø-Preise		Vorgegebene Bewertung des Anteils am Lackmaterial	Veränderte Bewertung des Anteils am Lackmaterial
		Vorgabe-Preis/DM	Abgabe-Preis/DM	Einheit	Umrechnung	Vorgabe-Preis/DM	Abgabe-Preis/DM	Einheit	Vorgabe-Preis/DM	Abgabe-Preis/DM	DM	%		
Schleifpapier	P 80.100.120	0,71	0,80	Bogen	–	0,71	0,80	Bogen	1,11	1,64	0,53	47,7	2,9 %	4,3 %
	P 150.180.220	0,68	0,80	Bogen	–	0,68	0,80	Bogen						
	P 240.320.360	0,67	1,00	Bogen	–	0,67	1,00	Bogen						
Rutscherstreifen		0,49	0,50	Stück	–	0,49	0,50	Stück						
								Stück						
Klebestreifen	Ø 150	0,94	1,00	Stück	–	0,94	1,00	Stück						
	Ø 180	1,02	3,35	Stück	–	1,02	3,35	Stück						
Schleifscheiben	Ø 150	3,27	4,00	Stück	–	3,27	4,00	Stück						
Schleifpapier	P 400.500.600	0,83	1,00	Bogen	–	0,83	1,00	Bogen	1,80	1,57	- 0,23	-12,8	2,7 %	2,4 %
	P 800.1000	0,83	1,00	Bogen	–	0,83	1,00	Bogen						
Schleifpad		3,74	2,70	1 Stück	–	3,74	2,70	Stück						
Spachtel	KH-Schnell	13,82	13,00	1 kg	1/10	1,38	1,30	100 g	1,57	1,83	0,26	16,6	2,4 %	2,8 %
	Nitro-Kombi	14,91	16,15	1 kg	1/10	1,49	1,62	100 g						
	Polyester-Autoplastik	16,04	21,15	1 kg	[illegible]	1,60	2,12	100 g						
	Polyester-Spritzplastik	17,85	22,90	[illegible]	[illegible]	1,79	2,29	100 g						
Reaktionsgrund	(angemischt)	22,30	21,60	1 kg	[illegible]	2,23	2,16	100 g	2,43	2,36	-0,07	- 2,9	7,4 %	7,2 %
Füllprimer		26,23	25,60	1 kg	[illegible]	2,62	2,56	100 g						
Füller (angem.)	Nitro-Kombi	25,55	28,90	1 l	985 g	[illegible]	2,93	100 g	2,38	2,12	-0,26	- 10,9	18,1 %	16,1 %
	Reaktions-	26,43	16,40	1 l	1035 g	2,55	1,59	100 g						
	KH	26,31	25,10	1 l	1250 g	[illegible]	[illegible]	100 g						
Füllprimer	2 K	29,46	25,60	1 l	1305 g	2,26	[illegible]	100 g						
Abdeckpapier									0,16	0,10	-0,06	-37,5	8,3 %	5,2 %
	20 cm mit Band	64,23	35,64	1 Rolle	500 m	0,13	0,07	1 m						
	90 cm mit Band	140,20	59,40	1 Rolle	500 m	0,28	0,12	1 m						
Abdeckband		3,93	5,60	1 Rolle	50 m	0,08	0,11	1 m						
Lack	KH 1-Schicht	42,23	45,18	1 l	1200 g	3,56	3,77	100 g	4,01	4,42	0,41	10,2	37,9 %	41,8 %
	Acrylic 2K 1-Schicht	48,30	51,60	1 l	1030 g	4,69	5,01	100 g						
	Metallic 2-Schicht	48,31	51,78	1 l	1050 g	4,60	4,93	100 g						
	Klarlack 2 K	31,49	38,88	1 l	985 g	3,20	3,95	100 g						
Härter	20 / 80	25,40	33,54	1 l	910 g	2,79	3,69	100 g	1,85	2,10	0,25	13,5	20,3 %	23,0 %
	2 K	36,54	38,22	1 l	1350 g	2,71	2,83	100 g						
Verdünnung	11012	10,29	9,96	1 l	950 g	1,08	1,05	100 g						
	andere	7,97	7,80	1 l	965 g	0,83	0,81	100 g						
Waschverdünnung	Teil der Konstante	6,97	9,50	1 l	1/4	1,74	2,38	1/4 l	Konstante				100 %	102,8 %
Silikonentferner	Teil der Konstante	8,72	8,70	1 l	840 g	1,04	1,04	100 g					Stand 6/89	Gesamt-Veränderung
Spritzmaskenfilter	Teil der Konstante	6,67	7,10	Stück		6,67	7,10	Stück						

11.4 Lackmaterial-Rechenbogen

Beispiel Nach Tabelle **11**.4a

105 % = 1,42 DM je MP
95 % = 1,29 DM je MP

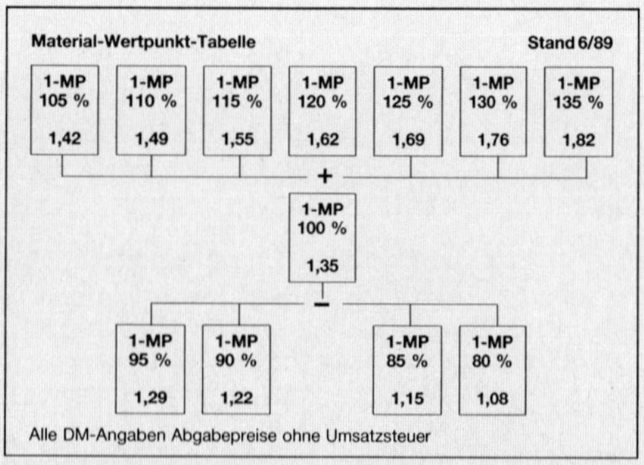

11.4a
Material-Wertpunkt-Tabelle

Beispiel An einem Pkw (Limousine 4-türig) wurden der vordere rechte Kotflügel und der Unterholm (Schweller) lackiert. Kotflügel Lackstufe I; Unterholm Lackstufe II; Lackart metallic 2-Schicht; Stundenverrechnungssatz 83,70 DM; Lackmaterialanteil 120 %

	AZ Std.	VZ Std.	Material MP
1. Nach Bild **11**.1: LZ 05.01 und LZ 07.02			
2. Nach Liste **11**.5: LZ 05.01 Kotflügel vorn eingebaut	1,3	2,2	33
Nach Liste **11**.5: LZ 07.02 Unterholm außen	0,5	~~1,3~~	7
	1,8	2,2	40

3. Arbeitslohn = (1,8 Std. + 2,2 Std.) · 83,70 DM/Std. = 334,80 DM

Verrechnungssatz nach Tabelle **11**.4a 120 % = 1,62 DM je MP

Materialkosten = (40 MP + 9 MP) · 1,62 DM/MP = 79,38 DM

Lackierkosten ohne MWSt **414,18 DM**

Aufgaben

1. Sie sehen an unseren Beispielen, daß die Lohnanteile (AZ und VZ) ein Vielfaches der Materialkosten betragen. Wieviel % sind das vom Endbetrag?

2. Die Mehrwertsteuer beträgt 14 %. Wie lautet der Endbetrag für die Beispielaufträge?

3. Nach der Lackierungsliste **11**.3 ist folgende Reparaturlackierung durchzuführen: 06.01 Türgrundkörper vorn – ausgebaut.
   a) Gefordert wird Lackstufe III, Lackart metallic 1-Schicht. Stundenverrechnungssatz 72,– DM, Materialindex 1,35 DM je MP. Berechnen Sie die Lackierkosten.
   b) Wieviel DM beträgt die Mehrwertsteuer?
   c) Berechnen Sie den Rechnungspreis.

4. Der Stundenverrechnungssatz von 72,– DM steigt auf 83,70 DM, der Preis für 1 MP auf 1,42 DM.
   a) Berechnen Sie den Rechnungspreis für die Aufgabe 3 nach dieser Preiserhöhung.
   b) Um wieviel Prozent hat sich der Preis erhöht?

5. Nach dem Aufnahme- und Bewertungsbogen **11.**2 beträgt der Rechnungspreis für das eingetragene Beispiel 551,48 DM.
   a) Wieviel kostet die Lackierung nach der in Aufgabe 4 angenommenen Preiserhöhung?
   b) Um wieviel Prozent erhöhte sich der Rechnungspreis?
6. Nach der Lackierungsliste **11.**5 sind folgende Reparaturlackierungen (im eingebauten Zustand) nötig: Deckel vorn, Frontbleche, Spoiler vorn, Kotflügel vorn.
   a) Suchen Sie in Bild **11.**1 die zugehörigen Leitzahlen.
   b) Gefordert werden für Deckel und Spoiler Lackstufe III, für den Kotflügel Lackstufe IV, für die Frontbleche Lackstufe I, Lackart uni. Stundenverrechnungssatz 77,– DM; Materialindex 1,42 DM je MP.

   Erstellen Sie die Rechnung einschließlich 14 % Mehrwertsteuer.
7. Ein Coupé ab '79 (**11.**6) bekommt eine metallic 2-Schicht-Reparaturlackierung für LZ 04.00, Lackstufe IV, LZ 08.00, Lackstufe I, 2 Seitenteile und 2 Scheibenräder LZ 18.01, Lackstufe III, 1-Schicht.
   a) Was bedeuten LZ 04.00 und 08.00?
   b) Berechnen Sie den Auftrag einschließlich 14 % Mehrwertsteuer, Stundenverrechnungssatz und Materialindex aus Aufgabe 6.
   c) Wie hoch ist der Lohnkostenanteil in %?

DAT Lackierungsliste

Leitzahl	DVN	Arbeitsgang	Untertypen a 2 3 4 5 6 7 8	Arbeits-Pos.-Nr.	LS (1-Schicht)	AZ Std. (1-Schicht)	VZ Std. (1-Schicht)	Material MP (1-Schicht)	LS (2-Schicht)	AZ Std. (2-Schicht)	VZ Std. (2-Schicht)	Material MP (2-Schicht)
02.01	4421	Deckel vorn	a	55 22 61 50	I	1,6	1,1	47	I	1,6	1,3	71
		- ausgebaut	a	55 22 79 51	II	0,9	0,7	18	II	0,9	0,9	39
			a	55 22 79 52	III	1,6	1,1	28	III	1,6	1,3	48
			a	55 22 79 53	IV	3,7	1,1	47	IV	3,7	1,3	71
	4421	Deckel vorn	a	55 22 61 00	I	1,9	1,9	47	I	1,9	2,2	71
		- eingebaut	a	55 22 79 01	II	0,9	1,1	18	II	0,9	1,3	39
			a	55 22 79 02	III	1,9	1,9	28	III	1,9	2,2	48
			a	55 22 79 03	IV	4,7	1,9	47	IV	4,7	2,2	71
04.01	4281	Abschlußblech vorn	a	50 10 61 00	I	1,6	1,9	15	I	1,6	2,2	22
			a	50 10 79 01	II	0,5	1,1	6	II	0,5	1,3	12
			a	50 10 79 02	III	1,1	1,9	9	III	1,1	2,2	15
			a	50 10 79 03	IV	1,9	1,9	15	IV	1,9	2,2	22
	4271	Frontblech komplett mit	a	50 10 61 12	I	1,9	1,9	17	I	1,9	2,2	25
		Stützen			II	—	—	—	II	—	—	—
					III	—	—	—	III	—	—	—
					IV	—	—	—	IV	—	—	—
04.02	4321	Spoiler vorn	8	66 03 61 50	I	0,7	0,7	19	I	0,7	0,9	29
		- ausgebaut	8	66 03 79 51	II	0,7	0,7	8	II	0,7	0,9	16
			8	66 03 79 52	III	1,6	1,1	12	III	1,6	1,3	20
			8	66 03 79 53	IV	2,5	1,1	19	IV	2,5	1,3	29
05.01	4371	Kotflügel vorn	a	50 55 61 50	I	1,1	1,1	22	I	1,1	1,3	33
	4372	- ausgebaut	a	50 55 79 51	II	0,4	0,7	9	II	0,4	0,9	18
			a	50 55 79 52	III	1,1	1,1	13	III	1,1	1,3	22
			a	50 55 79 53	IV	1,9	1,1	22	IV	1,9	1,3	33
	4371	Kotflügel vorn	a	50 55 61 00	I	1,3	1,9	22	I	1,3	2,2	33
	4372	- eingebaut	a	50 55 79 01	II	0,7	1,1	9	II	0,7	1,3	18
			a	50 55 79 02	III	1,1	1,9	13	III	1,1	2,2	22
			a	50 55 79 03	IV	2,2	1,9	22	IV	2,2	2,2	33
07.02	0451	Unterholm außen	2	51 45 61 12	I	1,6	1,9	5	I	1,6	2,2	8
	0452	(Schweller)	2	51 45 79 01	II	0,5	1,1	2	II	0,5	1,3	4
			2	51 45 79 02	III	0,9	1,9	3	III	0,9	2,2	5
					IV	—	—	—	IV	—	—	—
	0451	Unterholm außen	4	51 45 61 09	I	1,6	1,9	8	I	1,6	2,2	12
	0452	(Schweller)	4	51 45 79 01	II	0,5	1,1	3	II	0,5	1,3	7
			4	51 45 79 02	III	0,9	1,9	5	III	0,9	2,2	8
					IV	—	—	—	IV	—	—	—

a = alle 2 = Limousine 2-türig 3 = Limousine 3-türig 4 = Limousine 4-türig 5 = Limousine 5-türig 6 = Kombi 3-türig 7 = Kombi 5-türig 8 = Coupe

11.5 Lackierungsliste (Beispiel Pkw)

DAT Lackierungsliste

Leitzahl	DVN	Arbeitsgang	Untertypen (a 2 3 4 5 6 7 8)	Arbeits-Pos.-Nr.	LACKARTEN 1-Schicht LS	AZ Std.	VZ Std.	Material MP	2-Schicht LS	AZ Std.	VZ Std.	Material MP
18.01	6671	Scheibenrad			I	—	—	—	I	—	—	—
					II	—	—	—	II	—	—	—
			a	44 10 79 02	III	0,3	0,5	2	III	—	—	—
					IV	—	—	—	IV	—	—	—
		KOMBINIERTE ARBEITEN			I				I			
					II				II			
					III				III			
					IV				IV			
04.00	4000	Fahrzeug vorn			I	—	—	—	I	—	—	—
		umfaßt: Deckel vorn und	a	50 02 79 01	II	1,9	1,1	33	II	1,9	1,3	71
		beide Kotflügel	a	50 02 79 02	III	4,1	1,9	51	III	4,1	2,2	86
			a	50 02 79 03	IV	9,1	1,9	84	IV	9,1	2,2	127
07.00	0005	Fahrzeugseite			I	—	—	—	I	—	—	—
	0006	umfaßt: Kotflügel, Tür vorn	4	51 02 79 01	II	3,1	1,1	38	II	3,1	1,3	81
		und hinten, Seitenwand und	4	51 02 79 02	III	5,5	1,9	58	III	5,5	2,2	99
		Schweller	4	51 02 79 03	IV	11,3	1,9	96	IV	11,3	2,2	145
	0005	Fahrzeugseite			I	—	—	—	I	—	—	—
	0006	umfaßt: Kotflügel, Tür,	8	51 02 79 11	II	2,4	1,1	35	II	2,4	1,3	76
		Seitenwand und Schweller	8	51 02 79 12	III	4,8	1,9	54	III	4,8	2,2	92
			8	51 02 79 13	IV	10,3	1,9	89	IV	10,3	2,2	135
08.00	5812	1 Seitenteil mit	8	53 55 61 14	I	5,7	1,9	62	I	5,7	2,2	94
	5813	Abschlußblech hinten			II	—	—	—	II	—	—	—
					III	—	—	—	III	—	—	—
					IV	—	—	—	IV	—	—	—
	5814	2 Seitenteile mit	8	53 55 62 26	I	8,7	1,9	95	I	8,7	2,2	145
		Abschlußblech hinten			II	—	—	—	II	—	—	—
					III	—	—	—	III	—	—	—
					IV	—	—	—	IV	—	—	—
12.00	0002	Fahrzeug komplett			I	—	—	—	I	—	—	—
			4	51 01 79 01	II	9,6	1,1	148	II	9,6	1,3	319
			4	51 01 79 02	III	19,0	1,9	228	III	19,0	2,2	388
			4	51 01 79 03	IV	39,9	1,9	377	IV	39,9	2,2	571
	0002	Fahrzeug komplett			I	—	—	—	I	—	—	—
			8	51 01 79 11	II	9,3	1,1	147	II	9,3	1,3	318
			8	51 01 79 12	III	18,9	1,9	227	III	18,9	2,2	386
			8	51 01 79 13	IV	40,8	1,9	374	IV	40,8	2,2	567

a = alle 2 = Limousine 2-türig 3 = Limousine 3-türig 4 = Limousine 4-türig 5 = Limousine 5-türig 6 = Kombi 3-türig 7 = Kombi 5-türig 8 = Coupe

11.6 Lackierungsliste (Beispiel Pkw Coupé)

8. Berechnen Sie nach der Liste **11.6** die Lackierkosten für eine Komplettlackierung einer Limousine 4-türig in der Lackart uni.

   Stundenverrechnungssatz 82,50 DM, Lackmaterialanteil 110 %.

   a) Endpreis für Lackstufe II?

   b) Endpreis für Lackstufe III?

   c) Um wieviel % ist die Lackstufe III teurer als II?

9. Im Lackmaterial-Rechenbogen **11.4** finden Sie die Vorgabepreise für Füller und Füllprimer (Stand 6/89). In der Abgabespalte stehen die Preise nach eigener Berechnung. Um wieviel Prozent sind die Materialien teurer oder billiger?

10. In der Aufgabe 3 wurde versehentlich die Lackart metallic 1-Schicht berechnet. Die Reparaturlackierung wurde aber als metallic 2-Schicht-Lackierung ausgeführt.

    a) Berechnen Sie die neuen Lackierkosten.

    b) Um wieviel % ist die metallic 2-Schicht-Lackierung teurer als die vorher berechnete metallic-Schicht?

11. Ein Kunde hat für sein Coupé einen Frontspoiler zum Lackieren in der Werkstatt. Berechnen Sie anhand der Lackierungslisten (**11.**3; **11.**5; **11.**6) den Rechnungspreis einschließlich 14 % Mehrwertsteuer für eine metallic 2-Schicht-Lackierung, Lackstufe I.

    Stundenverrechnungssatz 83,70 DM, Materialindex 1,42 DM je MP.

11.2 Schrifttechniken

11.2.1 Selbstklebende Folienschriften

Diese gestanzten Schriften gibt es in vielen Arten und Größen sowie in mehreren Farben. Sie ersetzen heute weitgehend das Zeichnen, Aufpausen und Schreiben. Lieferbar sind die Folienschriften in Sortimenten (z. B. 100, 500 oder 1000 Buchstaben und Ziffern) oder als Bündel in Packungen (z. B. 10 gleiche Buchstaben oder Ziffern).

Schriftberechnungen. Die Buchstaben sind unterschiedlich breit (z. B. i, w, f). Das müssen wir beachten, um eine gut ausgeglichene Schrift, vor allem bei Großbuchstaben (Versalien), zu erreichen. Die Lieferanten von Selbstklebeschriften geben deshalb die Buchstabenbreiten in mm an (**11**.7).

11.7 Buchstabenbreite bei 100 mm Höhe

Beispiel Auf ein 85 cm breites Schild soll das Wort LANDRATSAMT geklebt werden. Für die Zeilenbreite stehen 68 bis 70 cm zur Verfügung. Wir gehen von 70 mm Schrifthöhe aus.

Lösung

L	74
A	90
N	100
D	96
R	93
A	90
T	78
S	93
A	90
M	113
T	78
	995

a) Wir schreiben das Wort LANDRATSAMT untereinander und daneben die Breite nach den Angaben **11**.7.

b) Die Breiten addieren wir.

c) Statt der angegebenen Schrifthöhe von 100 mm wollen wir 70 mm große Buchstaben verwenden. Deshalb müssen wir das Ergebnis der Addition durch 100 dividieren und mit 70 multiplizieren und erhalten so die Länge.

$$\frac{995\ \text{mm} \cdot 70\ \text{mm}}{100\ \text{mm}} = 696{,}5\ \text{mm} = \mathbf{69{,}65\ cm}$$

Aufgaben

1. Das Sortiment **11**.8 mit je 500 Stück der Buchstabenhöhe 50 mm kostet 138,– DM, ein gleiches mit je 1000 Stück 261,– DM. Um wieviel Prozent ist es billiger als die 500 Stück?

a	b	c	d	e	f	g	h	i	j	k	l
15	12	12	15	38	13	13	13	17	7	12	15

m	n	o	p	q	r	s	t	u	v	w	x
12	30	10	8	2	25	15	15	10	6	8	2

y	ź	ß	A	B	C	D	E	F	G	H	I
2	10	5	5	4	4	4	5	5	5	5	4

J	K	L	M	N	O	P	Q	R	S	T	U
4	5	5	4	5	4	5	2	5	5	5	4

V	W	X	Y	Z
4	4	2	1	3

Satzzeichen bei Sortimenten gratis

1 2 3 4 5 6 7 8 9 0 je 5 St.

11.8 Sortiment für 500 Stück

2. Sie sollen die Buchstaben für die Beschriftung **11**.9 bestellen. Höhe der halbfetten Schrift 30 mm, der schmalhalbfetten 110 mm. Die Beschriftung soll in gleicher Weise viermal erfolgen. Wie lautet Ihre Bestellung.
3. Ein Schild in Selbstklebeschrift wird mit 62,22 DM kalkuliert. Bei fünf gleichen Schildern ermäßigt sich der Stückpreis auf 44,42 DM. Wieviel spart man in %?

MUSIKINSTRUMENTE
SCHALLPLATTEN
NOTEN

Rahmer

78 FREIBURG KONRADSTR. 28
TEL. 30461

11.9 Text für viermalige Beschriftung

4. Berechnen Sie nach Bild **11**.7 die Zeilenlängen in cm (Schrifthöhe 100 mm, Zeilendurchschuß 6 cm) für folgenden Text:

   GOTTLIEB MÜLLER
   BAUGESCHÄFT
   EHINGEN/DONAU
5. Wie groß muß die zu beschriftende Fläche sein, wenn bei dem Text aus Aufgabe 4 in der Breite je 10 cm, in der Höhe oben ebenfalls 10 cm, unten dagegen 13 cm frei bleiben sollen?
6. Die für eine Schrift gegebene Fläche ist 0,80 m x 0,40 m. Text:

   LICHTPAUSANSTALT
   BENEDIKT HERMANN

   Schriftgröße 40 bis 60 mm. Berechnen Sie, ob Sie besser mit der breiten Schrift **11**.7 oder der schmalen Schrift **11**.10 auskommen.

65	65	65	65	62	60	65	71	35	56	70	58	100	75	70	68	70	72	62
A	B	C	D	E	F	G	H	I	J	K	L	M	N	O	P	Q	R	S

59	68	62	100	72	60	57	63	60	58	59	60	38	60	60	34	34	64	34	92	62
T	U	V	W	X	Y	Z	a	b	c	d	e	f	g	h	i	j	k	l	m	n

60	60	46	54	40	62	53	83	50	55	49	60		40	60	57	57	60	58	56	58	58	58
o	p	r	s	t	u	v	w	x	y	z	ß	,	1	2	3	4	5	6	7	8	9	0

11.10 Buchstabenbreiten bei schmaler Grotesk, 100 mm hoch

7. Sechs Fahrzeugtüren 0,82 m · 0,60 m sollen mit Selbstklebebuchstaben beschriftet werden. Text:
   ANTON STEINER
   Bauunternehmen
   Schwäbisch Hall

   Wählen Sie aus **11**.10 eine noch gut in der Fläche stehende und einwandfrei lesbare Schriftgröße. Wie lang und hoch werden die Zeilen?
8. Zwei Pritschenwagen **11**.11 sollen beidseitig beschriftet werden. Format (Tür und Kabinenseite) 1,40 m x 0,50 m. Text:
   LAST-TAXI GMBH
   Wilhelm Neuner
   Tel. (0 88 81) 47 11

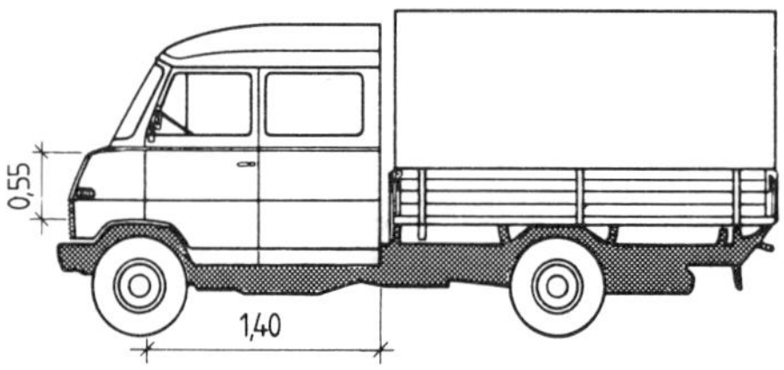

11.11 Doppelkabinen-Pritschenwagen

Wählen Sie aus **11**.10 eine gut lesbare Schriftgröße. Wie lang und hoch werden die Zeilen?

9. Der Firmenhinweiser **11**.12 soll maßstäblich auf 50 cm Länge vergrößert werden.
   a) Welchen Maßstab wählen Sie?
   b) Wie lang wird der Hinweiser, und welche Buchstabenhöhe bekommen Sie?

11.12 Firmenhinweiser

10. Ein Baustellenschild mit 12 Firmennamen erfordert 485 Buchstaben, die als Einzelbuchstaben für 0,91 DM/Stück bestellt werden.
    a) Was kostet diese Menge?
    b) Ein anderer Lieferant bietet die Buchstaben für 410,05 DM an. Um wieviel Prozent ist er billiger?

11.2.2 Bleifolienschnitt

Diese Technik wird vor allem noch bei der Glas- und Fahrzeugbeschriftung angewendet. Schrift und Zeichen werden aus einer auf den Untergrund aufgezogenen Bleifolie ausgeschnitten und am besten ausgespritzt. Dies erfordert mehrere Arbeitsgänge und einen entsprechenden Preis.

Aufgaben

11. Bleifolie (0,40 m breit) kostet 2,85 DM/m. Bedarf 2,75 m. Was kostet die Folie?
12. Das Schriftausschneiden erfordert 160 Minuten Zeit, Preis für die Lohnminute 0,68 DM. Wieviel kostet dieser Arbeitsgang?
13. Alle vorhergehenden und folgenden Arbeitsgänge erfordern insgesamt 190 Minuten. Wieviel DM sind dafür zu berechnen, wenn 1 Minute 0,68 DM kostet?
14. Die Materialkosten für Transparentpapier, Haftgrund und Lack betragen zusammen 4,10 DM.
    a) Wie hoch sind die Gesamtkosten für diese Beschriftung?
    b) Fünf gleiche Beschriftungen dieser Art kosten 815,20 DM. Um wieviel Prozent hat sich der Preis für eine Beschriftung ermäßigt?

15. Es sollen vier gleiche Stahlblechschilder 1,70 m · 0,75 m beschriftet werden.

   a) Für das beiderseitige Entrosten, Beschichten mit Korrosionsschutz und eine dreimalige Beschichtung werden insgesamt 9 Stunden angesetzt (Lohnpreis 42,60 DM/Std.). Was kosten diese Arbeitsgänge?

   b) Für die Schriftpause, den Folienschnitt und das Ausspritzen der Schrift brauchen wir einschließlich Nacharbeiten 10 1/2 Stunden. Die Werkstoffe kosten 28,60 DM.

   Was kosten die 4 Schilder im Selbstkostenpreis?

16. Von dem Text **11**.13 sollen zwei Glasschilder, Format 1,16 m · 0,945 m hergestellt werden.

   a) Welche Schriftgröße können Sie wählen, so daß noch genügend freie Ränder vorhanden sind?

   b) Berechnen Sie nach den gefundenen Maßen die beiden seitlichen Ränder, den oberen und unteren etwas breiteren Rand.

   c) Wieviel Bleifolie, 0,40 m breit, erfordern beide Schilder bei rationeller Nutzung?

WAGENWÄSCHE 5,5 mm / 2,0 mm
LACK
AUTOZUBEHÖR
BÜRO
ERSATZTEILE
TEST

11.13 Glasschild

17. Für die acht Glastüren eines Bürogebäudes ist das Firmenzeichen **11**.14 vorgesehen.

MHV

11.14 Firmenzeichen

   a) Gewünscht wird eine Vergrößerung M 10:1. Berechnen Sie die Maße.

   b) Wie hoch werden die Buchstaben?

   c) Wieviel Bleifolie, 0,40 m breit, ist erforderlich?

18. Es sind 15 Schilder 80 cm · 45 cm im Siebdruck herzustellen. Berechnen Sie die Werkstoffkosten.

Siebdruckgewebe	48,25 DM/m^2
(wegen der Wiederverwendung nur 1/4 anrechnen)	
Zeichenpapier	4,65 DM/m^2
Handschneidefilm	22,66 DM/m^2
Siebdruckfarbe hellgelb	
Verbrauch 50 g/m^2	27,00 DM/l
Siebdruckfarbe schwarz	
Verbrauch 25 g/m^2	20,13 DM/l

19. Auftrag: 45 Werbeplakate DIN A 2 (42,0 cm · 59,4 cm) in zwei Farben drucken. Wie hoch sind die Werkstoffkosten?

Siebdruckgewebe	60,95 DM/m^2
(nur 1/5 anrechnen)	
Zeichenpapier	4,85 DM/m^2
Handschneidefilm	22,66 DM/m^2
Siebdruckfarbe gelbgrün	
Verbrauch 55 g/m^2	26,60 DM/l
Tagesleuchtfarbe rot	
Verbrauch 35 g/m^2	64,20 DM/l

20. Die Werkstoffkosten der Aufgaben 18 und 19 betragen jeweils 20 % der Herstellerkosten. Wie teuer werden beide Aufträge, wenn Sie die Lohnkosten und 14 % Mehrwertsteuer hinzurechnen?

11.3 Wärmedämmtechniken

Wärmedämmung ist im Rahmen der Energieeinsparung ein neues und wichtiges Arbeitsgebiet des Maler- und Lackiererhandwerks. Außer den seit Jahren bewährten wärmedämmenden Unterlagstoffen gibt es eine besondere Wärmedämmung von Gebäuden an den Außenseiten.

11.3.1 Grundlagen

Energieeinsparung. Zweck der Wärmedämmung ist es, Energie einzusparen und „die erzeugte Wärme so gut und so lange wie möglich zu nutzen". Tabelle **11**.15 zeigt auszugsweise die Energieeinsparung je m^2 Wand und Jahr bei Wärmedämmung außen (Außendämmung). Tabelle **11**.16 vergleicht die Wärmedämmung mit und ohne Dämmsystem.

Tabelle **11**.15 **Energieeinsparung durch Außendämmung**

Wandbaustoff	Dicke der Polystyroldämmung in cm	jährliche Energieeinsparung je m^2 Wand l Heizöl	m^3 Erdgas
Vollziegel 24 cm	3 4 5	13,9 15,5 16,6	15,3 17,1 18,4
Vollziegel 30 cm	3 4 5	11,4 12,8 13,9	12,5 14,2 15,3
Hochlochziegel 24 cm	3 4 5	10,9 12,4 13,4	12,0 13,6 14,8
Hochlochziegel 30 cm	3 4 5	8,7 10,0 10,9	9,6 11,0 12,1
Kalksandstein 24 cm	3 4 5	12,4 14,1 15,1	13,7 15,6 16,7
Kalksandstein 30 cm	3 4 5	10,0 11,5 12,5	11,1 12,6 13,8
Leichtbeton Hohlblocksteine 30 cm	3 4 5	8,0 9,2 10,1	8,8 10,1 11,1
Leichtbeton Vollsteine 30 cm	3 4 5	9,2 10,5 11,5	10,2 11,6 12,7
Beton B 160 20 cm	3 4 5	27,8 30,2 31,7	30,7 33,2 35,0

Tabelle **11.16** **Dämmvergleich von Außenwänden ohne und mit Dämmsystem (nach i-Punkt Farbe)**

Wandbaustoff	Außenwand ohne Vollwärmeschutz-System (2 cm Kalkzement-Außenputz)				Außenwand mit Vollwärmeschutz-System			
	1	*k*-Wert	Innenwand-temperatur in °C	Dicke in cm	1	*k*-Wert	*k*-Wert-Verbesse-rung	Innenwand-temperatur in °C
Kalksand-Lochsteine 24 cm Raumgewicht 1400 kg/m³	0,451	1,560	12,4	4 5	1,568 1,854	0,568 0,489	63 % 69 %	17,2 17,6
Kalksand-Lochsteine 30 cm Raumgewicht 1400 kg/m³	0,551	1,349	13,4	4 5	1,668 1,954	0,538 0,466	60 % 65 %	17,4 17,7
Hochlochziegel 24 cm Raumgewicht 1400 kg/m³	0,512	1,424	13,0	4 5	1,630 1,915	0,549 0,475	61 % 67 %	17,3 17,7
Hochlochziegel 30 cm Raumgewicht 1400 kg/m³	0,627	1,224	14,0	4 5	1,745 2,030	0,516 0,450	58 % 63 %	17,5 17,8
Leichtbeton-Hohblockst. 24 cm Raumgewicht 1400 kg/m³ Zweikammerstein	0,551	1,349	13,3	4 5	1,668 1,954	0,538 0,466	60 % 65 %	17,4 17,7
Leichtbeton-Hohblockst. 30 cm Raumgewicht 1400 kg/m³ Dreikammerstein	0,765	1,047	14,8	4 5	1,882 2,168	0,482 0,424	54 % 60 %	17,6 17,9
Beton 20 cm Betongüte ≥ B 160	0,165	2,816	6,2	4 5	1,282 1,568	0,679 0,568	76 % 80 %	16,7 17,2

Der *k*-Wert, die Wärmedurchgangszahl, drückt den Wärmedurchgang durch eine Baukonstruktion aus (Einheit: W/m²K). Dabei wird die Wärmedurchlässigkeit der Baustoffe berücksichtigt.

Die Wärmedämmung einer Wand verbessert sich, je kleiner ihr *k*-Wert ist.

Beispiel Bei Kalksand-Lochsteinen 24 cm, Raumgewicht 1 400 kg/m³, beträgt der *k*-Wert

ungedämmt	= 1,560 W/m² K
gedämmt mit Vollwärmeschutzsystem 4 cm	= 0,568 W/m² K
k-Wert-Verbesserung	= 63 %

Aufgaben

1. Ein übliches Wohnhaus mit 1 1/2 Geschossen hat eine Außenwandfläche von ≈ 150,00 m² (**11**.17). Berechnen Sie für dieses Wohnhaus nach Tabelle **11**.15 die Energieeinsparung an l Heizöl für Hochlochziegel 24 cm, 4 cm Hartschaumdämmung.

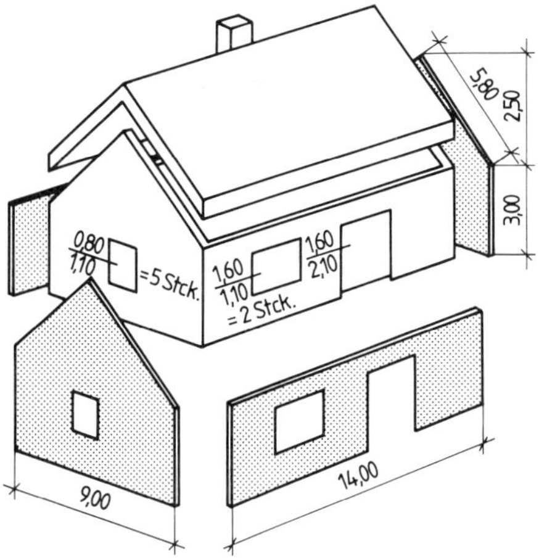

11.17 Wohnhaus mit ≈ 150,00 m²

2. Die Energieeinsparung für Kalksandsteinwände 24 cm beträgt bei 3 cm Hartschaumdämmung 12,4 l/m² Heizöl im Jahr.
   a) Wieviel l Heizöl werden bei 5 cm Dämmung gespart?
   b) Um wieviel Prozent erhöht sich die Einsparung gegenüber 3 cm Dämmung?

3. Kalksand-Lochsteine 30 cm haben einen *k*-Wert von 1,349 W/m² K. Leichtbeton-Hohlblocksteine 30 cm dagagen von 1,047 W/m² K. Um wieviel Prozent liegt der *k*-Wert günstiger?

4. Um wieviel Prozent verbessert sich der *k*-Wert des Beispiels bei 5 cm statt 4 cm dicker Wärmedämmung?

5. Die Innenwandtemperatur verbessert sich im Beispiel von 13,0 °C ungedämmt auf 17,3 °C gedämmt. Wieviel Prozent beträgt die Verbesserung?

6. Beton 20 cm hat nach Tab. **11**.16 die niedrigste Innenwandtemperatur von 6,2 °C ungedämmt. Bei einem Dämmsystem von 5 cm beträgt die Temperatur 17,2 °C. Um wieviel Prozent verbessert sich die Temperatur?

11.3.2 Werkstoffe

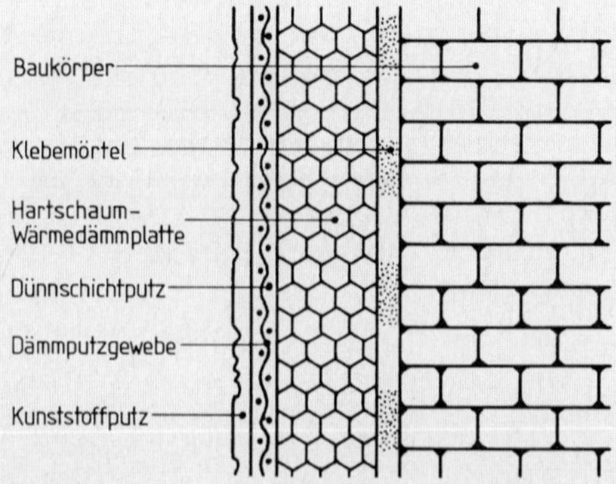

11.18 Aufbau eines Wärmedämmsystems

Die Werkstoffe für Wärmedämmung liefern uns Lack- und Farbenfabriken sowie Malereinkaufsgenossenschaften komplett mit allem Zubehör (**11**.18).

Aufgaben

7. Formgeschäumte Hartschaumplatten, beidseitig profiliert, mit umlaufendem Stufenfalz, werden z. B. angeboten: Karton bei 4 cm Dicke = 6,00 m^2.

   Wieviel Kartons (aufgerundet) brauchen Sie für das Haus **11**.17? (Abzug der Öffnungen, Zugabe 5 % Verschnitt z. B. Giebel)

8. Der Bedarf an Klebemörtel beträgt 3 kg/m^2. Nach Anweisung sind dem Mörtel 15 Gewichtsprozent angeteigter Portlandzement zuzugeben.
   a) Wieviel kg Portlandzement sind für 1,00 m^2 zuzugeben?
   b) Wieviel kg dieser Mischung werden für 1,00 m^2 verbraucht?
   c) Wieviel kg dieser Mischung erfordert das Haus **11**.17?

9. Winkelschienen dienen zur Bewehrung von Eckverbindungen (Hausekken, Tür- und Fensterrahmen) und bestehen aus gelochtem Aluminium, 2,50 m lang. Berechnen Sie den Bedarf für das Haus **11**.17.

10. Dämmspachtel (mit etwa gleicher Wärmeleitzahl wie die Dämmplatten) wird für Fugen und Unebenheiten gebraucht. Verbrauch ≈ 200 g/m^2. Wieviel kg müssen für das Haus **11**.17 zur Verfügung stehen?

11. Dünnschichtputz dient mit eingelegtem Gewebe im System als Unterputz. Mischung = Dämmschichtputz : Wasser : Portlandzement = 2 : 0,5 : 1. Verbrauch der Mischung ≈ 6 kg/m^2.
    a) Berechnen Sie die drei Mengen für 1 kg Gemisch (3 1/2 Teile).
    b) Wieviel kg Gemisch sind für das Haus **11**.17 bereitzustellen?

12. Dämmputzgewebe aus Spezialglasfaser wird in den Dünnschichtputz eingebettet, z. B. Bahnen 100 cm breit, Rollen 50,00 m. Bedarf 1,10 m^2/m^2 einschließlich Verschnitt. Wieviel m^2 Dämmputzgewebe erfordert das Haus **11**.17?

13. Fugenfüller wird bei Fugen und Anschlußstellen zwischen Bauteilen und Dämmplatten, bei Türen, Fenster-, Dach- und anderen Anschlüssen eingesetzt.

    Berechnen Sie für das Haus **11**.17 den Bedarf in dm^3, indem Sie die Maße der Hausecken, Tür-, Fenster- und die 6 Dachkanten einsetzen. Verbrauch ≈ 100 cm^3 je 1,00 m Fugenlänge von 1 cm Querschnitt.

14. Kunststoffputz ist die Schlußbeschichtung. Verbrauch bei feiner Körnung 2,750 kg/m^2. Wieviel 25-kg-Gebinde sind für das Haus **11**.17 erforderlich?

Dübelsystem. Eine sichere Plattenbefestigung, vor allem bei der Altbausanierung, bieten neben der Verklebung der Dämmplatten Spezialdübel. Diese Dübeltechnik wird z. B. auch auf sandelndem Putz, mürbem Untergrund und abblätternden Beschichtungen eingesetzt. Die Dübel sind auf 2 bis 9 cm Plattendicke einstellbar.

Dachdämmplatten aus Hartschaum, mit Nut und Feder verbunden, sind für die Wärmedämmung von Dächern entwickelt worden. Die schwerentflammbaren Platten können mit Dispersionsfarbe beschichtet, übertapeziert oder mit Profilbrettern verkleidet werden.

Beispiel Platten 5, 6, 8 und 10 cm Dicke, Größe 0,98 · 0,48.

Kellerdämmplatten sind mit umlaufendem Stufenfalz versehen. Sie werden direkt unter die Kellerdecke geklebt und können ebenfalls mit Dispersionsfarbe überarbeitet werden. Die 4 cm dicken Platten haben das Format 0,48 · 0,48, sichtbare Deckenfläche je Platte 0,219 m^2.

Aufgaben

15. Der Verbrauch der Spezialdübel beträgt 8 Stück/m^2. Berechnen Sie den Bedarf für das Haus **11**.17.
16. Ein Karton enthält 200 Stück Dübel. Wieviel m^2 kann man mit dem Inhalt von 12 Kartons verdübeln?
17. Berechnen Sie die Dämmplattenfläche für die Dachdämmung des Hauses **11**.17.
18. Dachdämmplatten werden in der Größe 100 cm · 62,3 cm angeboten. Wieviel dieser Platten brauchen Sie für das Haus **11**.17?
19. a) Berechnen Sie den Bedarf an Kellerdämmplatten für die Decken der Keller nach Bild **7**.2 (S. 111); Zugabe für Verschnitt 5 %.
    b) 1 Karton enthält 10 Platten. Wieviel Kartons sind zu bestellen?
20. a) Fünf Keller 4,50 · 3,80 und fünf Keller 2,25 · 3,80 erfordern wieviel Kellerdämmplatten?
    b) Es soll für Verschnitt 5 % Zugabe berechnet werden. Wieviel Platten kommen hinzu?

11.4 Verglasungen

Neben Flächenberechnungen als Grundlage sind vor allem Verschnitt-, Gewichts- und Preisberechnungen erforderlich. Malerbetriebe, die regional oder betrieblich Verglasungen ausführen, arbeiten hauptsächlich mit Fensterglas, das zur Gruppe Flachglas gehört.

11.4.1 Glaszuschneiden

Die erforderlichen Scheibengrößen sind unter Vermeidung eines größeren Verschnitts zuzuschneiden. Das kann auf drei Arten geschehen: waagerecht, senkrecht oder waagerecht und senkrecht (**11**.19).

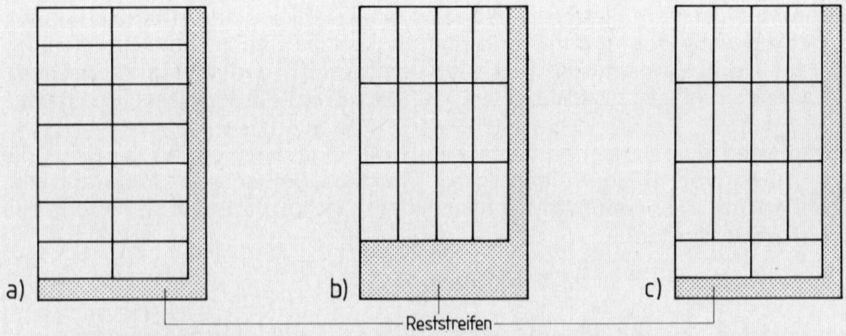

11.19 Schnitteinteilung
a) waagerecht, b) senkrecht, c) waagerecht und senkrecht

Beispiel Fensterglas MD = mittlere Dicke, 2,8 mm dick, hat als größtes Liefermaß 132 cm · 246 cm.

Wieviel Scheiben 66 cm · 78,5 cm lassen sich daraus am günstigsten schneiden?

Lösung A $\frac{132}{66} = 2$ $\frac{246}{78,5} = 3$ 2 · 3 = **6 Scheiben**

Rest 0 Rest 10,5 Reststreifen 10,5 · 132

Lösung B $\frac{132}{78,5} = 1$ $\frac{246}{66} = 3$ 1 · 3 = **3 Scheiben**

Lösung A ist am günstigsten

Suchen Sie immer eine Lösung A und B, bei breiten Reststreifen noch Lösung C. Dazu schreiben Sie die Plattenmaße zweimal und die zu suchenden Scheibenmaße „über Kreuz" darunter:

$$\frac{132}{66} \cdot \frac{246}{78,5}$$
$$\frac{132}{78,5} \cdot \frac{246}{66}$$

Tabelle **11**.20 **Scheibennormung**

Bezeichnung	Dicke in mm	Liefermaße in cm
Dünnglas	0,6 bis 1,2 1,2 bis 1,8 1,75 bis 2,0	60 · 126 80 · 160 60 · 188 größte Maße
Fensterglas MD = mittlere Dicke DD = doppelte Dicke	2,8 3,8	48 · 60 73 · 170 48 · 120 60 · 174 44 · 141 60 · 200 46 · 144 größtes Maß: 73 · 143 132 · 246 73 · 160
Spiegelglas	3,0 8,0 4,0 10,0 5,0 bis 19,0 6,0	318 · 2,00 318 · 750 316 · 6,00 318 · 900 318 · 6,00 300 · 450 318 · 6,00

Aufgaben

1. Aus einer Tafel 132 cm · 246 cm sind Scheiben 50 cm · 80 cm zu schneiden.
   a) Suchen Sie beide Lösungen und unterstreichen Sie die günstigste.
   b) Wie groß sind die Reststreifen bei den Lösungen?
   c) Welche Reststreifen der günstigsten Lösung können Sie für spätere Verwendung noch aufheben?
2. Aus einer Tafel 132 cm · 246 cm sind Scheiben 60 cm · 85 cm zu schneiden.
   a) Suchen Sie beide Lösungen und unterstreichen Sie die günstigste.
   b) Welche Maße hat der größte Rest bei der günstigsten Lösung?

> Wenn Sie wissen wollen, ob aus einem Rest noch Scheiben der gesuchten Größe geschnitten werden können, stellen Sie fest, ob die gesuchten Maße in den Restmaßen enthalten sind (z.B. 60 ist in 76 enthalten).

3. a) Wieviel Scheiben 45 cm · 70 cm können Sie im günstigsten Fall aus einer Tafel 132 cm · 246 cm schneiden?
   b) Fertigen Sie auf kariertem Papier Skizzen für Lösung A und B an, M 1:200.
4. Für drei zweiflügelige Fenster sollen aus Tafeln 132 cm · 246 cm 6 Scheiben 78,5 cm · 78,5 cm geschnitten werden.
   a) Wieviel Tafeln sind erforderlich?
   b) Geben Sie die Maße der Reststreifen an.
5. Aus fünf Tafeln 132 cm · 123 cm sollen Scheiben 40 cm · 60 cm geschnitten werden.
   a) Wieviel Scheiben bekommen Sie?
   b) Was stellen Sie bei den Maßen der Reststreifen fest?
6. a) Aus einem Reststapel von sechs Streifen 50 cm · 246 cm kann man günstigstenfalls wieviel Scheiben 45 cm · 60 cm schneiden?
   b) Wieviel Scheiben der Größe 39,5 cm · 48 cm könnte man daraus schneiden?
7. Aus fünf Tafeln 73 cm · 160 cm sollen Scheiben 33,5 cm · 46 cm geschnitten werden.
   a) Wieviel Scheiben bekommen Sie?
   b) Welches Maß hat der größte Reststreifen?
8. Es stehen zwei Liefergrößen zur Wahl: 73 cm · 160 cm und 60 cm · 174 cm. Welche Tafelgröße wählen Sie, um eine möglichst große Anzahl Zuschnitte 35,5 cm · 50 cm zu bekommen? (Sie brauchen zweimal Lösung A und B.)
9. Es stehen sechs 50er-Streifen und fünf 82er-Streifen, alle 160 cm lang, zur Wahl.
   a) Aus welchem Restposten erhalten Sie die meisten Scheiben 38,5 cm · 48 cm?
   b) Wieviel Scheiben bekommen Sie aus dem anderen Restposten?
   c) Welche Größe hat das größte Reststück der gewählten Lösung?
10. Das Liefermaß 44 cm · 141 cm gibt zwei Scheiben 40 cm · 60 cm. Die Größe ist jedoch nicht lieferbar.
   a) Wieviel Scheiben können Sie aus der vorhandenen Größe 73 cm · 143 cm schneiden?
   b) Wieviel Tafeln sind für 18 Scheiben erforderlich?

Die Glasdicke ist abhängig von der Scheibengröße und den zu erwartenden Beanspruchungen, z. B. Windlast. Darum sind gewisse Mindestdicken zu ermitteln (**11**.21).

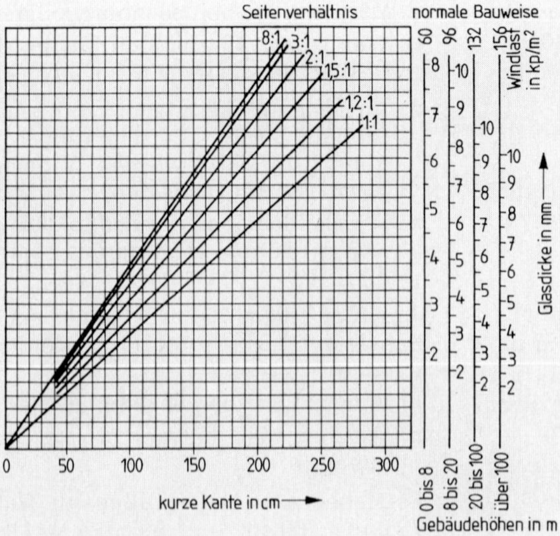

11.21
Ermitteln der erforderlichen Glasdicke

Dazu bilden wir das Seitenverhältnis der gegebenen Scheibe, greifen das kurze Maß an der unteren Linie ab und loten nach oben bis zum Schnittpunkt der Geraden. Zwischenwerte sind anzugleichen. Vom Schnittpunkt aus ziehen wir eine Waagerechte nach rechts, und zwar bis zur betreffenden Gebäudehöhe bzw. Belastung (Windlast). Dort lesen wir die Glasdicke ab.

Die Windlast ist von der Gebäudehöhe abhängig, z. B. 0 bis 8 m = 60 N/m^2.

Beispiel Scheibe 90 cm · 60 cm, Seitenverhältnis 1,5 : 1, normale Bauweise. Waagerechte nach rechts = Einbauhöhe 12 m (Windlast 96 kp/m^2). Die Glasdicke beträgt 2,4 mm, aufzurunden auf die handelsübliche Dicke 2,8 mm (MD).

Aufgaben

11. Berechnen Sie die Glasdicke: Scheibe 145 cm · 120 cm, Seitenverhältnis 1,2:1, Einbauhöhe 0 bis 8,00 m.
12. Welche Glasdicke ist erforderlich bei einer Scheibe 157 cm · 115 cm, Seitenverhältnis 1,34:1, Einbauhöhe 8,00 bis 20,00 m?
13. Berechnen Sie die Seitenverhältnisse folgender Scheiben: Gebäudehöhe 0 bis 8,00 m:
a) 200 cm · 100 cm, b) 240 cm · 80 cm, c) 120 cm · 120 cm, d) 90 cm · 60 cm, e) 72 cm · 48 cm.
14. Suchen Sie in Tab. **11**.21 die Glasdicken für die Scheibengrößen der Aufgabe 13.
15. Stellen Sie fest, ob die Glasdicken der Aufgabe 14 lieferbar sind und gleichen Sie an lieferbare Dicken an.

Spiegelglas wird heute nicht mehr durch Schleifen, sondern im Floatingverfahren hergestellt. Dabei gießt man die flüssige Glasmasse auf eine Schicht flüssiges Zinn und bekommt so eine einwandfreie Spiegelglasfläche. Wegen der verschiedenen Verwendung im Bauwesen wird Spiegelglas in mehreren Dicken und Größen hergestellt (**11**.20). Verwendet wird es als Einscheiben- und Verbundglas, Isolier- und Möbelglas.

Aufgaben

16. a) Wieviel Scheiben 48,5 cm · 80 cm können Sie aus Spiegelglas (3 mm dick) der Tafelgröße 318 cm · 200 cm schneiden? (Lösung A und B)
    b) Berechnen Sie bei jeder Lösung die Reststücke in m^2.
    c) Für welche Lösung entscheiden Sie sich, wenn die ermittelte Restgröße beachtet werden soll?
17. a) Kontrollieren Sie, ob Sie aus einer Tafel 318 cm · 600 cm (4 mm Dicke) dreimal soviel Scheiben wie bei Aufgabe 16 schneiden können.
    b) Welche Lösung ist zu bevorzugen?
    c) Bei welcher Lösung fällt das größte Reststück an?
18. Aus einer Tafel 159 cm · 200 cm sind Scheiben 50 cm · 60 cm zu schneiden. Bei welcher Lösung erhalten Sie die meisten Scheiben?
19. a) Es ist ein Stapel Spiegelglasreste (5 mm Dicke) von 5 Stück 78 cm · 300 cm vorhanden. Wieviel Scheiben 35,5 cm · 50 cm bekommen Sie nach der rationellsten Lösung?
    b) Können Sie den Rest nach der besten Lösung als Abfall wegtun?
20. a) Lassen sich aus einer Tafel 159 cm · 200 cm oder 318 cm · 100 cm (3 mm Dicke) mehr Scheiben 40 cm · 60 cm schneiden?
    b) Welche Lösung bevorzugen Sie, wenn der Rest noch verwertet werden soll? Wie groß ist der betreffende Rest?

11.4.2 Glashalteleisten

Die Befestigung der Scheiben in den Rahmen ist vom Fenstermaterial (Holz, Metall, Kunststoff) abhängig und erfolgt auf verschiedene Art. Glashalteleisten werden je nach Fensterkonstruktion innen oder außen gesetzt. Für den Zuschnitt ist ein prozentualer Zuschlag zu berechnen.

Aufgaben

21. Wieviel m Glashalteleisten brauchen Sie für die Verglasung nach Aufgabe 4 bei 5 % Zugabe?
22. Fünf Drehflügelfenster (1,50 m · 1,25 m Scheibengröße) erfordern bei 5 % Zugabe wieviel m Glashalteleiste?
23. Sechs Doppelfenster mit je 2 Scheiben (55 cm · 55 cm, 55 cm · 75 cm) erfordern bei 5 % Zugabe wieviel m Glashalteleiste?
24. Acht dreiteilige Fenster mit der Scheibengröße 0,60 m · 1,45 m erfordern bei 5 % Zugabe wieviel m Glashalteleiste?
25. Es sind 12 zweiflügelige Fenster (Scheibengröße 0,625 m · 1,155 m) zu verglasen. Wieviel m Glashalteleiste bestellen Sie bei 5 % Zugabe?
26. Drei dreiflügelige Werkstattfenster haben je Flügel eine Scheibe 0,625 m · 0,80 m und 0,625 m · 1,255 m. Wieviel m Glashalteleiste sind erforderlich (5 % Zugabe)?

11.4.3 Dichtstoffe

Leinölkitt darf nur bei kleineren Scheiben und geringer Gebäudehöhe verwendet werden. Heute füllt man die Fensterfugen fast nur noch mit Dichtstoffen aus. Scheiben unter 2,31 m^2 Fläche können mit formbaren Dichtstoffen ohne Glashalteleisten verglast werden, darüber verwenden wir Dichtstoffe und Glashalteleisten. Der Dichtstoffverbrauch läßt sich ungefähr durch Tabellen ermitteln, wobei Fugenmaße und Fugenlängen als Grundlage dienen (**11**.22).

Tabelle **11.22** **Dichtstoffbedarf**

Fugenmaße in mm	10	20	30	50	100
30 · 15	*4500* 15 10 **8**	*9000* 29 20 **16**	*13500* 43 30 **24**	*22500* 71 50 **40**	*45000* 141 100 **79**
25 · 15	*3750* 12 9 **7**	*7500* 24 17 **14**	*11250* 36 25 **20**	*18750* 59 42 **33**	*37500* 118 84 **66**
25 · 10	*2500* 8 6 **5**	*5000* 16 12 **9**	*7500* 24 17 **14**	*12500* 40 28 **22**	*25000* 79 56 **44**
20 · 10	*2000* 7 5 **4**	*4000* 13 9 **8**	*6000* 19 14 **11**	*10000* 32 23 **18**	*20000* 62 45 **36**
15 · 10	*1500* 5 4 **3**	*3000* 10 7 **6**	*4500* 15 10 **8**	*7500* 24 17 **14**	*15000* 47 34 **27**
10 · 10	*1000* 4 3 **2**	*2000* 7 5 **4**	*3000* 10 7 **6**	*5000* 16 12 **9**	*10000* 32 23 **18**
5 · 10	*500* 2 2 **1**	*1000* 4 3 **2**	*1500* 5 4 **3**	*2500* 8 6 **5**	*5000* 16 12 **9**
5 · 8	*400* 2 1 **1**	*800* 3 2 **2**	*1200* 4 3 **3**	*2000* 7 5 **4**	*4000* 13 9 **8**
5 · 5	*250* 1 1 **1**	*500* 2 2 **1**	*750* 3 2 **2**	*1250* 4 3 **3**	*2500* 8 6 **5**
4 · 6	*240* 1 1 **1**	*480* 2 2 **1**	*720* 3 2 **2**	*1200* 4 3 **3**	*2400* 8 6 **5**
3 · 5	*150* 1 1 **1**	*300* 1 1 **1**	*450* 2 1 **1**	*750* 3 2 **2**	*1500* 5 4 **3**
Fugen lfd. m	*10*	*20*	*30*	*50*	*100*

Erläuterungen zu Tabelle **11.22**

1. Auf der linken Seite die Fugenmaße bestimmen.
2. Am unteren Rand die Fugenlänge bestimmen, auf das nächste Maß aufrunden.
3. Am Schnittpunkt beider Zahlenreihen das Volumen an Dichtstoff ablesen:

- Die obere Zahl in kursiv gibt das Volumen in cm^3 an (1 000 cm^3 = 1 l),
- die Zahl links darunter die Anzahl **Kartuschen in 320 cm^3**,
- die daneben die **Kartuschen in 450 cm^3**,
- die untere, fett gedruckte Zahl die **Kartuschen in 570 cm^3**.

Beispiel Es sollen 150 m Fugen, Fugenmaß 10 mm · 10 mm, bearbeitet werden.

a) Wieviel cm^3 Dichtstoff sind erforderlich?

100 m = 10 000 cm^3
50 m = 5 000 cm^3

15 000 cm^3 = 15 Liter

b) Wieviel 320er-Kartuschen sind das nach der Tabelle?

32 + 16 = **48** (**320er-Kartuschen**) oder
18 + 9 = **27** (**570er-Kartuschen**)

Aufgaben

27. a) Wieviel Liter Dichtstoff sind für 400,00 m Fugen, Fugenmaße 5 mm · 8 mm, erforderlich?
    b) Wieviel 450er-Kartuschen sind das?
28. Es sind 80,00 m Fugen zu verfugen, Fugenmaße 15 mm · 10 mm. Wieviel cm^3 Dichtstoff sind erforderlich?
29. a) 280,00 m Fugen (5 mm · 10 mm) erfordern wieviel Liter Dichtstoff?
    b) Wieviel 320er-Kartuschen sind das?
30. a) Für 210,00 m Fugen, Fugenmaße 5 mm · 5 mm, sind wieviel cm^3 Dichtstoff erforderlich?
    b) Wieviel 450er-Kartuschen sind das?
    c) Der Händler kann nur 570er-Kartuschen liefern. Wieviel liefert er?
31. a) 180,00 m Fugen sind zu verfugen, Fugenmaße 20 mm · 10 mm . Wieviel cm^3 Dichtstoff muß zur Verfügung stehen?
    b) Wieviel kg wiegt die Masse (Dichte $\rho = 1{,}5$)?
32. Für einen Auftrag werden 44 570er-Kartuschen Dichstoff bestellt. Der Händler hat nur 450er-Kartuschen vorrätig. Wieviel liefert er?
33. Die bestellten 320er-Kartuschen der Aufgabe 29b sind nicht lieferbar. Ein anderer Händler bietet die gleiche Menge in 400er-Kartuschen an. Wieviel sind es?
34. Wieviel wiegt die Lieferung nach Aufgabe 28 (Dichte $\rho = 1{,}5$)?

11.4.4 Glasgewicht

Es gibt leichte und schwere Glasarten. Die Dichte ρ für Fensterglas wird ziemlich genau mit 2,5 angegeben. Große, dicke Glasscheiben haben ein beachtliches Gewicht. Das Glasgewicht ist für die Konstruktion des Fensterrahmens zu beachten. Sie brauchen es auch für den Glastransport und den Einbau der Scheiben.

Beispiele Volumen $V = 1\ m^3$ Glas, Dichte $\rho = 2{,}5$; Masse $m = 2{,}5\ \frac{t}{m^3} \cdot 1\ m^3 = 2{,}500\ t$

1 m^2 Glas, Dicke 1 mm, wiegt $\frac{2500 kg}{1000} = \mathbf{2{,}500\ kg.}$

1 Tafel 60 cm · 126 cm, Dicke 1 mm, wiegt

$60\ cm \cdot 126\ cm = 7\,560\ cm^2 = 0{,}756 m^2 \cdot 2{,}500\ \frac{kg}{m^2} = \mathbf{1{,}890\ kg.}$

Eine Tafel gleicher Größe wiegt bei 3,8 mm Dicke

$0{,}756\ m^2 \cdot 2{,}500\ \frac{kg}{m^2} \cdot 3{,}8 = \mathbf{7{,}182\ kg.}$

Aufgaben

35. Wieviel wiegen die Scheiben der Aufgabe 3a auf S. 161 bei 2,8 mm Dicke?
36. Berechnen Sie das Gewicht der Scheiben nach Aufgabe 5 (s. S. 161), Glasdicke, 3,8 mm.
37. Wieviel kg wiegt die Scheibe nach Aufgabe 12 (s. S. 162)?
38. Ein zweiflügeliges Doppelfenster hat 12 · 2 Scheiben 25 cm · 38 cm Größe, Glasdicke 2,8 mm. Wieviel wiegen die Scheiben?
39. Ein Glasstapel von 6 Tafeln 73 cm · 160 cm, Sorte DD = 3,8 mm Dicke, hat wieviel kg Gewicht?
40. Wieviel kg wiegt dieselbe Menge der Aufgabe 39 bei einer Glasdicke von 2,8 mm?
41. a) Das größte Maß bei Spiegelglas ist 318 cm · 900 cm, Dicke 10 mm. Wieviel kg wiegt eine Tafel?
    b) Schreiben Sie das Ergebnis in t.
42. Es sind acht Fenster zu verglasen, Scheibenmaße je Fenster 2 mal 0,50 m · 0,50 m und 2 mal 0,50 m · 0,725 m, Glasdicke 2,8 mm. Wieviel wiegen die Glasscheiben?
43. Dünnglas 2 mm Dicke hat als größtes Maß 60 cm · 188 cm. Wieviel wiegt eine Tafel?
44. Ein Reststapel von 12 Streifen 52,5 cm · 160 cm, 3,8 mm Dicke, soll umgelagert werden. Wieviel kg müssen Sie bewegen?

11.4.5 Glaspreise

Der Preis für Flachgläser wird beeinflußt:

- von der Glasart (Spiegel-, Matt-, Ornament-, Draht-, Wärmeschutzglas u. a.),
- von der Glasdicke (Dünnglas, mittlere oder doppelte Dicke),
- von der Tafelgröße,
- von der Liefermenge (Original-, sortierte oder Teilkisten, Mengen unter 10,00 m²).

Flachglashandel und Einkaufsgenossenschaften geben Preislisten mit allen notwendigen Angaben heraus (**11**.23 bis **11**.26). Bei diesen und auch allen anderen Preislisten ist darauf zu achten, ob die Preise mit oder ohne Mehrwertsteuer aufgeführt sind.

Tabelle **11**.23 **Spiegelglaspreise** (Stand: August 1989)

Dicke in mm	Maße in cm	Preise in DM je m² ohne Mehrwertsteuer
5	–309 mal –450	94,–
6	–309 mal –450	114,–
8	–309 mal –450	145,–
	–309 mal –600	219,–
10	–309 mal –450	183,–
	–309 mal –600	262,–
12	–309 mal –450	273,–
	–309 mal –600	411,–

Tabelle **11**.24 **Dünnglaspreise** (Stand: August 1989)

	Orig. Kisten	unter 10,00 m²
Preisgruppen	1	4
Festmaße 1,6 mm 80 cm · 159 cm	37,30,–	56,–

(ohne Mehrwertsteuer)

Aufgaben

45. Rechnen Sie die beiden Tafelgrößen der Tab. **11**.23 in m^2 aus.

46. Berechnen Sie nach Tab. **11**.23 den Endpreis einschließlich der Mehrwertsteuer (+ 14 %) für die Dicken 5 und 8 mm der Maße 309 cm · 450 cm.

47. Um wieviel Prozent ist der Endpreis der Dicke 8 mm höher als der der 5-mm-Dicke?

48. Aus Gründen der Herstellungstechnik kostet ein doppelt so dickes Glas mehr als doppelt so viel. Rechnen Sie nach Tab. **11**.23 aus, wieviel Prozent ein Glas der Dicke 12 mm gegenüber 6 mm Dicke teurer ist (Größe 309 cm · 450 cm).

49. Für einen Auftrag sind 24 Scheiben 45 cm · 68 cm erforderlich. Wieviel kosten die Scheiben in 5 mm Dicke nach Tab. **11**.23 einschließlich 14 % Mehrwertsteuer?

Bei kleinen Aufträgen (Reparaturverglasungen) werden oft nur kleinere Mengen Bauglas verarbeitet, z. B. Altbaufenster in Dünnglas.

50. Um wieviel Prozent ist 1,00 m^2 Dünnglas nach der Menge „unter 10,0 m^2" nach Tab. **11**.24 teurer als nach dem Originalkisten-Preis?

51. Rechnen Sie die Maße 80 cm · 159 cm (**11**.24) in m^2 aus.

52. Wieviel Tafeln dieser Größe muß der Meister bestellen, daß er den Vorteil des Originalkisten-Preises in Anspruch nehmen kann?

Bandmaße. Um nicht immer ganze Tafeln bestellen zu müssen, werden Bandmaße geliefert. Das sind aus Tafeln geschnittene Streifen verschiedener Breiten (**11**.25).

53. Berechnen Sie die Fläche von Streifen 110, 130 und 150 cm Breite bei 225 cm Länge.

54. Wieviel kostet je ein Streifen der Aufgabe 53 nach dem „Unter-10,00 m^2-Preis"?

Tabelle **11**.25 **Preise für Spiegelglas 4 mm** (Stand: August 1989)

	Kisten Menge	unter 10,00 m^2
Preisgruppen	1	4
Kleine Bandmaße Maße: 100, alle 10 cm bis 200 cm, 225 cm · 318 cm	35,–	59,50
Bandmaß auf Streifen geteilt Maße: 80/90/100/110/120/130/140 cm · 159 cm	38,50	65,60

(ohne Mehrwertsteuer)

Spezialgläser (z. B. Wärmeschutz-, Schallschutz-, Draht-, Ornament- oder Mehrscheibenglas) sind zum Teil erheblich teurer als Spiegelglas. Beispiele zeigt Tabelle **11**.26 auf S. 168 für Schallschutzglas. Da es sich hier um Mehrscheibenglas mit Gasfüllung handelt, ist aus Fertigungsgründen natürlich 1,00 m^2 Scheibengröße 36 cm · 36 cm (= 8 Scheiben ≈ 1,00 m^2) im m^2-Preis höher als eine einzige Scheibe gleicher Größe. Die obere waagerechte Reihe der Tabelle gibt die lieferbaren Breiten, die senkrechte Spalte links die Höhenmaße an. Am Schnittpunkt der gesuchten Maße findet man den m^2-Preis.

Aufgaben

55. Rechnen Sie nach Tabelle **11**.26 die Maße 60 cm · 96 cm, 96 cm · 120 cm und 120 cm · 120 cm in m^2 aus.

56. Wieviel kosten die Scheiben der Aufgabe 55 nach dem m^2-Preis der Tab. **11**.26?

Tabelle **11.26** **Preise für Schallschutzklasse 3** (in DM/m^2 – ohne MwSt.) (Stand: August 1989)

Höhe in cm bis / Breite in cm bis	30	36	42	48	54	60	72	84	96	108	120	150	180	201
30	559													
36	479	377												
42	42	342	315											
48	384	315	290	272										
54	354	274	251	235	215									
60	331	258	240	219	208	199								
72	301	249	219	208	194	187	169							
84	272	219	203	194	185	176	153	144						
96	262	215	199	185	178	167	151	142	135					
108	246	208	187	176	165	160	144	137	133	126				
120	236	106	185	169	160	156	144	133	128	124	123			
150	222	196	182	162	156	151	140	128	126	126	123	123		
180	206	187	173	166	151	144	135	128	126	123	127	124	135	
210	–	188	173	166	152	149	135	130	123	127	125	123	137	142
240	–	188	173	165	154	149	137	129	127	128	129	126	144	149
300	–	–	–	196	185	180	170	165	162	161	158	166	166	173

12 Lohnberechnungen

Lohn ist Entgelt für geleistete Arbeit. Maler und Lackierer erhalten Lohn nach dem „Rahmentarifvertrag und dem Lohntarifvertrag für das Maler- und Lackiererhandwerk". Die Vergütung der Auszubildenden wird nach dem Ausbildungsvergütungsvertrag einheitlich geregelt. Doch ist Ihnen sicher bekannt, daß Sie und vor allem die mehr verdienenden Gesellen den in Tabellen angegebenen Lohn nicht voll ausgezahlt bekommen. Warum nicht?

12.1 Rahmentarifvertrag (RTV)

Der Rahmentarifvertrag ist eine Vereinbarung zwischen den Arbeitgebern (Hauptverband des Deutschen Maler- und Lackiererhandwerks) und den Arbeitnehmern (IG Bau-Steine-Erden), beide mit Sitz in Frankfurt. Der Tarifvertrag ist im ganzen Bundesgebiet (außer Saarland) und in Berlin gültig. Er erfaßt alle Betriebe des Maler- und Lackiererhandwerks und alle Arbeitnehmer.

Durch einen besonderen Tarifvertrag zwischen den Landesverbänden des Maler- und Lackiererhandwerks und der IG Bau-Steine-Erden werden die Löhne in einem Lohntarifvertrag in den einzelnen Bundesländern festgelegt. Die regelmäßige Arbeitszeit ausschließlich der Pausen beträgt 8 Stunden, die wöchentliche 40 Stunden.

Die Stundenlöhne sind im Lohntarifvertrag nach Lohngruppen und Ortsklassen untergliedert. Ortsklasseneinteilung: Klasse I = 100 %, Klasse II = 99 %, Klasse III = 97 % des Ecklohns.

Ecklohn ist der 100%ige Richtlohn in der Ortsklasse I. Er wird dem Gesellen mit ordnungsgemäßer Ausbildung (Maler, Anstreicher, Weißbinder, Baulackierer) vom 3. Beschäftigungsjahr an gezahlt.

Gruppeneinteilung: Nach dem Lohntarifvertrag gelten folgende Gruppen und Löhne:

Tabelle **12.1** **Stundenlöhne** (Beispiel Hessen, seit 1.5. 1989)

Maler und Lackierer	Stundenlöhne in DM Ortsklassen I	II	III
Facharbeiter nach Beendigung der Ausbildungszeit			
Gruppe I			
Fachvorarbeiter, die vom Betriebsleiter bestimmt sind: 112 % des Ecklohns	18,72	18,52	18,16
Gruppe II			
Spezialfacharbeiter			
a) Dekorationsmaler mit zusätzlicher Ausbildung 108 % des Ecklohns	18,05	17,86	17,51
b) Weißbinder, Tüncher, die abwechselnde Maler- und Verputzarbeiten ausführen: 105 % des Ecklohns	17,55	17,37	17,02

Fortsetzung s. nächste Seite

Tabelle **12.1**, Fortsetzung

Maler und Lackierer	Stundenlöhne in DM Ortsklassen I	II	III
Gruppe III			
a) Gesellen mit ordnungsgemäßer Ausbildungszeit (auch Fahrzeug- und Metallackierer) ab dem 10. Beschäftigungsjahr als Geselle 105 % des Ecklohns	17,55	17,37	17,02
b) Gesellen wie a) ab dem 3. Beschäftigungsjahr als Geselle: 100 % = Ecklohn	16,71	16,54	16,21
c) Gesellen wie a) ab dem 2. Beschäftigungsjahr als Geselle: 95 % des Ecklohns	15,87	15,71	15,40
d) Gesellen wie a) im 1. Beschäftigungsjahr als Geselle: 90 % des Ecklohns	15,04	14,89	14,59
Gewerbliche Arbeitnehmer ohne abgeschlossene Ausbildungszeit			
Hilfsarbeiter: 90 % des Ecklohns	15,04	14,89	14,59

Für die Fahrzeuglackierer besteht kein besonderer Lohntarifvertrag. Es gelten die Löhne für „Maler und Lackierer".

Wochenzettel. Zum Nachweis der geleisteten Arbeit hat der Arbeitnehmer einen Arbeitsstundennachweis (Wochenzettel) zu führen. Daraus sind die Arbeitsstellen, die ausgeführten Arbeiten und die geleisteten Arbeitsstunden ersichtlich.

12.2 Zuschläge und Erschwerniszuschläge

Nach dem Rahmentarifvertrag (RTV) werden für bestimmte, über die Normalarbeitszeit hinausgehende oder zusätzliche Arbeitszeit Zuschläge gewährt. Außerdem gibt es Erschwerniszuschläge, d. h. Zulagen für Arbeit unter außergewöhnlichen Umständen.

Tabelle **12.2** **Zuschläge**

	Zuschlag in %
Mehrarbeit (Überstunden) über die regelmäßige Arbeitszeit hinaus	25
Nachtarbeit von 20.00 bis 6.00 Uhr	
gelegentliche Nachtarbeit	30
regelmäßige Nachtarbeit (Schichtarbeit)	15
Sonntagsarbeit von 0.00 bis 24.00 Uhr	50
Feiertagsarbeit	
an gesetzlichen Feiertagen	125
am Oster- und Pfingstmontag, am 1. Mai, an den Weihnachtstagen und am Neujahrtag	200
Akkordarbeit	20

Tabelle **12**.3 **Erschwerniszuschläge** (Auswahl)

	Zuschlag in %
Ablaugen, Abbrennen und Abbeizen alter Anstriche	10
Arbeit in Räumen mit einer Temperatur über 40 °C	10
Arbeit in Kühlräumen unter 0 °C	10
Arbeit mit außergewöhnlicher Staubentwicklung oder Verschmutzung	10
Arbeit auf Dächern mit mehr als 40° Neigung	10
Arbeiten mit Sicherheitsgurt und Fangleine	10
Arbeiten in unmittelbarer Nähe von in Betrieb befindlichen Maschinen oder unter Spannung stehenden elektrischen Kraftleitungen	10
Arbeiten, bei denen Schutzhandschuhe getragen werden müssen	10
Arbeiten, auf Glasdächern, beweglichen Hängegerüsten über 20 m über Erdoberfläche	15
Arbeiten, bei denen eine Schutzmaske getragen werden muß	20

Fallen mehrere Erschwerniszuschläge zusammen, sind die Zuschläge nebeneinander bis zu einer Obergrenze von 30 % zu zahlen.

12.3 Lohnabzüge

Bruttolohn ist der dem Arbeitnehmer zustehende tatsächliche Lohn ohne Abzug der Steuern und Sozialversicherung.

Nettolohn ist die zur Auszahlung kommende Lohnsumme nach dem Abzug von Steuern und Sozialversicherung.

Die Lohnsteuer ist von der Bruttolohnhöhe und der Steuerklasse abhängig. Sie ist in Lohnsteuer-Tabellen festgelegt (**12**.4).

Kirchensteuer wird in einem Prozentsatz von der Lohnsteuer berechnet und ist in der Höhe je nach Bundesland verschieden:

- 8 % in Bayern, Baden-Württemberg, Bremen, Hamburg;
- 9 % in allen übrigen Bundesländern und Berlin.

Als Sozialversicherung faßt man die Beiträge für die Krankenkasse, die Arbeitslosen- und die Rentenversicherng zusammen.

Beiträge für den Arbeitnehmer seit 1.1. 1990

Krankenversicherung nach der jeweiligen Satzung, z. B.	6,60 %
Arbeitslosenversicherung	2,15 %
Rentenversicherung	9,35 %
	18,10 %

Einen gleichen Prozentsatz trägt der Arbeitgeber. Nur die Beiträge zur Unfallversicherung trägt der Arbeitgeber allein. Die Höhe richtet sich nach der Gefahrenklasse des Betriebs und der Beschäftigtenzahl.

Tabelle **12.4** **Lohnsteuer-Tabelle 1990** (Auszug)

Lohn/ Gehalt	Abzüge an Lohnsteuer und Kirchensteuer (8 %, 9 %) in den Steuerklassen I, III–VI ohne Kinderfreibeträge				I, II, III, IV mit Zahl der Kinderfreibeträge … 0,5			1			1,5			2			2,5			3		
bis DM		LSt	8 %	9 %		LSt	8 %	9 %	LSt	8 %	9 %	LSt	8 %	9 %	LSt	8 %	9 %	LSt	8 %	9 %	LSt	8 %	9 %
2 524,65	I,IV	**329,–**	26,32	29,61	I	**299,16**	22,93	25,79	**269,91**	19,59	22,04	**241,16**	16,29	18,32	**213,08**	13,04	14,67	**185,58**	9,84	11,07	**158,58**	6,68	7,52
	III	**182,–**	14,56	16,38	II	**193,33**	14,46	16,27	**166,25**	11,30	12,71	**139,66**	8,17	9,19	**113,75**	5,10	5,73	**88,33**	2,06	2,32	**63,50**	Min	Min
	V	**591,16**	47,29	53,20	III	**157,–**	11,56	13,–	**132,33**	8,58	9,65	**107,83**	5,62	6,32	**83,66**	2,69	3,02	**59,83**	Min	Min	**35,83**	Min	Min
	VI	**648,33**	51,86	58,34	IV	**314,–**	24,62	27,69	**299,16**	22,93	25,79	**284,41**	21,25	23,90	**269,91**	19,59	22,04	**255,50**	17,94	20,18	**241,16**	16,29	18,32
2 529,15	I,IV	**330,08**	26,40	29,70	I	**300,25**	23,02	25,89	**270,91**	19,67	22,13	**242,25**	16,38	18,42	**214,08**	13,12	14,76	**186,50**	9,92	11,16	**159,50**	6,76	7,60
	III	**182,–**	14,56	16,38	II	**194,33**	14,54	16,36	**167,16**	11,37	12,79	**140,58**	8,24	9,27	**114,66**	5,17	5,81	**89,25**	2,14	2,40	**64,41**	Min	Min
	V	**592,83**	47,42	53,35	III	**157,–**	11,56	13,–	**132,33**	8,58	9,65	**107,83**	5,62	6,32	**83,66**	2,69	3,02	**59,83**	Min	Min	**35,83**	Min	Min
	VI	**650,–**	52,–	58,50	IV	**315,08**	24,70	27,79	**300,25**	23,02	25,89	**285,50**	21,34	24,–	**270,91**	19,67	22,13	**256,50**	18,02	20,27	**242,25**	6,38	18,42
2 803,65	I,IV	**403,91**	32,31	36,35	I	**372,66**	28,81	32,41	**342,–**	25,36	28,53	**311,91**	21,95	24,69	**282,33**	18,58	20,90	**253,41**	15,27	17,18	**225,08**	12,–	13,50
	III	**227,50**	18,20	20,47	II	**261,66**	19,93	22,42	**233,08**	16,64	18,72	**205,16**	13,41	15,08	**177,75**	10,22	11,49	**151,–**	7,08	7,96	**124,75**	3,98	4,47
	V	**688,16**	55,05	61,93	III	**201,83**	15,14	17,03	**176,66**	12,13	13,64	**151,66**	9,13	10,27	**127,–**	6,16	6,93	**102,66**	3,21	3,61	**78,66**	*0,29	*0,32
	VI	**748,50**	59,88	67,36	IV	**388,25**	30,56	34,38	**372,66**	28,81	32,41	**357,25**	27,08	30,46	**342,–**	25,36	28,53	**326,83**	23,64	26,60	**311,91**	21,95	24,69
2 808,15	I,IV	**405,08**	32,40	36,45	I	**373,75**	28,90	32,51	**343,08**	25,44	28,62	**312,91**	22,03	24,78	**283,41**	18,67	21,–	**254,41**	15,35	17,27	**226,08**	12,08	13,59
	III	**229,33**	18,34	20,63	II	**262,66**	20,01	22,51	**234,08**	16,72	18,81	**206,16**	13,49	15,17	**178,75**	10,30	11,58	**151,91**	7,15	8,04	**125,66**	4,05	4,55
	V	**689,66**	55,17	62,06	III	**203,66**	15,29	17,20	**178,50**	12,28	13,81	**153,50**	9,28	10,44	**128,83**	6,30	7,09	**104,33**	3,34	3,76	**80,33**	*0,42	*0,47
	VI	**750,33**	60,02	67,52	IV	**389,33**	30,64	34,47	**373,75**	28,90	32,51	**358,33**	27,16	30,56	**343,08**	25,44	28,62	**327,91**	23,73	26,69	**312,91**	22,03	24,78
2 947,65	I,IV	**440,33**	35,22	39,62	I	**408,41**	31,67	35,63	**377,08**	28,16	31,68	**346,33**	24,70	27,79	**316,16**	21,29	23,95	**286,58**	17,92	20,16	**257,50**	14,60	16,42
	III	**253,33**	20,26	22,79	II	**294,91**	22,59	25,41	**265,75**	19,26	21,66	**237,16**	15,97	17,96	**209,08**	12,72	14,31	**181,66**	9,53	10,72	**154,75**	6,38	7,17
	V	**740,33**	59,22	66,62	III	**227,50**	17,20	19,35	**201,83**	14,14	15,91	**176,66**	11,13	12,52	**151,66**	8,13	9,14	**127,–**	5,16	5,80	**102,66**	2,21	2,48
	VI	**802,50**	64,20	72,22	IV	**424,33**	33,44	37,62	**408,41**	31,67	35,63	**392,66**	29,91	33,65	**377,08**	28,16	31,68	**361,66**	26,43	29,73	**346,33**	24,70	27,79
2 952,15	I,IV	**441,50**	35,32	39,73	I	**409,58**	31,76	35,73	**378,25**	28,26	31,79	**347,41**	24,79	27,89	**317,25**	21,38	24,05	**287,58**	18,–	20,25	**258,58**	14,68	16,52
	III	**253,33**	20,26	22,79	II	**296,–**	22,68	25,51	**266,75**	19,34	21,75	**238,16**	16,05	18,05	**210,08**	12,80	14,40	**182,66**	9,61	10,81	**155,75**	6,46	7,26
	V	**742,–**	59,36	66,78	III	**227,50**	17,20	19,35	**201,83**	14,14	15,91	**176,66**	11,13	12,52	**151,66**	8,13	9,14	**127,–**	5,16	5,80	**102,66**	2,21	2,48
	VI	**804,16**	64,33	72,37	IV	**425,50**	33,54	37,73	**409,58**	31,76	35,73	**393,83**	30,–	33,75	**378,25**	28,26	31,79	**362,75**	26,52	29,83	**347,41**	24,79	27,89
3 019,65	I,IV	**458,83**	36,70	41,29	I	**426,58**	33,12	37,26	**394,91**	29,59	33,29	**262,83**	26,10	29,36	**333,33**	22,66	25,49	**303,41**	19,27	21,68	**274,–**	15,92	17,91
	III	**264,33**	21,14	23,78	II	**311,91**	23,95	26,94	**282,33**	20,58	23,15	**253,41**	17,27	19,43	**225,08**	14,–	15,75	**197,25**	10,78	12,12	**170,08**	7,60	8,55
	V	**767,–**	61,36	69,03	III	**238,50**	18,08	20,34	**212,83**	15,02	16,90	**187,50**	12,–	13,50	**162,33**	8,98	10,10	**137,50**	6,–	6,75	**113,–**	3,04	3,42
	VI	**830,–**	66,40	74,70	IV	**442,66**	34,91	39,27	**426,58**	33,12	37,26	**410,66**	31,35	35,27	**394,91**	29,59	33,29	**379,33**	27,84	31,32	**363,83**	26,10	29,36

Fortsetzung s. nächste Seite

Tabelle 12.4, Fortsetzung

Lohn/ Gehalt	Abzüge an Lohnsteuer und Kirchensteuer (8 %, 9 %) in den Steuerklassen																						
	I, III–VI ohne Kinderfreibeträge				I, II, III, IV mit Zahl der Kinderfreibeträge ...																		
					0,5			1			1,5			2			2,5			3			
bis DM		LSt	8 %	9 %		LSt	8 %	9 %	LSt	8 %	9 %	LSt	8 %	9 %	LSt	8 %	9 %	LSt	8 %	9 %	LSt	8 %	9 %
3 025,15	I,IV	460,–	36,80	41,40	I	427,75	33,22	37,37	396,08	29,68	33,39	364,91	26,19	29,46	334,41	22,75	25,59	304,41	19,35	21,77	275,08	16,–	18,–
	III	266,33	21,30	23,96	II	312,91	24,03	27,03	283,41	20,67	23,25	254,41	17,35	19,52	226,08	14,08	15,84	198,25	10,86	12,21	171,–	7,68	8,64
	V	768,66	61,49	69,17	III	240,33	18,22	20,50	214,66	15,17	17,06	189,16	12,13	13,64	164,16	9,13	10,27	139,33	6,14	6,91	114,83	3,18	3,58
	VI	831,83	66,54	74,86	IV	443,83	35,–	39,38	427,75	33,22	37,37	411,83	31,44	35,37	396,08	29,68	33,39	380,41	27,93	31,42	364,91	26,19	29,46
3 028,65	I,IV	461,16	36,89	41,50	I	428,91	33,31	37,47	397,16	29,77	33,49	366,08	26,28	29,57	335,40	22,84	25,69	305,50	19,44	21,87	276,08	16,08	18,09
	III	266,33	21,30	23,96	II	314,–	24,12	27,13	284,41	20,75	23,34	255,50	17,44	19,62	227,08	14,16	15,93	199,25	10,94	12,30	172,–	7,76	8,73
	V	770,33	61,62	69,32	III	240,33	18,22	20,50	214,66	15,17	17,06	189,16	12,13	13,64	164,16	9,13	10,27	139,33	6,14	6,91	114,83	3,18	3,58
	VI	833,50	66,68	75,01	IV	445,–	35,10	39,48	428,91	33,31	37,47	413,–	31,54	35,48	397,16	29,77	33,49	381,58	28,02	31,52	366,08	26,28	29,57
3 033,15	I,IV	462,33	36,98	41,60	I	430,08	33,40	37,58	398,33	29,86	33,59	367,16	26,37	29,66	336,58	22,92	25,79	306,58	19,52	21,96	277,16	16,17	18,19
	III	266,33	21,30	23,96	II	315,08	24,20	27,23	285,50	20,84	23,44	256,50	17,52	19,71	228,08	14,24	16,02	200,25	11,02	12,39	172,91	7,83	8,81
	V	772,–	61,76	69,48	III	240,33	18,22	20,50	214,66	15,17	17,06	189,16	12,13	13,64	164,16	9,13	10,27	139,33	6,14	6,91	114,83	3,18	3,58
	VI	835,33	66,82	75,17	IV	446,16	35,19	39,59	430,08	33,40	37,58	414,08	31,62	35,57	398,33	29,86	33,59	382,66	28,11	31,62	367,16	26,37	29,66
3 163,65	I,IV	496,41	39,71	44,67	I	463,50	36,08	40,59	431,16	32,49	36,55	399,41	28,95	32,57	368,25	25,46	28,64	337,66	22,01	24,76	307,66	18,61	20,93
	III	288,83	23,10	25,99	II	346,33	26,70	30,04	316,16	23,29	26,20	286,58	19,92	22,41	257,50	16,60	18,67	229,08	13,32	14,99	201,25	10,10	11,36
	V	821,33	65,70	73,91	III	262,50	20,–	22,50	236,66	16,93	19,04	211,–	13,88	15,61	185,66	10,85	12,20	160,66	7,85	8,83	135,83	4,86	5,47
	VI	886,50	70,92	79,78	IV	479,91	37,86	42,62	463,50	36,08	40,59	447,25	34,28	38,56	431,16	32,49	36,55	415,25	30,72	34,56	399,41	28,95	32,57
3 168,15	I,IV	497,58	39,80	44,78	I	464,66	36,17	40,69	432,33	32,58	36,65	400,58	29,04	32,67	369,33	25,54	28,73	338,75	22,10	24,86	308,66	18,69	21,02
	III	290,66	23,25	26,15	II	347,41	26,79	30,14	317,25	23,38	26,30	287,58	20,–	22,50	258,58	16,68	18,77	230,08	13,40	15,08	202,16	10,17	11,44
	V	823,16	65,85	74,08	III	264,33	20,14	22,66	238,50	17,08	19,21	212,83	14,02	15,77	187,50	11,–	12,37	162,33	7,98	8,98	137,50	5,–	5,62
	VI	888,–	71,04	79,92	IV	481,08	37,98	42,73	464,66	36,17	40,69	448,41	34,37	38,66	432,33	32,58	36,65	416,33	30,80	34,65	400,58	29,04	32,67
3 258,15	I,IV	521,50	41,72	46,93	I	488,16	38,05	42,80	455,41	34,43	38,73	423,16	30,85	34,70	391,58	27,32	30,74	360,58	23,84	26,82	330,08	20,40	22,95
	III	305,83	24,46	27,52	II	369,33	28,54	32,11	338,75	25,10	28,23	308,66	21,69	24,40	279,25	18,34	20,63	250,33	15,02	16,90	222,08	11,76	13,23
	V	858,–	68,64	77,22	III	279,33	21,34	24,01	253,33	18,26	20,54	227,50	15,20	17,10	201,83	12,14	13,66	176,66	9,13	10,27	151,66	6,13	6,89
	VI	924,–	73,92	83,16	IV	504,75	39,88	44,86	488,16	38,05	42,80	471,66	36,23	40,76	455,51	34,43	38,73	439,25	32,64	36,72	423,16	30,85	34,70
3 262,65	I,IV	522,66	41,81	47,03	I	489,33	38,14	42,91	456,58	34,52	38,84	424,33	30,94	34,81	392,66	27,41	30,83	361,66	23,93	26,92	331,16	20,49	23,05
	III	305,83	24,46	27,52	II	370,50	28,64	32,22	339,83	25,18	28,33	309,75	21,78	24,50	280,15	18,42	20,72	251,41	15,11	17,–	223,08	11,84	13,32
	V	859,83	68,78	77,38	III	279,33	21,34	24,01	253,33	18,26	20,54	227,50	15,20	17,10	201,83	12,14	13,66	176,66	9,13	10,27	151,66	6,13	6,89
	VI	925,83	74,06	83,32	IV	505,91	39,97	44,96	489,33	38,14	42,91	472,83	36,32	40,86	456,58	34,52	38,84	440,33	32,72	36,81	424,33	30,94	34,81

Beispiel Ein Geselle erhält den Ecklohn der Ortsklasse I von 16,71 DM. Er arbeitet 42 Std. in der Woche (2 Überstunden mit 25 % Zuschlag = 4,18 DM).

Bruttolohn

42 Std. · 16,71 DM	701,82 DM
+ 2 Überstundenzuschläge (2 · 4,18 DM = 8,36 DM)	8,36 DM
	710,18 DM

Abzüge

Lohnsteuer Steuerklasse 1 (ohne Kind)	108,69 DM
Kirchensteuer 9 % der Lohnsteuer	9,78 DM
Sozialversicherung 18,1 %	128,54 DM
	247,01 DM

Nettolohn = Bruttolohn – Abzüge	710,18 DM
	– 247,01 DM
	463,17 DM

Lohnzahlung. Meist wird der Lohn monatlich gezahlt. Durchschnittlich werden im Monat 21 Tage gearbeitet (21 Tage · 8 Std. = 168 Std.). Üblich sind wöchentliche Abschlagszahlungen und eine monatliche Abrechnung. (Jährliche Arbeitszeit ≈ 200 Tage.)

Steuerklassen. Die Arbeitnehmer werden in Steuerklassen eingereiht (Auszug). Wegen der höheren sozialen Belastung (z. B. Familienstand, Zahl der Kinder) sind mit steigender Steuerklasse weniger Steuern zu entrichten.

Steuerklasse I Arbeitnehmer bis 49 Jahre, ohne Kind, unverheiratet (ledig, geschieden, verwitwet) verheiratet, aber dauernd getrennt lebend

Steuerklasse II Arbeitnehmer bis 49 Jahre oder mit mindestens einem Kind, unverheiratet (ohne Verwitwete und Geschiedene)

Steuerlasse III Verheiratete, Ehegatte bezieht keinen Arbeitslohn: Verwitwete im Lohnsteuerjahr

Steuerlasse IV Verheiratete, wenn beide Ehegatten Arbeitslohn beziehen

Die Steuerklassen V und VI werden hier wegen des geringen Vorkommens außer acht gelassen.

Abzüge: Lohn- und Kirchensteuer nach der zuständigen Steuerklasse
Sozialversicherung z. Z. 18,1 % vom Bruttolohn
Nettolohn = Bruttolohn – Abzüge

Aufgaben (alle Lohnberechnungen nach den Tabellen **12.**1 bis **12.**4, Kirchensteuer 9 %)

1. Ein Geselle arbeitet in einem Monat 21 Tage je 8 Std., Lohngruppe IIIa), Ortsklasse I, Stundenlohn 17,55 DM. Berechnen Sie den monatlichen Bruttolohn.
2. Ein Geselle im 1. Beschäftigungsjahr, Ortsklasse I, arbeitet 168 Std. im Monat. Wie hoch ist sein Bruttolohn?
3. Der Geselle aus Aufgabe 2 hat in einer Woche 4 Überstunden und bekommt für 8 Std. 10 % Zulage für Erschwernis. Wie hoch ist sein Bruttolohn in diesem Monat?
4. Ein Fahrzeuglackierer der Lohngruppe IIIa), Ortsklasse II, arbeitet 21 Tage je 8 Std. und leistet 6 Überstunden. Berechnen Sie den Bruttolohn.

5. Ein Geselle der Lohngruppe IIIc), Ortsklasse II, verdient im Monat 2587,20 DM brutto. Abzüge: Lohn- und Kirchensteuer 388,80 DM und Sozialversicherung 18,1 %. Wie hoch ist der Nettolohn?

6. Ein Spezialfacharbeiter der Lohngruppe IIa), Ortsklasse I, arbeitet im Monat 174 Std., Überstundenzuschlag 25 %.

   Berechnen Sie

   a) den Bruttolohn,

   b) den Nettolohn (Lohnsteuer, Steuerklasse II, 1 Kind = 317,25 DM und Kirchensteuer = 26,30 DM).

7. Ein Fachvorarbeiter, Lohngruppe I, hat im Monat einen Bruttolohn von 3032,40 DM.

   a) Suchen Sie in der Lohnsteuer-Tabelle **12**.4 den betreffenden Monatslohn (hier bis 3033,15 DM).

   b) Lesen Sie Lohn- und Kirchensteuer für Steuerlasse I, ohne Kind ab und ziehen Sie vom Bruttolohn 18,1 % Sozialversicherung ab.

   c) Wie hoch ist der Nettoverdienst?

8. Ein Geselle im 1. Beschäftigungsjahr, Lohngruppe IIId), Ortsklasse I, hat einen monatlichen Bruttolohn von 2526,72 DM.

   a) Stellen Sie wie in Aufgabe 7 die Steuern (Steuerklasse I, ohne Kind) und die Sozialversicherungsabzüge fest.

   b) Berechnen Sie den Nettolohn.

9. Ein Geselle der Lohngruppe IIIa), Ortsklasse I, erhält im Monat bei regulärer Arbeitszeit 2948,40 DM brutto. Hinzu kommen 3 Überstunden und 10 % Zuschlag für 3 Std. erschwertes Arbeiten.

   a) Berechnen Sie den monatlichen Bruttolohn.

   b) Für Steuerklasse III, 1 Kind beträgt die Lohn- und Kirchensteuer 229,73 DM. Ziehen Sie diese mit der Sozialversicherung ab. Wie hoch ist der Nettoverdienst?

10. Ein Geselle der Lohngruppe IIIa), Ortsklasse II, arbeitet von 168 Std. im Monat 48 Std. mit einer Schutzmaske und leistet 8 Überstunden.

    a) Berechnen Sie den Bruttolohn.

    b) Lesen Sie die Lohn- und Kirchensteuer für Steuerklasse III, 2 Kinder ab. Sozialversicherung 18,10 %.

    c) Berechnen Sie den Nettolohn.

11. Berechnen Sie nach den Aufgaben 7. und 8., um wieviel Prozent der Nettolohn niedriger ist als der Bruttolohn.

12. Ein Maler hat einen monatlichen Bruttolohn von 2948,40 DM.

    a) Berechnen Sie den Nettolohn für Steuerklasse IV, 1 Kind.

    b) Er benutzt auf Anordnung des Arbeitgebers während der Arbeitszeit sein eigenes Fahrzeug. Er fährt 82 km, die steuerfreie Kilometerpauschale beträgt 0,42 DM/km. Wie hoch ist jetzt der Nettolohn?

13. Ein Maler hat die Gesellenprüfung nicht bestanden und bekommt dadurch den Stundenlohn von 15,04 DM. Sein Kollege ist Geselle, beide sind im 3. Beschäftigungsjahr tätig, Lohngruppe III b), gleiche Ortsklasse.

    a) Um wieviel DM liegt der monatliche Bruttolohn des Malers höher als des Hilfsarbeiters? (Laut Tarifvertrag ist der erste „Arbeitnehmer ohne abgeschlossene Ausbildungszeit".)

    b) Entnehmen Sie der Tab. **12**.4 die Steuern für beide (Steuerklasse I) und ziehen Sie sie einschließlich Sozialversicherung ab.

    c) Wieviel Nettolohn hat jeder monatlich?

    d) Um wieviel Prozent liegt der Nettolohn des Malers über dem des Hilfsarbeiters?

14. Ein Geselle, Lohngruppe II b) (Ortsklasse I), arbeitet im Monat 40 Std. regulär und 128 Std. Akkord.

    a) Berechnen Sie den Bruttolohn.

b) Ziehen Sie die Abzüge ab: Steuerlasse II, 2 Kinder = 336,57 DM + Sozialversicherung 18,1 %.

c) Stellen Sie die Abzüge für nur 168 Std. fest, wenn der Geselle keinen Akkord geleistet hätte. Wieviel DM netto hat er durch den Akkord mehr verdient?

15. Eine Kolonne von drei Malern arbeitet 168 Std. im Akkord (20 % Zuschlag). Der Vorarbeiter bekommt nach Tab. **12**.1 18,72 DM Stundenlohn, die beiden Gesellen erhalten 17,55 DM und 15,87 DM.

a) Berechnen Sie den monatlichen Bruttolohn für jeden.

b) Die Abzüge betragen: Vorarbeiter Lohn- und Kirchensteuer 684,29 DM, 1. Geselle 613,63 DM (beide IV/1 Kind), 2. Geselle 243,71 DM (III/1 Kind).

16. Ein Geselle der Lohngruppe IIb), Ortsklasse II, arbeitet 9 Tage im Monat und erhält für die restlichen 12 Tage Lohnfortzahlung im Krankheitsfall.

a) Berechnen Sie seinen monatlichen Bruttolohn.

b) Wieviel DM hat der Arbeitgeber für die Lohnfortzahlung aufzubringen, wenn der Arbeitgeberanteil für die Sozialversicherung hinzuzurechnen ist?

17. Ein Maler ist in der Lohngruppe IIIb), Ortsklasse I.

a) Berechnen Sie den Nettomonatslohn, Abzüge Steuerklasse I, ohne Kind nach Tab. **12**.4.

b) Er erhält nach dem Rahmantarifvertrag (RTV) Lohnfortzahlung für drei Tage bei eigener Eheschließung. Wieviel DM sind das für den Arbeitsnehmer einschließlich des Arbeitgeberanteils für die Sozialversicherung?

18. Ein Betrieb zahlt für einen Fachvorarbeiter (Lohngruppe I) und zwei Gesellen (Lohngruppe IIIa), alle Ortsklasse I, an einem Tag für jeden 6 Std. wegen einer Betriebsstörung (RTV § 14). Wieviel DM Kosten verursacht diese nicht voraussehbare Störung dem Arbeitgeber einschließlich Arbeitgeberanteil für die Sozialversicherung?

19. Der Urlaubsanspruch für einen Arbeitnehmer über 18 Jahre beträgt 1990 = 25 Tage. Das Urlaubsentgelt beträgt dafür 9,5 % des lohnsteuerpflichtigen Bruttolohns.

a) Berechnen Sie das Urlaubsentgelt für den Gesellen nach Aufgabe 5.

b) Nach § 36 des RTV hat er einen weiteren Anspruch auf ein zusätzliches Urlaubsentgelt in Höhe von 25 % des gewährten Urlaubsentgelts. Um wieviel DM erhöht sich das Urlaubsentgelt?

20. Auslösung ist das Entgelt, wenn der Arbeitnehmer von einer auswärtigen Arbeitsstelle nicht täglich zurückkehren kann. Sie beträgt das Dreifache des Ecklohns der Ortsklasse I je Kalendertag.

a) Berechnen Sie die Auslösung von zwei Gesellen für 21 Kalendertage im Monat.

b) Um wieviel DM erhöht sich der Bruttolohn für jeden Gesellen nach Aufgabe 1, und wie hoch ist er jetzt?

21. Durch Tarifverhandlungen hat sich der Ecklohn von 15,13 DM (1986) auf 16,71 DM (1989) erhöht.

a) Um wieviel Prozent hat sich der Ecklohn erhöht?

b) Ein Malerbetrieb hat eine jährliche Lohnsumme von 61 920,– DM. Um wieviel DM erhöht sich dieser Betrag nach der Lohnerhöhung?

13 Kalkulation

Vielleicht haben Sie schon erfahren, wieviel der Betrieb für eine Gesellenstunde berechnet. Und wieviel bekommt der Geselle tatsächlich davon? Ist der darüberliegende Betrag nun der Gewinn des Meisters?

Sie wissen, daß der Betrieb die Hälfte der Sozialversicherungs-Beiträge und die Unfallversicherung allein trägt. Außerdem hat der Unternehmer im Maler- und Lackierhandwerk noch viele andere Kosten zu tragen, z. B. Urlaubsgeld, Lohnfortzahlung im Krankheitsfall, vermögenswirksame Leistungen, Weihnachtszuwendung, Zusatzversorgungskasse. Hinzu kommen Betriebs- und Materialkosten.

13.1 Grundlagen

Kalkulation ist eine Kostenberechnung, d. h. die Ermittlung des Rechnungspreises für ausgeführte Arbeiten. Dabei müsen alle Kostenbestandteile (Kostenfaktoren) voll und richtig erfaßt werden. Dazu gehören:

Löhne, also die im Abschnitt 12 behandelten Lohnkosten mit Zuschlägen und die Ausbildungsvergütungen. Der Arbeitgeber zahlt sie allein = direkte (produktive) Lohnkosten.

Werkstoffe, nämlich Kosten für die verarbeiteten Werkstoffe mit einem prozentualen Zuschlag auf den Einkaufspreis = Verkaufspreis.

> Das Maler- und Lackierhandwerk ist ein lohnabhängiges (lohnintensives) Handwerk, d. h. die Lohnkosten liegen höher als die Werkstoffkosten. Änderungen in der Lohnhöhe machen sich beim Kalkulieren bemerkbar.

Gemeinkosten (nicht Unkosten) ergeben sich sowohl bei den Löhnen als auch bei den Werkstoffen.

Lohnabhängige Gemeinkosten sind z. B. indirekte Lohnkosten (wie Vorbereitung der Werkstoffe, Wege zwischen Arbeitsstellen, Proben ansetzen), die Arbeitgeberanteile an der Sozialversicherung, Arbeitsbefreiungen bei besonderen Anlässen nach dem Rahmentarifvertrag (z. B. Hochzeit, Todesfall, Urlaubstage). Dazu gehören auch der Fuhrpark des Betriebs, Büro- und Werkstattkosten, wobei die Kosten für Heizung, Stromverbrauch, Beleuchtung und Reinigung besonders in Lackierwerkstätten sehr hoch sind.

Werkstoffabhängige Gemeinkosten sind u. a. Kosten für Porto, Fracht und Gebühren, bestimmte Anteile für Räume (z. B. Lagerräume), Lohnanteile (z. B. Fahrer der Werkstofftransporte) sowie der Schütt- und Schwundverlust.

Die Prozentsätze für lohn- und werkstoffabhängige Gemeinkosten werden einmal jährlich vom Betriebsinhaber ermittelt, wozu die Berufsverbände des Handwerks Richtlinien bekanntgeben.

> Schütt- und Schwundverlust ist der Verlustanteil bei Werkstoffen, der sich durch Aus- und Umfüllen, Eintrocknen, unvermeidbare Reste, Spritzverlust (besonders hoch) und andere Ursachen ergibt. Er wird vom Betrieb bei der jährlichen Inventur (Bestandsaufnahme) in einem Prozentsatz ermittelt und beträgt etwa 5 bis 10 % der Werkstoffkosten.

Selbstkosten. Lohn- und Werkstoffkosten und die lohn- und werkstoffabhängigen Gemeinkosten sind reine Selbstkosten. Sie enthalten noch keinen Gewinn.

Wie beurteilen Sie die Lage eines Betriebs, der keinen Gewinn abwirft und keine Mittel für moderne Geräte und Maschinen hat?

Gewinn und Wagnis werden mit einem Prozentsatz von 10 bis 15 % auf den Selbstkostenpreis kalkuliert. Gewinn ist das eigentliche Ziel eines Unternehmens. Doch muß außerdem ein Betrag für Anschaffungen im Betrieb (Investitionen) angesetzt werden, damit der Betrieb leistungsfähig und damit wettbewerbsfähig bleibt. Hierzu gehören auch Kosten der Werbung.

	Lohnkosten
+	lohnabhängige Gemeinkosten
+	Werkstoffkosten
+	werkstoffabhängige Gemeinkosten
=	Selbstkosten
+	Gewinn und Wagnis
=	Nettopreis
+	Mehrwertsteuer
=	Angebots- oder Rechnungspreis

13.1 Kalkulationsaufbau

Wagnis ist ein Zuschlag, der gewisse Unsicherheiten in der Arbeitsdurchführung finanziell absichern soll (z. B. unbekannte Untergrundmängel, Wetterschäden bei Außenbeschichtungen, Nachbesserungen).

Bild **13**.1 zeigt diese Grundlagen der Kalkulation in einem schematischen Aufbau zusammengefaßt. Da die hinzukommenden Summen einem vorherigen Ergebnis zugeschlagen werden, nennt man diese Kalkulationsart die Zuschlagkalkulation.

Gewinn ist der Zweck eines Unternehmens. Er soll aber auch notwendige Rücklagen für Erhaltung und Verbesserung des Betriebs bringen.

Das Wagnis ist ein Entgelt für das Risiko eines Auftrags mit oft nicht vorausberechenbaren Gegebenheiten und Betriebsverlusten.

13.2 Lohn- und Werkstoffpreis

Der Lohnpreis ist einer der beiden wichtigsten Bestandteile der Kalkulation, denn steigende Lohnkosten führen zu höheren Selbstkosten.

Beispiel	Ecklohn seit 1. 5. 1989, Ortsklasse I	16,71 DM
	+ 140 % lohnabhängige Gemeinkosten	23,39 DM
	Selbstkosten	**40,10 DM**
	+ 10 % Zuschlag für Gewinn und Wagnis	4,01 DM
	Nettolohnpreis für 1 Std. (netto = ohne Mehrwertsteuer)	**44,11 DM**

Die Lohnminute ist die Kalkulationsgrundlage zur Lohnberechnung der einzelnen Arbeitsgänge. Man berechnet sie nach der Formel

$$\text{Lohnpreis} = \frac{\text{Lohnpreis je Stunde}}{\text{60 Minuten}} = \frac{\text{44,41 DM}}{60} = \textbf{0,74 DM.}$$

Beispiel	Lohnkosten für 1,00 m^2 Dispersionsfarbenbeschichtung außen	Min./m^2
	Fläche reinigen, Putzstellen ausbessern	14
	mit Grundbeschichtungsstoff grundieren	5
	mit Dispersionsfarbe 2mal beschichten	12
	31 Min. · 0,74 DM = **22,94 DM Lohnkosten**	31

Der Werkstoffpreis ist der andere Kalkulationsbestandteil. Zum Einkaufspreis (Einstandspreis) kommen folgende Zuschläge: Kosten der Beschaffung (Fracht, Porto), Schütt- und Schwundverlust, werkstoffabhängige Gemeinkosten, Gewinn und Wagnis.

Beispiel	Einkaufspreis für 10 l Holzschutzgrund	67,80 DM
	+ 5 % Beschaffungskosten	3,39 DM
	+ 8 % Schütt- und Schwundverlust	5,42 DM
	= **Einstandspreis**	**76,61 DM**
	+ 25 % werkstoffabhängige Gemeinkosten	19,15 DM
	= **Selbstkostenpreis**	**95,76 DM**
	+ 10 % Gewinn und Wagnis	9,58 DM
	= **Angebotspreis/Nettopreis** (ohne Mehrwertsteuer) für 10 l Holzschutzgrund	**105,34 DM**
	Angebotspreis/Rechnungspreis für 1 l Holzschutzgrund	**10,53 DM**

Mit Hilfe von Lohnminuten berechnet man den Zeitaufwand und die Kosten einzelner Arbeitsgänge. Nach den Lohnstunden werden komplette Arbeiten (Techniken) berechnet.

Der Werkstoffpreis wird ermittelt, um den Angebotspreis für 1 l/kg Werkstoff bzw. 1,00 m^2 Belag zu wissen („Bereinigter Werkstoffpreis").

Aufgaben

1. Setzen Sie die folgenden Zahlen ins Kalkulationsschema ein und berechnen Sie den Angebotspreis: Lohnkosten 844,60 DM, lohnabhängige Gemeinkosten 130 %, Werkstoffkosten 210,40 DM, werkstoffabhängige Gemeinkosten 25 %, Gewinn und Wagnis 10 %, Mehrwertsteuer 14 %.
2. Für einen Auftrag sind folgende Kostenbestandteile einzusetzen: Lohnkosten 1 624,10 DM, lohnabhängige Gemeinkosten 135 %, Werkstoffkosten 560,12 DM, werkstoffabhängige Gemeinkosten 28 %, Gewinn und Wagnis 12 %, Mehrwertsteuer 14 %. Wie hoch ist der Angebotspreis?
3. Für einen größeren Auftrag ist der Angebotspreis zu berechnen: Lohnkosten 3 610,20 DM, lohnabhängige Gemeinkosten 135 %, Werkstoffkosten 823,63 DM, werkstoffabhängige Gemeinkosten 24 %, Gewinn und Wagnis 15 %, Mehrwertsteuer 14 %.
4. Berechnen Sie die Nettolohnstunde und Lohnminute. Stundenlohn Gruppe I, Ortsklasse I (**12**.1) = 18,72 DM, lohnabhängige Gemeinkosten 140 %, Gewinn und Wagnis 10 %.
5. Stundenlohn Gruppe IIIa) Ortsklasse II = 17,37 DM, lohnabhängige Gemeinkosten 130 %, Gewinn und Wagnis 15 %. Wieviel kosten die Nettolohnstunde und -minute?
6. Stundenlohn für einen Hilfsarbeiter 15,04 DM, lohnabhängige Gemeinkosten 140 %, Gewinn und Wagnis 10 %. Berechnen Sie die Lohnstunde und Lohnminute.
7. Der Einkaufspreis für 100 l Acrylat-Fassadenfarbe beträgt 764,– DM. Hinzu kommen die Beschaffungskosten 5 %, Schütt- und Schwundverlust 8 %, werkstoffabhängige Gemeinkosten 25 %, Gewinn und Wagnis 10 %. Wie hoch ist der Werkstoffpreis für 1 l?

8. Einkaufspreis für 50 l Vorlack weiß 551,– DM, Beschaffungskosten 6 %, Schütt- und Schwundverlust 5 %, werkstoffabhängige Gemeinkosten 30 %, Gewinn und Wagnis 12 %. Welcher Werkstoffpreis je l ergibt sich?

9. Einkaufspreis für 10 kg Kleber 71,80 DM, Beschaffungskosten 4 %, Schütt- und Schwundverlust 10 %, werkstoffabhängige Gemeinkosten 20 %, Gewinn und Wagnis 15 %. Berechnen Sie den Werkstoffpreis für 1 kg.

10. Einkaufspreis für 50 l Grundfüller 872,50 DM, 50 l Zusatzlösung 690,– DM (Mischung 1 : 1), Beschaffungskosten 5 %, Schütt- und Schwundverlust 10 %, werkstoffabhängige Gemeinkosten 25 %, Gewinn und Wagnis 15 %. Wie hoch ist der Werkstoffpreis für 1 l Mischung?

11. Einkaufspreis für 25 l Acrylautolack 1091,– DM, Beschaffungskosten 5 %, Schütt- und Schwundverlust 15 %, werkstoffabhängige Gemeinkosten 25 %, Gewinn und Wagnis 12 %. Berechnen Sie die Werkstoffkosten für 1 l.

12. Infolge falscher Schätzung beträgt bei der Aufgabe 11 der Schütt- und Schwundverlust 25 %. Um wieviel DM wirkt sich das auf den Angebotspreis aus?

Der Rechnungspreis für einen kompletten Auftrag setzt sich aus dem Lohnpreis für die verschiedenen Arbeitsgänge und dem Werkstoffpreis zusammen. Beide Summen sind zu addieren. Da im Nettolohnpreis und Nettowerkstoffpreis die Gemeinkosten und alle übrigen Zuschläge bereits enthalten sind, ist zum Netto-Gesamtpreis nur noch die Mehrwertsteuer zu addieren.

Beispiel (angenommen sind 85,50 m^2)

Lohnkosten Arbeitsgang	Min./m^2	**Werkstoffkosten** Werkstoff	Angeb. Preis DM/l	Menge l	DM
Fläche reinigen, ausbessern	6	Grundbeschichtungsstoff (Verbrauch 0,1 l/m^2)	6,40	8,55	54,72
Grundierung	5	Kunststoff-Dispersionsfarbe	3,52		
1. Zwischenbeschichtung	6	1. Zwischenbeschichtung (Verbrauch 0,300 l/m^2)			
2. Zwischenbeschichtung	5	2. Zwischenbeschichtung (Verbrauch 0,250 l/m^2)		68,40	240,77
Schlußbeschichtung	5	Schlußbeschichtung (Verbrauch 0,250 l/m^2			
	27				

Lohnstunde 44,41 DM

Lohnminute 0,74 DM

5 Arbeitsgänge:

27 Min./m^2 · 85,5 m^2 = 2308,5 Min.

$$2308{,}5 \text{ Min.} \cdot 0{,}74 \frac{\text{DM}}{\text{Min.}}$$

Lohnpreis netto = **1708,29 DM**

	Werkstoffpreis netto	**295,49**
+	Lohnpreis netto	1708,29
	Nettopreis	2003,78
+	14 % Mehrwertsteuer	280,53
	Rechnungspreis	**2284,31**

$$\text{Preis je } m^2 = \frac{2284{,}31 \text{ DM}}{85{,}5} = \mathbf{26{,}72\ DM}$$

Aufgaben

13. Zwei gleiche Treppenhäuser von je 128,50 m² sind mit Kunststoffputz zu beschichten. Berechnen Sie den Nettowerkstoffpreis für den Auftrag.

    Nettopreis des Grundbeschichtungsstoffs 7,20 DM/l, Verbrauch 0,125 l/m². Kunststoffputz: Einkaufspreis 2,22 DM/kg (Verbrauch 3000 g/m²), Beschaffungskosten 5 %, Schütt- und Schwundverlust 6 %, werkstoffabhängige Gemeinkosten 25 %, Gewinn und Wagnis 10 %.

14. Es sind 110,00 m² Fassade mit Dispersionsfarbe wetterbeständig zu beschichten.

    Arbeitsgänge:

    Flächen reinigen, ausbessern 8 Min./m²
    Grundbeschichtung 6 Min./m²
    1. Zwischenbeschichtung 8 Min./m²
    2. Zwischenbeschichtung 6 Min./m²
    Schlußbeschichtung 6 Min./m²
    Lohnminute 0,74 DM

    Werkstoffe:

    Grundbeschichtungsstoff netto 7,20 DM/l
    (Verbrauch 0,125 l/m²)
    Kunststoff-Dispersionsfarbe netto 10,40 DM/l
    (Verbrauch für 3 Beschichtungen 0,900 l/m²)
    Mehrwertsteuer 14 %.

    a) Berechnen Sie den Netto-Lohnpreis und
    b) den Netto-Werkstoffpreis.
    c) Wie hoch ist der Rechnungspreis?
    d) Wieviel kostet 1,00 m² der Beschichtung?

15. 18 neue Fenster 2,10/1,40 sind beidseitig in Lack-auf-Lack-Technik zu bearbeiten:

    Arbeitsgänge:

    Reinigen, Äste absperren 3 Min./m²
    Holzschutzgrund allseitig beschichten 8 Min./m²
    Grundbeschichten mit Alkydharz-Lackfarbe (5 % verdünnt) 10 Min./m²
    Verkitten von Löchern und Rissen 5 Min./m²
    Zwischenbeschichtung wie Grundbeschichtung 10 Min./m²
    Schlußbeschichtung unverdünnt 14 Min./m²
    Lohnminute 0,80 DM

    Werkstoffe:

    Schleifpapier, Sperrgrund netto 0,10 DM/m²
    Alkydharz-Spachtelmasse netto 0,08 DM/m²
    Verdünnung netto 0,04 DM/m²
    Imprägniergrund fungizid netto 11,23 DM/l
    (Verbrauch 0,080 l/m²)
    Alkydharz-Lackfarbe für außen netto 18,59 DM/l
    (Verbrauch:
    Grundbeschichtung 0,100 l/m²
    1. Zwischenbeschichtung 0,080 l/m²
    Schlußbeschichtung 0,090 l/m²)
    Mehrwertsteuer 14 %

    a) Berechnen Sie den Netto-Lohnpreis und
    b) den netto-Werkstoffpreis.
    c) Wie hoch ist der Rechnungspreis?
    d) Was kostet 1,00 m² Fensterbeschichtung?

16. Acht bereits beschichtete Türen sind beidseitig zu erneuern (größtes Ausbaumaß 1,18 · 2,09, Bekleidung 0,09 m, Futter 0,18 m).

    Arbeitsgänge:

    Altbeschichtung anschleifen und reinigen 6 Min./m²
    stellenweise grundbeschichten und beispachteln 8 Min/m²
    Zwischenbeschichtung mit Alkydharz-Lackfarbe 10 Min./m²
    Schlußbeschichtung wie zuvor 12 Min./m²
    Lohnminute 0,70 DM

    Werkstoffe:

    Schleifpapier netto 0,10 DM/m²
    Grundbeschichtungsstoff 18,24 DM/l
    (Verbrauch 0,080 l/m²)

Alkydharz-Lackfarbe für innen 19,31 DM/l
(Verbrauch 0,100 l/m^2)

seidenglänzende Alkydharz-Lackfarbe 23,39 DM/l
(Verbrauch 0,170 l/m^2)

Mehrwertsteuer 14 %

a) Berechnen Sie den Rechnungspreis für den Auftrag.

b) Was kostet 1,00 m^2 Türbeschichtung?

17. Es sind 56,40 m^2 beschichtete Stahltürflächen, leicht angerostet, zu renovieren.

Arbeitsgänge:

Entrosten und reinigen 12 Min./m^2

stellenweise grundbeschichten mit Rostschutz-Primer 10 Min./m^2

Zwischenbeschichtung mit Alkydharz-Lackfarbe für außen 12 Min./m^2

Schlußbeschichtung wie zuvor 12 Min./m^2

Lohnminute 0,74 DM

Werkstoffe:

Schleifpapier, Drahtbürsten, Lösemittel usw. netto 1,05 DM/m^2

Rostschutz-Primer 9,43 DM/l
(Verbrauch 0,100 l/m^2)

Alkydharz-Lackfarbe für außen 15,90 DM/l
(Verbrauch: Zwischenbeschichtung 0,090 l/m^2, Schlußbeschichtung 0,100 l/m^2)

Mehrwertsteuer 14 %

a) Berechnen Sie den Rechnungspreis für die Stahltüren.

b) Wieviel DM kostet 1,00 m^2 Türfläche?

Fahrzeuglackierung. Außer nach dem DAT-System (s. Abschn. 11.1) werden Fahrzeuge in der handwerklichen Lackierung auch nach dem üblichen Schema der Zuschlagkalkulation kalkuliert.

Beispiel Neulackierung eines Mittelklassewagens (einschließlich Räder und Türfalze), leicht verwitterte Altlackierung, Lackierung mit Kunstharz-Autolack bei 60 °C-Ofentrocknung.

Lohnkosten

Arbeitsgang	Std.[1] 61,78 DM	Lohnkosten DM
Mattschliff, nachspülen, trockenledern, ausblasen	6 1/2	401,57
Abdecken	1 1/2	92,67
Altlackierung mit Füller spritzen	1	61,78
Füller naß schleifen, nachspülen, abledern	6	370,68
Lackierung	2	123,56
Ofentrocknung	1 1/4	77,23
Räder und Türfalze lackieren	1 1/2	92,67
Abschlußarbeiten, Montage	2 1/2	154,45
	22 1/4	

22 1/4 · 61,78 DM = **Lohnpreis netto 1374,61 DM**

1) Stundenlohn DM
Lohnabhängige Gemeinkosten 220 %
Gewinn und Wagnis 10 %
Lohnstunde 61,78 DM, Lohnminute 1,03 DM

Beispiel, Fortsetzung **Werkstoffkosten**

Werkstoff	Menge l	Eink.-Preis DM/l	Angeb.-Preis/l netto[2)]	Gesamtpreis DM
Schleifmittel				22,70
Abdeckmaterial				27,90
2K-Füllprimer	2,0	29,40	50,53	101,06
Härter, Mischung 4:1	0,5	25,40	43,66	21,83
Kunstharz-Autolack	3,0	42,70	73,39	220,17
Kunstharz-Verdünnung, Mischung ca. 4:1	1,0	10,20	17,53	17,53
	Werkstoffpreis netto			406,19
	+ Lohnpreis netto			1374,61
	Nettopreis			1780,80
	+ 14 % Mehrwertsteuer			249,31
	Rechnungspreis			**2030,11**

2) Beschaffungkosten 5 %
Schütt- und Schwundverlust 20 %
werkstoffabhängige Gemeinkosten 25 %
Gewinn und Wagnis 10 %
Mehrwertsteuer 14 %

Beachten Sie die erheblich höheren lohnabhängigen Gemeinkosten in der Fahrzeuglackierung. Im Beispiel finden Sie die Lohnkosten für die einzelnen Arbeitsgänge ausgerechnet. Die Zuschläge für die ausgerechneten Werkstoffkosten sind ebenfalls angegeben, wobei ein höherer Schütt- und Schwundverlust zu beachten ist.

Aufgaben

18. Ein Mittelklassewagen ist einschließlich Räder und Türfalze mit 2 K-Acryl-Autolack neu zu lackieren. Lufttrocknung bei 20 °C (293 K). Die Altlackierung ist hart und nicht angeschliffen.

Arbeitsgänge: Gründlich reinigen, Silikonentferner 4 Std., abdecken 2 Std., grundieren mit 2 K-Füllprimer 1 Std., Füllprimer-Naßschliff, reinigen 6 1/2 Std., lackieren 2 Std., trocknen und ausbessern 1 Std., Räder und Türfalze lackieren 2 Std., Abschlußarbeiten und Montage 2 1/2 Std.

Lohnstunden: ein Auszubildender 3. Jahr = 18 1/2 Std. je 13,52 DM/Std. (s. Tab. **13**.2) und ein Geselle mit 2 1/2 Std., Lohnstunde 61,78 DM.

Werkstoffe: Reinigungsmittel, Silikonentferner netto 15,– DM, Abdeckmaterial netto 30,– DM, 2 K-Füllprimer 26,70 DM/l (Verbrauch 2 l), Zusatzlösung (Mischung 1 : 1) 13,00 DM/l (Verbrauch 2 l), 2 K-Acryl-Autolack 43,85 DM/l (Verbrauch 2 l), Zusatzlack (Mischung 2 : 1) 31,57 DM/l (Verbrauch 1 l). Diese Preise beinhalten nicht 5 % Beschaffungskosten, 25 % Schütt- und Schwundverlust, 25 % werkstoffabhängige Gemeinkosten und 10 % Gewinn und Wagnis.

a) Rechnen Sie die Lohnkosten für den Auszubildenden, den Gesellen und den Lohnpreis netto aus.
b) Berechnen Sie die Werkstoffkosten.
c) Wieviel kostet die Neulackierung?

19. Ein Mittelklassewagen erhält eine Metallic-Zweischichtlackierung einschließlich Räder und Türfalze. Die thermoplastische Altlackierung muß restlos entfernt werden. Trocknung des Überzugslacks bei 60 °C Ofentrocknung.

Arbeitsgänge: Abbeizen und abschleifen 16 Std., nachwaschen, abledern und ausblasen 3 Std., abdecken 1 1/1 Std., Reaktionsfüller spritzen 1 Std., Füller naß schleifen, nachspülen und reinigen 8 Std., Metallic-Basislack spritzen 2 Std., Überzugslack spritzen 2 Std., Ofentrocknung 1 Std., Räder und Türfalze lackieren 3 Std., Abschlußarbeiten und Montage 3 Std.

Lohnstunden: 30 Gesellenstunden je 61,78 DM. Ein Auszubildender 2. Jahr 10 1/2 Std. je 14,48 DM/Std. (**13**.2)

Werkstoffe: Abbeiz- und Schleifmittel netto 65,– DM, Abdeckmaterial netto 30,– DM, Reaktionsfüller 30,35 DM/l (Verbrauch 2 l), Zusatzlösung Mischung 2 : 1 28,90 DM/l (Verbrauch 1 l), Metallic-Basislack 75,42 DM/l (Verbrauch 2,5 l), Verdünnung 17,54 DM/l (Verbrauch 2 l), Überzugslack MS 55,73 DM/l (Verbrauch 2 l), Härter 54,18 DM/l Mischung 2 : 1 (Verbrauch 1 l).

a) Rechnen Sie die Lohnkosten für den Auszubildenden, den Gesellen und den Lohnpreis aus.

b) Rechnen Sie die Werkstoffkosten aus.

c) Wieviel kostet die Metallic-Zweischichtlackierung?

d) Wieviel Prozent des Nettopreises betragen die Nettolohnkosten?

20. Ein Pritschenwagen wie Bild **5**.19 (S. 84) soll ohne Plane lackiert werden. Fahrerhaus und Untergestell haben eine unterrostete Altlackierung, die Holzpritsche hat eine teilweise lose Altbeschichtung. Das ganze Fahrzeug ist mit Kunstharz-Autolack einschließlich Räder und Türfalze bei 20 °C Lufttrocknung zu lackieren.

Arbeitsgänge: Fahrerhaus und Untergestell: Rostnester entfernen, nachschleifen und vorbehandeln 8 Std., restliche Altlackierung anschleifen und reinigen 4 Std., abdecken 1 Std., EP-Grundierfüller spritzen 1 Std., Füller schleifen und nachwaschen 4 Std., Pritsche: Lose Beschichtung entfernen, schleifen und reinigen 5 Std., EP-Grundierfüller stellenweise vorstreichen und einmal ganz spritzen 3 Std., Füller schleifen und nachwaschen 3 Std., Kunstharz-Autolack spritzen 3 Std., Pritschenunterbodenbearbeitung insgesamt 3 Std., Räder und Türfalze lackieren 2 1/2 Std., Abschlußarbeiten und Montage 2 Std.

Lohnstunden: Ein Geselle mit Lohnstunde 61,78 DM und ein Auszubildender 3. Jahr, Lohnstunde 13,52 DM, je zur Hälfte der Arbeitsstunden.

Werkstoffe: Schleifpapier, Rost und Reinigungsmittel netto 82,– DM, Abdeckmaterial netto 25,– DM, EP-Grundierfüller 28,80 DM/l (Verbrauch 4,5 l) Härter Mischung 2 : 1 = 41,28 DM/l (Verbrauch 1,5 l), Kunstharz-Autolack 66,30 DM/l (Verbrauch 5 l), Kunstharzverdünnung 14,96 DM/l (Verbrauch 2 l).

a) Berechnen Sie den Lohnpreis,

b) den Werkstoffpreis.

c) Wieviel kostet die Neulackierung des Pritschenwagens?

13.3 Maschinenkosten

Der Einsatz von Maschinen im Malerbetrieb ist heute selbstverständlich. In Fahrzeug- und anderen Lackierbetrieben geht es ohne Maschinen überhaupt nicht.

Die Maschinenstunde gibt die Kosten für den Gebrauch einer Maschine in einer Stunde an. Sie bildet die Grundlage für die Kalkulation beim Einsatz von Maschinen. Für jede Maschinenart muß die Maschinenstunde gesondert berechnet werden.

Abschreibungen sind Wertminderungen eines Gegenstandes, die durch seine Benutzung im Betrieb entstehen. Dabei wird ein Teil des Vermögens durch Abnutzung verzehrt. Die Höhe der Abschreibung wird für die einzelnen Gegenstände in jährlichen Prozentsätzen vom Anschaffungspreis ausgedrückt.

Verzinsung ist der Geldzuwachs, der entstanden wäre, wenn das Geld nicht für die Anschaffung ausgegeben, sondern zinsbringend angelegt worden wäre.

Instandhaltung sind alle Aufwendungen, um den Betrieb eines Geräts oder einer Maschine aufrechtzuerhalten (z. B. Schmiermittel, Reparaturen, Ersatzteile).

Beispiel Berechnung der Jahreskosten

Airless-Spritzgerät mit Antrieb über Elektromotor

Anschaffungspreis	4675,– DM
Stromverbrauch	1,0 kW/Stunde
Stromkosten	0,40 DM/kWh
Betriebszeit (200 Tage · 5 Std.)	1000 Stunden

= 1 000 Std. · 1 kW · 0,40 DM/kWh = **400,– DM**

jährliche Abschreibung	20 % vom Anschaffungspreis	= 935,00 DM
Verzinsung	6 % vom Anschaffungspreis	= 280,50 DM
Gemeinkosten	10 % vom Anschaffungspreis	= 467,50 DM
Instandhaltungskosten	10 % vom Anschaffungspreis	= 467,50 DM
Betriebskosten		= 400,00 DM
Kosten für 1 000 Maschinenstunden im Jahr		2550,50 DM

1 Maschinenstunde kostet: $\frac{2550{,}50 \text{ DM}}{1000} = \mathbf{2{,}55\ DM}$

Maschinen müssen von Betriebsangehörigen bedient werden. Darum werden Lohnkosten hinzugerechnet. Man nimmt dafür in der Regel den Ecklohn eines Gesellen.

Ecklohn Lohngruppe III b) Ortsklasse I	16,71 DM
+ lohnabhängige Gemeinkosten: 140 %	23,39 DM
Lohnkosten	40,10 DM
+ Kosten der Maschinenstunde	2,55 DM
Selbstkosten	42,65 DM
Gewinn und Wagnis: 10 %	4,27 DM
Nettopreis Maschinenstunde	**46,92 DM**
Nettopreis für 1 Minute	0,78 DM

Maschinenkosten werden mit Hilfe der Anschaffungs- und buchmäßigen (laut Buchführung) Jahreskosten, der Betriebszeit, des Strom- bzw. Treibstoffverbrauchs, der Instandhaltung und Gemeinkosten je Stunde berechnet. Hinzu kommt der Stundenlohn eines Gesellen (Ecklohn) mit den davon abhängigen Kosten.

Aufgaben

1. Ein Rutscher mit Staubabsaugung kostet 548,50 DM. Stromverbrauch 0,5 kW/Std., Stromkosten 0,45 DM/kWh, Betriebszeit 200 Tage je 6 Std. = 1200 Std. Jährliche Abschreibung 20 % vom Anschaffungspreis (AP), Verzinsung 6 % vom AP, Gemeinkosten 10 % vom AP, Instandhaltungskosten 8 % vom AP.

   a) Berechnen Sie den Satz für eine Maschinenstunde.

   b) Was kostet die Maschinenstunde einschl. Gesellenlohn (Ecklohn 16,71 DM/Std. + 140 %)?

2. Eine Spritzanlage kostet 2450,– DM. Stromverbrauch 0,8 kW/Std., Stromkosten, Betriebszeit 180 Tage je 5 Std. = 900 Std., 0,40 DM/kWh. Jährliche Abschreibung 20 % vom AP, Verzinsung 6 % vom AP, Gemeinkosten 10 % vom AP, Instandhaltungskosten 8 % vom AP.

   Berechnen Sie den Satz für eine Maschinenstunde und den Zuschlag einer Gesellenstunde wie zuvor.

3. Ein Hochdruckreiniger zur Fassadenreinigung kostet komplett 11 043,– DM. Stromverbrauch 5,5 kW/Std., Stromkosten 0,51 DM/kWh, Heizölverbrauch 11 l/Std., Heizölkosten 0,36 DM/l, Betriebszeit jährlich 200 Std. Jährliche Abschreibung 20 % vom Anschaffungspreis, Verzinsung 8 % vom AP, Gemeinkosten 8 % vom AP, Instandhaltungskosten 10 % vom AP.

   Berechnen Sie eine Maschinenstunde und den Zuschlag einer Gesellenstunde (16,71 DM + 140 %).

4. Ein Tapeten-Kleistergerät kostet mit Fußgestell und elektrischem Antrieb 6000,– DM. Stromverbrauch 100 W/Std., Stromkosten 0,51 DM/kWh, Betriebszeit 200 Tage je 6 Std. = 1200 Std. jährlich. Jährliche Abschreibung 33 1/3 % vom AP, Verzinsung 6 % vom AP, Gemeinkosten 10 % vom AP, Instandhaltungskosten 8 % vom AP.

   Wieviel kostet eine Maschinenstunde einschließlich Zuschlag für einen Gesellen (16,71 DM + 135 %)?

5. Eine kombinierte Lackier- und Trockenanlage kostet einschließlich Mehrwertsteuer 44 000,– DM. Stromverbrauch Zuluft 5,5 kW/Std., Abluft 5,5 kW/Std., Beleuchtung 1,2 kW/Std., Stromkosten 0,40 DM/kWh, Heizölverbrauch 12,5 l/Std., Heizölkosten 0,36 DM/l, Betriebszeit 250 Tage je 5 Std. = 1 250 Std. Jährliche Abschreibung 10 % vom AP, Verzinsung 6 % vom AP, Gemeinkosten 12 % vom AP, Instandhaltungskosten 10 % vom AP.

   Berechnen Sie eine Maschinenstunde mit dem Zuschlag für eine Gesellenstunde (40,10 DM).

13.4 Tapezierarbeiten

Die Kalkulation besteht bei der allgemein üblichen Tapetenlieferung durch den Betrieb ebenfalls aus dem Werkstoff- und dem Lohnpreis. Unvermeidbarer bzw. üblicher Verschnitt gehen auf Kosten des Auftraggebers.

Vergütungssstunde für Auszubildende. Tapezierarbeiten sollen als Beispiel für die Berechnung von Lehrlingsstunden dienen. Eine Übersicht im „Deutschen Malerblatt" (Sep 1989) dient als Unterlage. Danach setzen sich die Kosten für einen Auszubildenden wie folgt zusammen.

Tabelle **13**.2 **Kosten für Auszubildende**

Kosten	1. Ausbildungsjahr	2. Ausbildungsjahr	3. Ausbildungsjahr
1. Vergütung (Ausbildungsvergütung, Urlaubsgeld, Weihnachtsgeld usw.)	5 690,–	7 137,–	9 575,–
2. Sozialkassenbeiträge (Sozialversicherung, Berufsgenossenschaft)	2 080,–	2 620,–	1 908,–
3. Ausbildungskosten (Überbetriebliche Unterweisung, Prüfungsgebühren, Berichtshefte, Lehrmittel, Kosten der Unterweisung usw.)	10 515,–	7 615,–	4 735,–
Gesamtkosten	18 285,–	17 372,–	16 218,–

Gerechnet wird beim Auszubildenden mit jährlich 150 Arbeitstagen · 8 Std. = 1200 Std.

$$\frac{\text{jährl. Gesamtkosten}}{1200} = \text{Nettopreis/Std.}$$

Nettopreis in den 3 Jahren	15,24 DM/Std.	14,48 DM/Std.	13,52 DM/Std.

Beispiel

Werkstoffpreis

14 Rollen Tapeten je 24,80 DM	347,20 DM
+ Beschaffungskosten: 5 %	17,36 DM
Einstandspreis	364,56 DM
+ werkstoffabhängige Gemeinkosten: 20 %	72,91 DM
Selbstkostenpreis	437,47 DM
+ Gewinn und Wagnis: 8 %	35,00 DM
Netto-Werkstoffpreis	**472,47 DM**

Lohnpreis

9 Gesellenstunden je 44,11 DM	396,99 DM
9 Ausbildungsstunden 2. Jahr 14,48 DM	130,32 DM
Netto-Lohnpreis	**527,31 DM**
Netto-Lohnpreis	527,31 DM
+ Netto-Werkstoffpreis	472,47 DM
Nettopreis	999,78 DM
+ 14 % Mehrwertsteuer	139,97 DM
Rechnungspreis	**1139,75 DM**

Die Kosten einer Vergütungsstunde für Auszubildende ergeben sich aus den Vergütungen, Sozialbeiträgen und Ausbildungskosten, getrennt nach den drei Ausbildungsjahren. Man rechnet bei Auszubildenden im Durchschnitt mit jährlich 150 Ausbildungstagen je 8 Std. = 1200 Std.

Aufgaben

1. Für eine Tapezierarbeit werden 90,00 m^2 Schaumpolystyrol-Unterlagstoff 2,85 DM/m^2, 500 g/m^2 Hartschaumkleber 3,30 DM/kg, 18 Rollen Textiltapeten je 62,50 DM verbraucht. Beschaffungskosten 5 %, werkstoffabhängige Gemeinkosten 25 %, Gewinn und Wagnis 10 %. Arbeitszeit: 27 Gesellenstunden 44,11 DM/Std. und 19 Ausbildungsstunden 1. Jahr 15,24 DM/Std.

a) Berechnen Sie den Werkstoffpreis.

b) Wie hoch ist der Lohnpreis?

c) Wie lautet der Angebotspreis bei 14 % Mehrwertsteuer?

2. Der Angebotspreis einer Tapezierarbeit ist zu berechnen.

Werkstoffe: 2 Rollen Unterlagstoff (Rollenmakulatur) je 4,80 DM (Tapezierfläche 17,75 m²/Rolle), Tapetenkleister 9,– DM, 11 Rollen Textiltapete je 56,50 DM. Beschaffungskosten 5 %, werkstoffabhängige Gemeinkosten 25 %, Gewinn und Wagnis 12 %.

Lohn: 16 Gesellenstunden je 44,11 DM, 16 Ausbildungsstunden 3. Jahr je 13,52 DM, Mehrwertsteuer 14 %.

3. Ein Büroraum ist mit Glasfasergewebe zu kleben und anschließend zweimal mit Dispersionsfarbe zu beschichten. Erstellen Sie das Angebot.

Werkstoffe: 97,00 m² Glasfasergewebe je 5,10 DM, 38 kg Gewebekleber zu 2,65 DM/kg, 29 l Seidenlatex zu 4,40 DM/l, werkstoffabhängige Gemeinkosten 20 %, Gewinn und Wagnis 15 %.

Löhne: 2 mal 24 Gesellenstunden 44,11 DM/Std., Mehrwertsteuer 14 %.

4. Ein Wohnzimmer mit 69,50 m² Wandfläche ist wie folgt zu bearbeiten: Alttapeten entfernen und flüssigen Tapetenunterlagstoff (Makulatur) streichen, Verbrauch: 16 Rollen Tapete je 38,50 DM, Kleister und Streichmakulatur 33,45 DM, werkstoffabhängige Gemeinkosten 25 %, Gewinn und Wagnis 12 %. 20 Gesellenstunden je 44,11 DM, 20 Ausbildungsstunden 1. Jahr je 15,24 DM, Mehrwertsteuer 14 %.

5. Erstellen Sie ein Angebot. In einem Zimmer sind Decke und Wände zu tapezieren. Die Alttapeten werden entfernt, die Decke und Wände mit Grundbeschichtungsstoff grundiert. Tapetenbedarf Wände 18 Rollen je 28,75 DM Einkaufspreis, Decke 6 Rollen je 24,65 DM Einkaufspreis, 5 % Beschaffungskosten, 25 % werkstoffabhängige Gemeinkosten, 10 % Gewinn und Wagnis, Grundbeschichtungsstoffe und Kleister netto 32,90 DM.

Der Lohnpreis setzt sich zusammen aus 26 Gesellenstunden je 43,67 DM und 14 Std. eines Auszubildenden 2. Jahr je 14,48 DM.

a) Berechnen Sie den Werkstoffpreis netto.

b) Berechnen Sie den Lohnpreis netto.

c) Wieviel kostet die Tapezierarbeit?

6. Ein Hotelspeiseraum ist zu tapezieren. Die Tapezierflächen haben 182,00 m².

Arbeitsgänge:

Alttapeten entfernen, Untergrund ausbessern	12 Min./m²
Unterlagstoff (Rollenmakulatur) kleben	7 Min./m²
Prägetapeten kleben	14 Min/m²

Löhne:

Eingesetzt sind ein Geselle (Lohnminute 0,74 DM) und ein Auszubildender 1. Jahr (Lohnminute 0,25 DM).

Werkstoffe (Nettopreise):

Wandspachtelmasse (Verbrauch 0,100 kg/m²) 3,60 DM/kg

10 Rollen Makulatur, 1 Rolle (17,75 m²) kostet 4,80 DM

38 Rollen Prägetapete (1 Rolle 5,33 m²) je 36,80 DM

Tapetenkleister spezial 32,60 DM/kg (Verbrauch an Pulver 0,015 kg/m²)

a) Berechnen Sie den Nettolohnpreis für den Gesellen und den Auszubildenden.

b) Berechnen Sie den Werkstoffpreis für 1,00 m² Unterlagstoff und für 1,00 m² Tapete.

c) Berechnen Sie den Netto-Werkstoffpreis.

d) Wie hoch ist der Rechnungspreis?

e) Wieviel kostet 1,00 m² Tapezierung?

7. Die Tapezierarbeit in drei gleichen Fluren eines Verwaltungsneubaus nach Bild **9**.5 (S. 126) ist zu berechnen. Die zu tapezierenden Flächen eines Flurs betragen 102,92 m².

Arbeitsgänge:

Wände reinigen und mit Grundbeschichtungsstoff grundieren — 3 Min/m²

Tapetenunterlagsmasse (Feinmakulatur) auftragen und nachschleifen — 6 Min./m²

Tapeten kleben — 8 Min./m²

Löhne:

Eingesetzt sind zwei Gesellen, Lohnstunden 43,80 DM (Lohnminute 0,73 DM).

Werkstoffe:

Grundbeschichtungsstoff (Verbrauch 0,050 l/m²) — 7,90 DM/l

Feinmakulatur (Verbrauch an Pulver 0,020 kg/m²) — 5,12 DM/kg

61 Rollen Tapete — 32,80 DM/Rolle

Tapetenkleister (Verbrauch an Pulver 0,015 kg/m²) — 22,60 DM/kg

a) Berechnen Sie den Nettolohnpreis.

b) Berechnen Sie den Netto-Werkstoffpreis.

c) Wieviel DM beträgt der Rechnungspreis?

d) Wieviel kostet 1,00 m² Tapezierung?

8. Berechnen Sie das Kleben der Bildtapete nach Bild **9**.7 (S. 126).

Arbeitsgänge:

Alttapeten entfernen, Wand vollflächig spachteln — 20 Min./m²

Unterlagstoff (Rollenmakulatur) kleben — 8 Min./m²

Ränder mit Unitapete kleben — 16 Min./m²

Bildtapete kleben — 30 Min./m²

Profilleiste zuschneiden und nageln — 5 Min./m²

Löhne:

Lohnstunde für einen Fachvorarbeiter 49,20 DM (Lohnminute 0,82 DM)

Werkstoffe:

Wandspachtelmasse (Verbrauch 0,125 kg/m²) — 3,60 DM/kg

Rollenmakulatur kleben — 0,35 DM/m²

2 Rollen Unitapete — 25,85 DM/Rolle

Bildtapete — 162,60 DM

14,00 m Profilleiste — 4,55 DM/m

a) Berechnen Sie den Nettolohnpreis und

b) den Netto-Werkstoffpreis.

c) Wie hoch ist der Rechnungspreis?

9. Die Saaldecke in Bild **5**.63 (S. 97) ist mit Schaumpolysterol-Sichtplatten Größe 0,50 · 0,50 zu belegen. Es ist nur der Deckenspiegel zu belegen, d. h. Abzug der Gesimsausladungen.

a) Rechnen Sie den Plattenbedarf aus, indem sie die Längen- und Breitenmaße des Deckenspiegels durch 0,50 m dividieren und die Ergebnisse multiplizieren. Verfahren Sie auf gleiche Weise mit den 4 Deckenekken. Runden Sie das Ergebnis auf den nächsten 10er auf. Teilen Sie die Plattenzahl durch 4, dann erhalten Sie die zu belegenden m². (Warum geteilt durch 4?)

Arbeitsgänge:

Decke reinigen, ausbessern und mit Grundbeschichtungsstoff beschichten — 8 Min./m²

Deckenplatten nach Verlegeskizze kleben — 20 Min./m²

Löhne:

Ein Geselle 44,11 DM (Lohnminute 0,74 DM), ein Auszubildender 1. Jahr 15,24 DM (Lohnminute 0,25 DM).

Werkstoffe:

Grundbeschichtungsstoff (Verbrauch 0,125 l/m²) — 7,20 DM/l

Schaumpolystyrol-Deckenplatten — 7,85 DM/m²

Schaumpolystyrol-Kleber (Verbrauch 500 g/m²) — 3,82 DM/kg

b) Rechnen Sie den Nettolohnpreis und

c) den Netto-Werkstoffpreis aus.

d) Wieviel kostet die Belegung der Saaldecke?

e) Wieviel kostet 1,00 m² Plattenverlegung?

10. Eine Gaststättendecke 14,35 m · 10,80 m ist mit Schaumpolystyrol-Deckenplatten der Größe 0,50 m · 0,50 m zu belegen. Die Außenränder der Decke werden mit Schaumpolystyrol-Zierprofilen belegt.

a) Berechnen Sie die Deckenfläche.

b) Berechnen Sie den Bedarf an Deckenplatten (Ergebnis auf nächsten 10er runden) und Zierprofilen.

Arbeitsgänge:

Decke reinigen, ausbessern und mit Grundbeschichtungsstoff grundieren	10 Min. /m^2
Deckenplatten nach Verlegeskizze kleben	10 Min./m^2
Zierprofile zuschneiden und kleben	3 Min./m

Löhne:

Lohnstunden: Ein Geselle 44,40 DM (Lohnminute 0,74 DM) und ein Geselle 43,80 DM (Lohnminute 0,73 DM)

Werkstoffe:

Grundbeschichtungsstoff (Verbrauch 0,125 l/m^2)	7,63 DM/l
Schaumpolystyrol-Deckenplatten	8,25 DM/m^2
Schaumpolystyrol-Zierprofile	3,25 DM/m
Schaumpolystyrol-Kleber (Verbrauch 550 g/m^2)	12,40 DM/kg

c) Rechnen Sie den Nettolohnpreis und

d) den Netto-Werkstoffpreis aus.

e) Wie hoch ist der Angebotspreis?

f) Wieviel DM kostet 1,00 m^2 Deckenbelegung?

13.5 Bodenbelagsarbeiten

Diese Arbeiten sind werkstoffabhängiger (werkstoffintensiver) als Maler- und Lackierarbeiten. Das bedeutet einen höheren Zuschlag auf die Werkstoffkosten.

Für die häufigsten Arbeiten kann man mit einem vorgegebenen m^2- bzw. m-Preis rechnen, jedoch ohne die jeweiligen Werkstoffe. Die Tabelle **13**.3 hat den Stand von 1989.

Tabelle **13**.3 **Preise für Bodenbelagsarbeiten (Angebots-Verrechnungspreis)**

Art der Arbeit	Preis
Aufnehmen alter Beläge einschließlich Abtransport	4,– bis 8,– DM/m^2
Vorstreichen, Isolieren	2,– bis 3,– DM/m^2
Spachteln, Ausgleichen	2,– bis 3,– DM/m^2
Unterlagen verkleben	6,– bis 7,– DM/m^2
Holzspanplatten verlegen	10,– bis 15,– DM/m^2
Kleben von elastischen Bahnenbelägen	8,– bis 10,– DM/m^2
Kleben von Textilbahnenbelägen	6,– bis 8,– DM/m^2
Kleben von Teppichfliesen	6,– bis 8,– DM/m^2
Kleben oder Nageln von Sockelleisten	2,50 bis 3,50 DM/m^2

Aufgaben

1. Ein 36,80 m² großer Boden ist mit PVC-Bahnenbelag zu belegen. Belag 42,50 DM/m², Spachtelmasse 55 kg je 1,28 DM, Kleber 6,30 DM/kg (Verbrauch 325 g/m²), Sockelleisten 22,50 m je 5,90 DM. Beschaffungskosten 5 %, werkstoffabhängige Gemeinkosten 35 %, Gewinn und Wagnis 15 %. 14 Gesellenstunden 44,11 DM/Std., 9 Ausbildungsstunden 2. Jahr 14,48 DM/Std., 14 % MwSt.

   Berechnen Sie

   a) den Werkstoffpreis.

   b) den Lohnpreis.

   c) den Angebotspreis.

2. Ein Fußboden von 34,50 m² Fläche ist wie folgt zu bearbeiten:

   Aufnehmen und Abtransportieren des Altbelags 4,50 DM/m², Spachteln 3,50 DM/m², Spachtelmasse 52,5 kg je 1,35 DM, 36,00 m² PVC-Belag 48,20 DM/m², 12,5 kg Kleber je 3,20 DM, 22,00 m Sockelleiste je 5,90 DM. Beschaffungskosten 5 %, werkstoffabhängige Gemeinkosten 35 %, Gewinn und Wagnis 12 %.

   Lohn: Verlegen 4,50 DM/m², Sockelleisten kleben 2,40 DM/m und 8 Ausbildungsstunden 3. Jahr je 13,52 DM; Mehrwertsteuer 14 %.

   Berechnen Sie den Angebotspreis.

3. Ein Altbauboden (28,6 m²) ist mit Holzspanplatten und Textilbelag auf Filzunterlage zu belegen. Berechnen Sie den Angebotspreis nach folgenden Angaben:

   Werkstoffe: 30,00 m² Verlegeplatten je 16,50 DM, 1 Packung Schraubnägel 18,60 DM, 30,00 m² Filzpappe je 1,80 DM, 13 kg Kleber 3,20 DM/kg, 14 kg Kleber 3,55 DM/kg, 30,00 m² Tuftingbelag je 64,20 DM, 22,00 m Sockelleisten 6,20 DM/m. Beschaffungskosten 5 %, werkstoffabhängige Gemeinkosten 40 %, Gewinn und Wagnis 12 %.

   Löhne: Spanplatten verlegen 5,20 DM je m², Filzunterlage verlegen 1,60 DM je m², Textilbelag kleben 4,50 DM/m², Mehrwertsteuer 14 %.

4. Zwei Neubauböden (5,40 · 6,20 und 4,80 · 5,95) sind zu bearbeiten. Grundieren 2,50 DM/m², Grundbeschichtungsstoff 11,50 DM/kg (Verbrauch 175 g/m²), Spachteln 2,20 DM/m², Spachtelmasse 1,25 DM/kg (Verbrauch 1,4 kg/m²), Teppichplatten 50 cm · 50 cm 45,40 DM/m², Teppichplatten kleben 4,75 DM/m², Kleber 3,85 DM/kg (Verbrauch 500 g/m²), 56,00 m Sockelleiste je 6,20 DM, Sockelleiste nageln 3,80 DM/m.

   Zuschläge: Beschaffungskosten 5 %, werkstoffabhängige Gemeinkosten 40 %, Gewinn und Wagnis 15 %, Mehrwertsteuer 14 %.

   a) Berechnen Sie den Werkstoffpreis.

   b) Berechnen Sie mit Hilfe der angegebenen Verlegepreise die Lohnkosten.

   c) Wie hoch ist der Angebotspreis?

5. Berechnen Sie die Belegung des Bodens **10**.10 (S. 137) mit Veloursbelag (2 Bahnen 6,45 m · 4,00 m = 51,60 m² zusätzlich 8 % Verschnitt und Sockelstreifen). Der Boden hat einen alten, festliegenden Parkettbelag, der gereinigt und leicht überspachtelt wird.

   Arbeitsgänge:

42,00 m² Parkettboden, schleifen, reinigen und spachteln, Spachtelflächen nachscheifen	15 Min./m²
Veloursbelag zuschneiden und vollflächig verkleben	12 Min./m²
Sockelleisten kleben und Belagstreifen einlegen	5 Min./m

   Löhne:

   Lohnstunden: Ein Geselle 43,80 DM (Lohnminute 0,73 DM) und ein Auszubildender 1. Jahr 15,24 DM (Lohnminute 0,25 DM)

   Werkstoffe:

Schleif- und Reinigungsmittel netto	0,60 DM/m²
Dispersions-Spachtelmasse (Verbrauch 0,5 kg/m²)	4,64 DM/kg
55,75 m² Veloursbelag	58,50 DM/m²

Teppichkleber (Verbrauch 400 g/m² einschließlich Sockelleisten)	5,50 DM/kg
27,50 m Sockelleisten	6,20 DM/m

a) Berechnen Sie den Nettolohnpreis und
b) den Netto-Werkstoffpreis.
c) Wie hoch ist der Angebotspreis? (14 % Mehrwertsteuer)
d) Wieviel kostet das Verlegen von 1,00 m² Veloursbelag?

6. Ein Neubauboden 6,45 m · 5,85 m ist mit PVC-Platten 4 cm · 40 cm zu belegen.

a) Berechnen Sie die Verlegefläche schließlich 5 % Verschnitt (ohne Beachtung der Fensternischen).

Löhne:

Erfahrungswerte netto/m²	
Boden reinigen und grundieren	2,50 DM/m²
Spachteln und nachschleifen	2,10 DM/m²
Platten kleben	5,00 DM/m²

Werkstoffe:

Schleifmittel netto	0,15 DM/m²
Kunstharz-Grundbeschichtung (Verbrauch 150 g/m²)	10,85 DM/kg
Zementspachtelmasse (Verbrauch 1,0 kg/m²)	1,35 DM/kg
39,60 m² PVC-Platten	39,65 DM/m²
Kleber (Verbrauch 350 g/m²)	5,80 DM/kg

b) Rechnen Sie den Angebotspreis aus.
c) Wieviel kostet das Verlegen von 1,00 m² PVC-Platten?

7. In einem Neubau sind zwei Appartementböden von je 6,75 m · 5,95 m (= 40,16 m²) Fläche mit Textilbelag auf Filzunterlage zu bespannen. 5 % Verschnitt sind zu berücksichtigen.

Löhne:

Erfahrungswerte netto/m²	
Böden reinigen und grundieren	2,60 DM/m²
Spachteln und nachschleifen	2,25 DM/m²
Filzunterlage verlegen	1,20 DM/m²
Textilbelag spannen einschließlich Setzen der Nagelleisten	11,00 DM/m²

Werkstoffeinkaufspreise:

Schleifmittel netto	0,20 DM/m²
Grundbeschichtungsstoff (Verbrauch 180 g/m²)	9,85 DM/kg
Zementspachtelmasse (Verbrauch 1,00 kg/m²)	1,35 DM/kg
Teppichboden-Spannfilz	7,35 DM/m²
47,00 m Spannleisten für Textilböden	3,15 DM/m
Veloursbelag	48,65 DM/m²

Beschaffungskosten 5 %, werkstoffabhängige Gemeinkosten 35 %, Gewinn und Wagnis 10 %, 14 % Mehrwertsteuer.

a) Rechnen Sie den Lohnpreis netto und
b) den Werkstoffpreis netto aus.
c) Wie hoch ist der Rechnungspreis für die beiden Böden?
d) Wieviel kostet 1,00 m² der Belegung?
e) Wieviel Prozent beträgt bei dieser werkstoffintensiven Technik der Lohnpreis gegenüber dem Werkstoffpreis?

8. Der Boden **2**.52 (S. 60) ist mit Linoleum zu belegen, Fläche 40,15 m². Untergrund ist ein Dielenbelag, der vorher mit Spanplatten zu belegen ist.

Löhne: Erfahrungswerte netto/m²

Dielenbelag festlegen und Spanplatten legen und verschrauben	12,50 DM/m²
Linoleumbahnen zuschneiden, verkleben und Nähte beschneiden	6,80 DM/m²
Sockelleisten kleben	1,35 DM/m

Werkstoffeinkaufspreise:

40,15 m² Verlegespanplatten + 5 % Verschnitt	16,95 DM/m²
40,15 m² Linoleum + 5 % Verschnitt	28,50 DM/m²
29,10 m Sockelleiste + 4 % Verschnitt	3,70 DM/m

Linoleumkleber (Verbrauch 400 g/m^2) 5,95 DM/kg

Schraubnägel netto 35,00 DM

Beschaffungskosten 5 %, werkstoffabhängige Gemeinkosten 40 %, Gewinn und Wagnis 12 %, 14 % Mehrwertsteuer.

a) Berechnen Sie den Lohnpreis netto und

b) den Werkstoffpreis netto.

c) Wie hoch ist der Angebotspreis?

d) Was kostet 1,00 m^2 Linoleumverlegung?

9. Die Stufen der freitragenden, neuen Treppe **10**.22 (S. 142) sind mit Tuftingbelag auf Filzunterlage zu belegen.

Löhne:

Filzunterlage zuschneiden und verlegen 40 Min./m^2

Tuftingbelag zuschneiden, umspannen und rückseitige Kanten verkleben 60 Min./m^2

Lohnstunden: Ein Geselle 44,40 DM (Lohnminute 0,74 DM)

Werkstoffe:

5,33 m^2 Filzunterlage + 10 % Verschnitt 6,85 DM/m^2

10,66 m^2 Tuftingbelag + 10 % Verschnitt 44,55 DM/m^2

heller Kunstharzkleber (Verbrauch für Filzbelag und Kanten 600 g/m^2) 7,96 DM/kg

Rechnen Sie den Angebotspreis aus.

10. Der Boden **10**.20 (S. 141) hat einen festliegenden PVC-Belag, der mit Textilfliesen belegt wird. Fliesenbedarf 137 Fliesen 50 cm · 50 cm einschließlich Verschnitt, Verlegefläche 32,34 m^2.

Löhne:

Reinigen und stellenweise nachkleben 6 Min./m^2

Textilfliesen vollflächig verkleben 12 Min./m^2

Sockelleisten kleben 6 Min./m

Lohnstunden: Ein Geselle 43,80 DM (Lohnminute 0,73 DM)

Werkstoffe:

Reinigungsmittel 0,10 DM/m^2

32,34 m^2 + 5 % Verschnitt Textilfliesen 24,35 DM/m^2

Fliesenkleber (Verbrauch einschließlich Kleben der Sockelleisten 380 g/m^2) 4,90 DM/kg

21,80 m Sockelleisten + 4 % Verschnitt 3,70 DM/m

Berechnen Sie den Angebotspreis.

14 Aufmaß mit EDV-Einsatz

Das Aufmaß erfolgt je nach Art und Umfang des aufzumessenden Objekts hauptsächlich mit nachfolgenden Aufmaßwerkzeugen: Gliedermaßstab (Zollstock) geeicht, Rollbandmaß, Teleskop-Meter (Teleskop-Meßgerät), Fächermaßstab, Dreikantmaßstab.

Durch die Auswahl geeigneter Hilfsmittel, wie Schreibunterlage und Aufmaßtableau, wird das Schreiben des Aufmaßes erleichtert. Mit Hilfe von Diktiergerät und Sofortbildkamera kann das Aufmaß für die spätere Berechnung ergänzt und verdeutlicht werden.

Die allgemeinen Aufmaßvorschriften des Abschnitts 5 der „Allgemeinen technischen Vorschriften" (VOB Teil C: ATV) bilden die Grundlagen für das Aufmaß. Aus einem Aufmaß sollen sich Architekt und Handwerker, ohne auf Bauplan und Ortskenntnisse angewiesen zu sein, ein genaues Bild des Objektes bzw. der aufgemessenen Leistung machen können. Darum:

> Aufmaß stets vollständig und nachvollziehbar aufschreiben, so daß es ohne Korrektur ausgerechnet bzw. in die EDV eingegeben werden kann.

Am Beispiel von zwei Räumen aus dem gegebenen Grundriß sollen die verschiedenen Aufmaßmöglichkeiten gezeigt werden.

Beispiel In der Wohnung **14**.1 sind Kinderzimmer, Schlafzimmer und Küche zu renovieren. Das raumweise Aufmaß lautet:

Kinderzimmer	Decke	4,50 · 4,40
	Wände	(4,50 + 4,40) · 2 · 2,50
Schlafzimmer	Decke	7,00 · 5,70
		./. 1,60 · 1,40
	Wände	(7,00 + 5,70) · 2 · 2,50
Küche	Decke	4,00 · 4,00
	Wände	(4,00 + 4,00) · 2 · 1,10
	Wände	(4,00 + 4,00) · 2 · 1,40

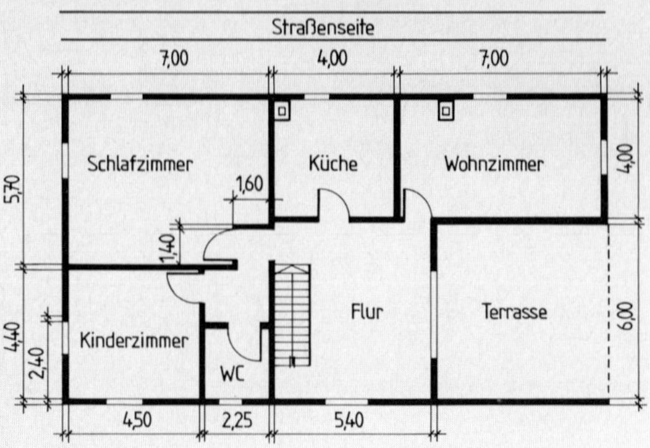

14.1 Wohnung
7 Fenster 1,20 · 1,45,
Leibungen 0,18 m,
2 Fenster 1,00 · 1,45
(WC, Küche)
5 Türen 1,16 · 2,08
Terrassentür 3,00 · 2,20
Raumhöhe 2,50 m

Beispiel Fortsetzung

Im einzelnen fallen folgende Arbeiten an:

Kinderzimmer:	Position 1	Fußboden abdecken
	Position 2	Wände mit Dispersionsfarbenbeschichtung
Schlafzimmer:	Position 1	Fußboden abdecken
	Position 2	Wände mit Dispersionsfarbenbeschichtung
Küche:	Position 1	Fußboden abdecken
	Position 2	Wände mit Dispersionsfarbenbeschichtung
	Position 3	Sockel-Holzverschalung mit Lasurbeschichtung

Raum	Position	Bauteil	Aufmaß
03	1	4	4,50 · 4,40
03	2	2	(4,50 + 4,40) · 2 · 2,50
02	1	4	7,00 · 5,70
			./. 1,60 · 1,40
02	2	2	(7,00 + 5,70) · 2 · 2,50
04	1	4	4,00 · 4,00
04	2	2	(4,00 + 4,00) · 2 · 1,10
04	3	2	(4,00 + 4,00) · 2 · 1,40

01 Wohnzimmer, 02 Schlafzimmer, 03 Kinderzimmer, 04 Küche, 05 Bad, 06 Flur, 07 WC, 08 Eßzimmer, 09 Treppenhaus
1 Decke, 2 Wände, 3 Nischen, 4 Boden, 5 Türen, 6 Fenster, 7 Leisten, 8 Zargen, 9 Heizkörper, 10 Rohre

14.2 Aufmaßformblatt, Aufmaß raumweise

Raum	Position	Bauteil	Aufmaß
1	4	03	4,50 · 4,40
1	4	02	7,00 · 5,70
			./. 1,60 · 1,40
1	4	04	4,00 · 4,00
2	2	03	(4,50 + 4,40) · 2 · 2,50
2	2	02	(7,00 + 5,70) · 2 · 2,50
2	2	04	(4,00 + 4,00) · 2 · 1,10
3	2	04	(4,00 + 4,00) · 2 · 1,40

01 Wohnzimmer, 02 Schlafzimmer, 03 Kinderzimmer, 04 Küche, 05 Bad, 06 Flur, 07 WC, 08 Eßzimmer, 09 Treppenhaus
1 Decke, 2 Wände, 3 Nischen, 4 Boden, 5 Türen, 6 Fenster, 7 Leisten, 8 Zargen, 9 Heizkörper, 10 Rohre

14.3 Aufmaßformblatt, Aufmaß positionsweise

Da den Massen immer die entsprechenden Leistungen (Positionen) zuzuordnen sind, verwendet man in der Praxis Formblätter, die mit Hilfe von Abkürzungen oder Kennzahlen die Abrechnung erleichtern.

Aufmaßformblatt **14**.2 zeigt, wie ein solches Formular für das raumweise Aufmaß genutzt wird.

Wenn man die Räume und Bauteile positionsweise aufmißt, wird das Formular wie z. B. Aufmaßformblatt **14**.3 benutzt.

> Aufmaßformblätter zwingen zu einer disziplinierten Schreibweise und erleichtern damit die Ausrechnung.
>
> Übertragungsfehler sind ausgeschlossen, Doppelarbeit wird vermieden.

Wenn das Aufmaß richtig und vollständig geschrieben ist, kann es zum Ausrechnen direkt und unverändert in den Rechner eingetippt werden, wenn dieser

- Punkt- vor Strichrechnung rechnet und
- Klammerfunktionen hat.

Andere Tisch- oder Taschenrechner sind für die Auswertung von Aufmaßen schlecht geeignet.

Mit programmierten Taschenrechnern kann das Aufmaß auch auf Streifen abgedruckt und dem Originalformular beigeheftet werden.

Die Auswertung mit solchen Kleinstcomputern bringt im wesentlichen zwei Vorteile:

1. Die Prüfung kann sich auf die Richtigkeit der Ansätze beschränken. Ein Nachrechnen erübrigt sich.
   - Ein Computer macht keine Rechenfehler.
2. Das Programm summiert am Ende die einzelnen Positionen und druckt eine entsprechende Liste aus.
   - Das erspart Arbeit.

Die Aufmaßblätter **14**.4 und **14**.5 zeigen die Auswertung mit den Aufmaßen unseres Beispiels.

Bei einigen Programmen für größere Computer gibt es weitere Erleichterungen schon bei der Eingabe oder Verknüpfungen mit anderen Daten, die für die Auftragsabwicklung wichtig sind, wie z. B. der Zeitbedarf.

Aufmaßformblatt **14**.6 auf S. 199 zeigt einen Erfassungsbogen für EDV-Eingabe aus der Praxis mit raumweisem Aufmaß. Die Bilder **14**.7 und **14**.8 auf S. 200 und 201 zeigen die entsprechenden Computerausdrucke.

Heute gibt es eine Vielzahl von Programmen (Software), die den individuellen Bedürfnissen kleiner und großer Malerbetriebe gerecht werden. Entsprechende Hinweise und Beratungen erteilen die Berufsorganisationen.

Raum	Position	Bauteil	Aufmaß
03	1	4	4,50 · 4,40
03	2	2	(4,50 + 4,40) · 2 · 2,50
02	1	4	7,00 · 5,70
			./. 1,60 · 1,40
02	2	2	(7,00 + 5,70) · 2 · 2,50
04	1	4	4,00 · 4,00
04	2	2	(4,00 + 4,00) · 2 · 1,10
04	3	2	(4,00 + 4,00) · 2 · 1,40

```
POS.: 1
4.5*4.4
=          19.80
       19.80   M2

POS.: 2
(4.5+4.4)*2*2.5
=          44.50
       44.50   M2

POS.: 1
7*5.7
=          39.90
ABZUG:
1.6*1.4
=          -2.24
       37.66   M2

POS.: 2
(7+5.7)*2*2.5
=          63.50
       63.50   M2

POS.: 1
4*4
=          16.00
       16.00   M2

POS.: 2
(4+4)*2*1.1
=          17.60
       17.60   M2

POS.: 3
(4+4)*2*1.4
=          22.40
       22.40   M2

POS.1 =
       73.46   M2
POS.2 =
      125.60   M2
POS.3 =
       22.40   M2
```

01 Wohnzimmer	06 Flur	1 Decke	6 Fenster
02 Schlafzimmer	07 WC	2 Wände	7 Leisten
03 Kinderzimmer	08 Eßzimmer	3 Nischen	8 Zargen
04 Küche	09 Treppenhaus	4 Boden	9 Heizkörper
05 Bad		5 Türen	10 Rohre

14.4 Aufmaßformblatt, Aufmaß raumweise

Position	Bauteil	Raum	Aufmaß
1	4	03	4,50 · 4,40
1	4	02	7,00 · 5,70
			⁒ 1,60 · 1,40
1	4	04	4,00 · 4,00
2	2	03	(4,50+ 4,40) · 2 · 2,50
2	2	02	(7,00 + 5,70) · 2 · 2,50
2	2	04	(4,00 + 4,00) · 2 · 1,10
3	2	04	(4,00 + 4,00) · 2 · 1,40

```
POS.: 1
4.5*4.4
=              19.80
7*5.7
=              39.90
ABZUG:
1.6*1.4
=              -2.24
4*4
=              16.00
          73.46    M2

POS.: 2
(4.5+4.4)*2*2.5
=              44.50
(7+5.7)*2*2.5
=              63.50
(4+4)*2*1.1
=              17.60
         125.60    M2

POS.: 3
(4+4)*2*1.4
=              22.40
          22.40    M2

POS.1 =
          73.46    M2
POS.2 =
         125.60    M2
POS.3 =
          22.40    M2
```

01 Wohnzimmer	06 Flur	1 Decke	6 Fenster
02 Schlafzimmer	07 WC	2 Wände	7 Leisten
03 Kinderzimmer	08 Eßzimmer	3 Nischen	8 Zargen
04 Küche	09 Treppenhaus	4 Boden	9 Heizkörper
05 Bad		5 Türen	10 Rohre

14.5 Aufmaßformblatt, Aufmaß positionsweise

GESTALTUNG + SCHUTZ

moosbrugger

Wohnung 14.1		Datum	Projekt-Nr.	Blatt-Nr.
		18.1.1990	89050-01	1

1 = M 1
2 = M 2
3 = M 3
4 = STK
5 = GR
6 = KG
7 = TO
8 = LTR
9 = EINH
10 = PSCH
11 = DM
12 = ROLL
13 = SACK
14 = PACK
15 = TAFL
16 = TUBE
17 = BLAT
18 = MIN
19 = STD
20 = TG

Raum	Pos.	Dim.	±	Maß-Ansätze + Positionstext					Abzug	Massen	Ergebnisse
KiZ	1	2	+	4,50	·	4,40					
	2	2	+	(4,50	+	4,40)	· 2	· 2,50			
SchZ	1	2	+	7,00	·	5,70					
			−	1,60	·	1,40					
	2	2	+	(7,00	+	5,70)	· 2	· 2,50			
Kü	1	2	+	4,00	·	4,00					
	2	2	+	(4,00	+	4,00)	· 2	· 1,10			
	3	2	+	(4,00	+	4,00)	· 2	· 1,40			

14.6 Aufmaßformblatt

```
* moosbrugger malerwerkstatt gmbh *

Palleskestraße 3    *   6230 Frankfurt/Main 80   *   Telefon: 069 / 301001

        MASSENLISTE         Nr.: 89050-01              Datum: 19.01.90
        -------------------------------------------------------------------
        Betrifft: Wohnung 14.1
        -------------------------------------------------------------------

              Titel 1  Kinderzimmer
              ----------------------------------------------------
   1.01       m2 Fußboden abdecken
              4.50*4.40                                   19.80
                                                                     19.80
   1.02       m2 Wände mit Dispersionsfarbenanstrich
              (4.50+4.40)*2*2.50                          44.50
                                                                     44.50

              Titel 2  Schlafzimmer
              ----------------------------------------------------
   2.01       m2 Fußboden abdecken
              7.00*5.70                                   39.90
              -1.60*1.40                                  -2.24
                                                                     37.66
   2.02       m2 Wände mit Dispersionsfarbenanstrich
              (7.00+5.70)*2*2.50                          63.50
                                                                     63.50

              Titel 3  Küche
              ----------------------------------------------------
   3.01       m2 Fußboden abdecken
              4.00*4.00                                   16.00
                                                                     16.00

   3.02       m2 Wände mit Dispersionsfarbenanstrich
              (4.00+4.00)*2*1.10                          17.60
                                                                     17.60

   3.03       m2 Sockel-Holzverschalung mit Lasuranstrich
              (4.00+4.00)*2*1.40                          22.40
                                                                     22.40
```

a)

```
        MASSENLISTE         Nr.: 89050-01              Datum: 19.01.90
        -------------------------------------------------------------------
        001   m2 Fußboden abdecken                        Gesamt:     73.46
        -------------------------------------------------------------------
              Titel 1  Kinderzimmer
              4.50*4.40                                   19.80
                                                                     19.80

              Titel 2  Wohnzimmer
              7.00*5.70                                   39.90
              -1.60*1.40                                  -2.24
                                                                     37.66

              Titel 3  Küche
              4.00*4.00                                   16.00
                                                                     16.00

        002   m2 Wände mit Dispersionsfarbenanstrich      Gesamt:    125.60
        -------------------------------------------------------------------
              Titel 1  Kinderzimmer
              (4.50+4.40)*2*2.50                          44.50
                                                                     44.50

              Titel 2  Wohnzimmer
              (7.00+5.70)*2*2.50                          63.50
                                                                     63.50

              Titel 3  Küche
              (4.00+4.00)*2*1.10                          17.60
                                                                     17.60

        003   m2 Sockel-Holzverschalung mit Lasuranstrich Gesamt:     22.40
        -------------------------------------------------------------------
              Titel 3  Küche
              (4.00+4.00)*2*1.40                          22.40
                                                                     22.40
```

b)

14.7 Computerausdruck nach Aufmaßformblatt **14.6**
Massenliste a) raumweise, b) positionsweise

```
MASSENBERECHNUNG                   Projekt: WOHNUNG        Datum: 28.01.1990
                                   Zeichen: Fachrechnen    Seite:          1

============================================================================
Raum Position  Text                                                Menge Einh
============================================================================

03             Kinderzimmer
     01        Fußboden abdecken
               4,50*4,40=                                          19,80
               Positionssumme ........................... =        19,80   m²
     02        Wände mit Dispersionsfarbenbeschichtung
               (4,50+4,40)*2*2,50=                                 44,50
               Positionssumme ........................... =        44,50   m²

02             Schlafzimmer
     01        Fußboden abdecken
               7,00*5,70                                           39,90
               -1,60*1,40=                                         -2,24
               Positionssumme ........................... =        37,66   m²
     02        Wände mit Dispersionsfarbenbeschichtung
               (7,00+5,70)*2*2,50=                                 63,50
               Positionssumme ........................... =        63,50   m²

04             Küche
     01        Fußboden abdecken
               4,00*4,00=                                          16,00
               Positionssumme ........................... =        16,00   m²
     02        Wände mit Dispersionsfarbenbeschichtung
               (4,00+4,00)*2*1.10=                                 17,60
               Positionssumme ........................... =        17,60   m²
     03        Holzverschalung mit Lasurbeschichtung
                (4,00+4,00)*2*1,40=                                22,40
               Positionssumme ........................... =        22,40   m²
```

a)

```
MASSENÜBERSICHT                    Projekt: WOHNUNG        Datum: 28.01.1990
                                   Zeichen: Fachrechnen    Seite:          1

============================================================================
Position                                                           Summe Einh
============================================================================

01: Fußboden abdecken
----------------------------------------------------------------------------

- 03: Kinderzimmer                                                 19,80   m²
- 02: Schlafzimmer                                                 37,66   m²
- 04: Küche                                                        16,00   m²

                                                ----------------------------
                                                Gesamtsumme:       73,46   m²
                                                ============================

02: Wände mit Dispersionsfarbenbeschichtung
----------------------------------------------------------------------------

- 03: Kinderzimmer                                                 44,50   m²
- 02: Schlafzimmer                                                 63,50   m²
- 04: Küche                                                        17,60   m²

                                                ----------------------------
                                                Gesamtsumme:      125,60   m²
                                                ============================

03: Holzverschalung mit Lasurbeschichtung
----------------------------------------------------------------------------

- 04: Küche                                                        22,40   m²

                                                ----------------------------
                                                Gesamtsumme:       22,40   m²
                                                ============================
```

b)

14.8 Computerausdruck nach Aufmaßformblatt **14.**6
a) Massenberechnung raumweise, b) Massenübersicht positionsweise

Sachwortverzeichnis